24년 출간 교재 25년 출간 교재

영역	과목	교재	예비 초등	1-2학년				3-4학년				5-6학년				예비중등	
쓰기력	국어	한글 바로 쓰기	P1 P2 P3 P1~3_활동 모음집														
쓰기력	국어	맞춤법 바로 쓰기		1A	1B	2A	2B										
어휘력	전 과목	어휘		1A	1B	2A	2B	3A	3B	4A	4B	5A	5B	6A	6B		
어휘력	전 과목	한자 어휘		1A	1B	2A	2B	3A	3B	4A	4B	5A	5B	6A	6B		
어휘력	영어	파닉스		1		2											
어휘력	영어	영단어						3A	3B	4A	4B	5A	5B	6A	6B		
독해력	국어	독해	P1 P2	1A	1B	2A	2B	3A	3B	4A	4B	5A	5B	6A	6B		
독해력	한국사	독해 인물편						1 ~ 4									
독해력	한국사	독해 시대편						1 ~ 4									
계산력	수학	계산		1A	1B	2A	2B	3A	3B	4A	4B	5A	5B	6A	6B	7A	7B
교과서 문해력	전 과목	교과서가 술술 읽히는 서술어		1A	1B	2A	2B	3A	3B	4A	4B	5A	5B	6A	6B		
교과서 문해력	사회	교과서 독해						3A	3B	4A	4B	5A	5B	6A	6B		
교과서 문해력	수학	문장제 기본		1A	1B	2A	2B	3A	3B	4A	4B	5A	5B	6A	6B		
교과서 문해력	수학	문장제 발전		1A	1B	2A	2B	3A	3B	4A	4B	5A	5B	6A	6B		
창의·사고력	전 과목	교과서 놀이 활동북	1 ~ 8														
창의·사고력	수학	입학 전 수학 놀이 활동북	P1 ~ P10														

* 완자 공부력 신간은 계속해서 출간됩니다.

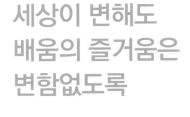

퀘스트

대관식에 쓸 왕관을 장식할 보석들이 필요해요.
보석은 성 밖에 있는 바위산 절벽과 숲속에서 구할 수 있어요.
단, 주어진 문제를 모두 풀어야만 보석을 얻을 수 있어요!

그럼 지금부터 문제를 차근차근 풀면서
보석을 준비해 볼까요?

수학 문장제 발전 단계별 구성

수, 연산, 도형과 측정, 자료와 가능성, 변화와 관계 영역의 다양한 문장제를 해결해 봐요.

1A	1B	2A	2B	3A	3B
9까지의 수	100까지의 수	세 자리 수	네 자리 수	덧셈과 뺄셈	곱셈
여러 가지 모양	덧셈과 뺄셈(1)	여러 가지 도형	곱셈구구	평면도형	나눗셈
덧셈과 뺄셈	모양과 시각	덧셈과 뺄셈	길이 재기	나눗셈	원
비교하기	덧셈과 뺄셈(2)	길이 재기	시각과 시간	곱셈	분수와 소수
50까지의 수	규칙 찾기	분류하기	표와 그래프	길이와 시간	들이와 무게
	덧셈과 뺄셈(3)	곱셈	규칙 찾기	분수와 소수	그림그래프

교과서 전 단원, 전 영역뿐만 아니라
다양한 시험에 나오는 복잡한 수학 문장제를 분석하고
단계별 풀이를 통해 문제 해결력을 강화해요!

4A	4B	5A	5B	6A	6B
큰 수	분수의 덧셈과 뺄셈	자연수의 혼합 계산	수의 범위와 어림하기	분수의 나눗셈	분수의 나눗셈
각도	사각형	약수와 배수	분수의 곱셈	각기둥과 각뿔	공간과 입체
곱셈과 나눗셈	소수의 덧셈과 뺄셈	대응 관계	합동과 대칭	소수의 나눗셈	소수의 나눗셈
삼각형	다각형	약분과 통분	소수의 곱셈	비와 비율	비례식과 비례배분
막대 그래프	꺾은선 그래프	분수의 덧셈과 뺄셈	직육면체와 정육면체	여러 가지 그래프	원의 둘레와 넓이
관계와 규칙	평면도형의 이동	다각형의 둘레와 넓이	평균과 가능성	직육면체의 부피와 겉넓이	원기둥, 원뿔, 구

특징과 활용법

준비하기
단원별 2쪽 가볍게 몸풀기

그림 속 이야기를 읽어 보면서 간단한 문장으로 된 문제를 풀어 보아요.

문장제 준비하기
함께 풀어 봐요!
냉장고에 오렌지가 20개 있어.
15개를 더 사 오고 그중에서 17개를 먹으면
20○15○17=□(개)가 남아.
마스크를 10개씩 6묶음 사서
5상자에 똑같이 나누어 담으면
한 상자에는
10○6○5=□(개)씩이야.
남학생 13명과 여학생 11명이
4명씩 짝을 지으면
(13○11)○4=□(모둠)이 돼.
10
11

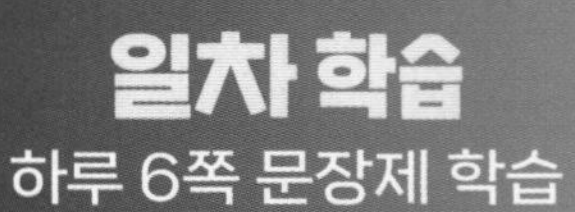

일차 학습
하루 6쪽 문장제 학습

무게가 같은 필통 5개가 들어 있는 /
상자의 무게를 재어 보니 2550 g입니다.
필통 한 개의 무게가 450 g이라면 /
상자만의 무게는 몇 g인지 / 하나의 식으로
→ 구해야 할 것

문제 속 조건과 구하려는 것을 찾고, 단계별 풀이를 통해 문제 해결력이 쑥쑥~

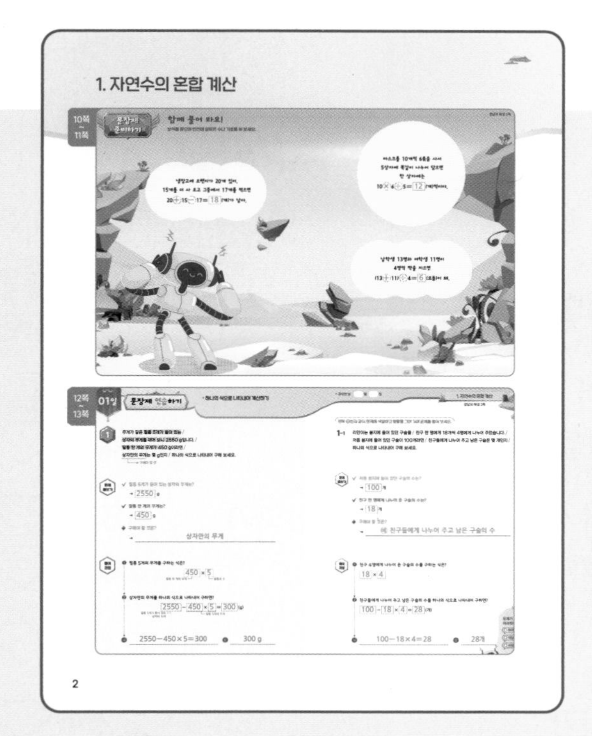

정답과 해설

정답과 해설을 빠르게 확인하고,
틀린 문제는 다시 풀어요! QR을 찍으면
모바일로도 정답을 확인할 수 있어요.

실력 확인하기
단원별 마무리와 총정리 실력 평가

앞에서 배웠던 문제를 풀면서 실력을 확인해요.
마지막 도전 문제까지 성공하면 최고!

단원 마무리

실력 평가

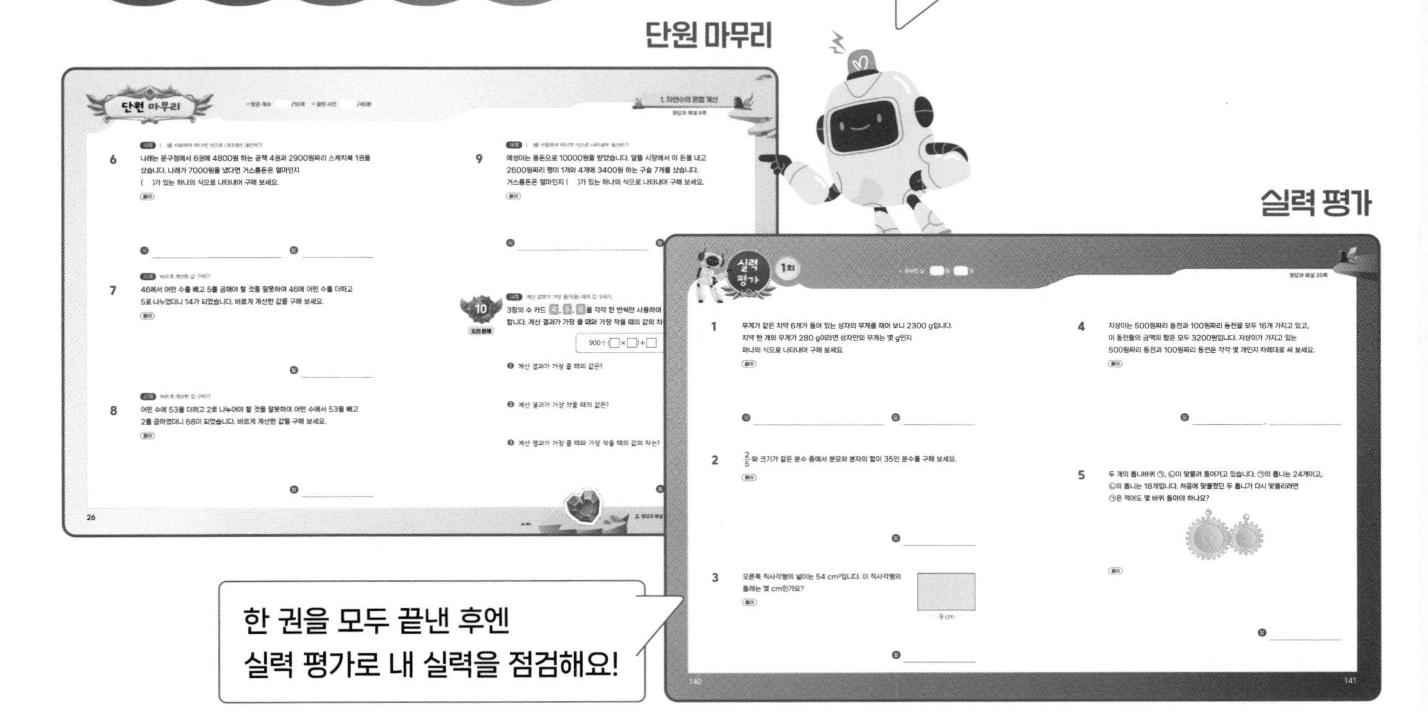

한 권을 모두 끝낸 후엔
실력 평가로 내 실력을 점검해요!

차례

왕관을 꾸밀 보석을
찾으러 가 볼까?

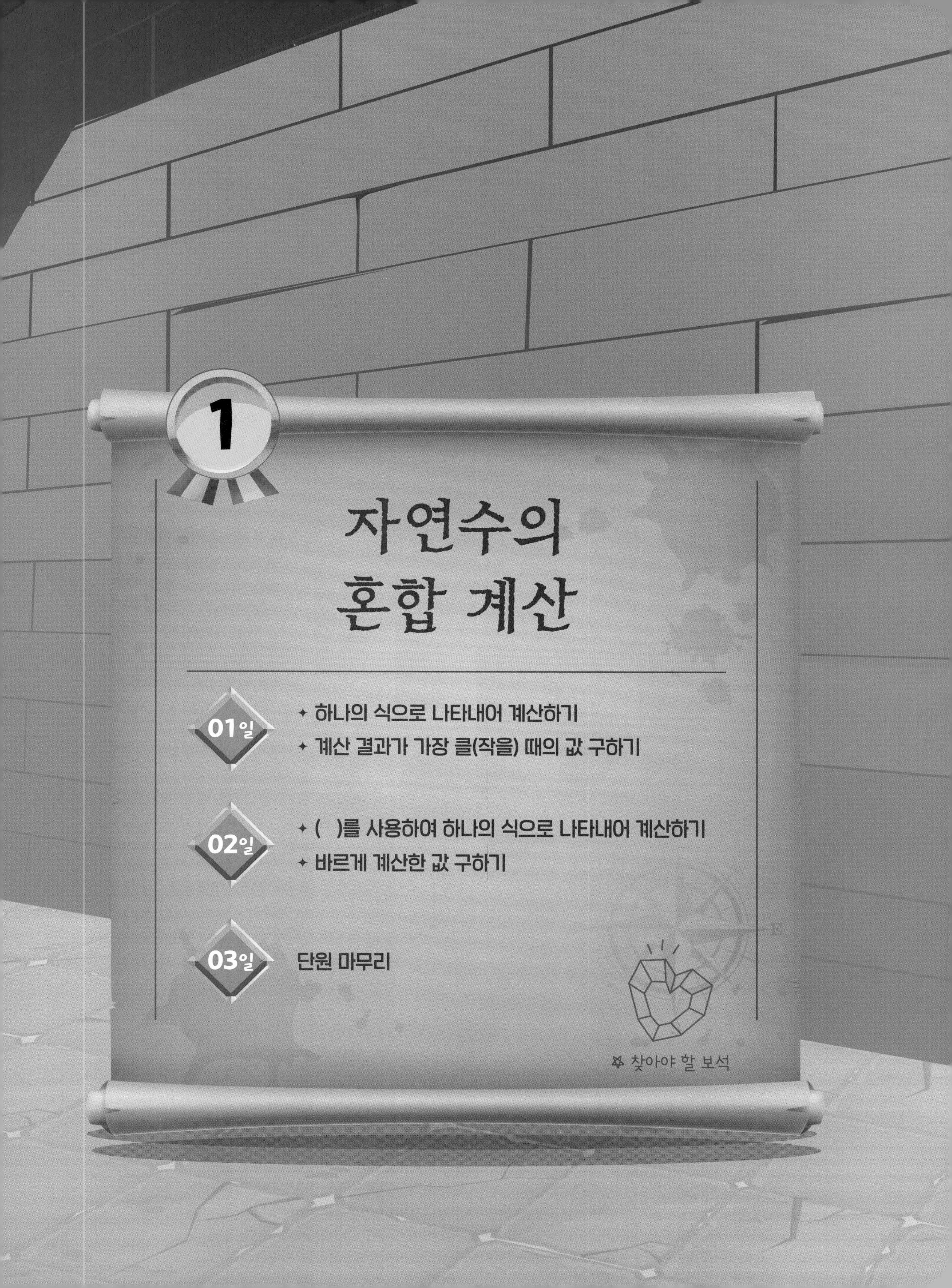
1
자연수의
혼합 계산
01일
✦ 하나의 식으로 나타내어 계산하기
✦ 계산 결과가 가장 클(작을) 때의 값 구하기
02일
✦ (　)를 사용하여 하나의 식으로 나타내어 계산하기
✦ 바르게 계산한 값 구하기
03일
단원 마무리
찾아야 할 보석

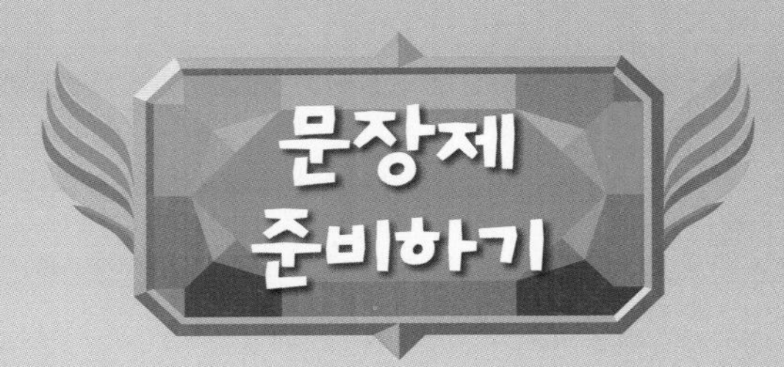
문장제
준비하기

함께 풀어 봐요!

보석을 찾으며 빈칸에 알맞은 수나 기호를 써 보세요.

냉장고에 오렌지가 20개 있어.
15개를 더 사 오고 그중에서 17개를 먹으면
20◯15◯17=☐(개)가 남아.

마스크를 10개씩 6묶음 사서
5상자에 똑같이 나누어 담으면
한 상자에는
10 ◯ 6 ◯ 5 = □ (개)씩
담을 수 있어.

남학생 13명과 여학생 11명이
4명씩 짝을 지으면
(13 ◯ 11) ◯ 4 = □ (모둠)이 돼.

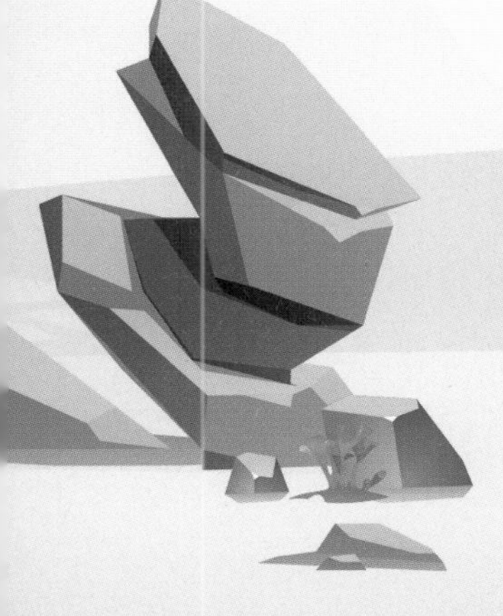

01일 문장제 연습하기

✦ 하나의 식으로 나타내어 계산하기

무게가 같은 필통 5개가 들어 있는 / 상자의 무게를 재어 보니 2550 g입니다. / 필통 한 개의 무게가 450 g이라면 / 상자만의 무게는 몇 g인지 / 하나의 식으로 나타내어 구해 보세요.

구해야 할 것

문제 돋보기

✔ 필통 5개가 들어 있는 상자의 무게는?

→ 

✔ 필통 한 개의 무게는?

→ 

◆ 구해야 할 것은?

→ 상자만의 무게

풀이 과정

❶ 필통 5개의 무게를 구하는 식은?

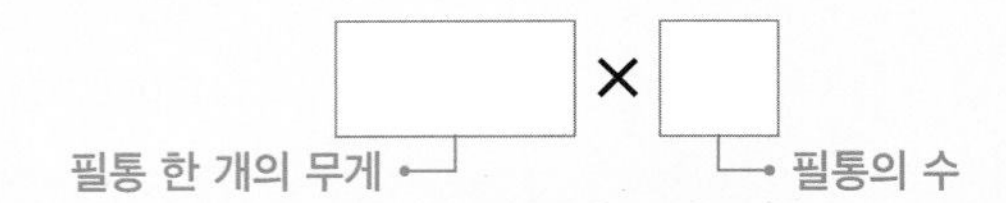

❷ 상자만의 무게를 하나의 식으로 나타내어 구하면?

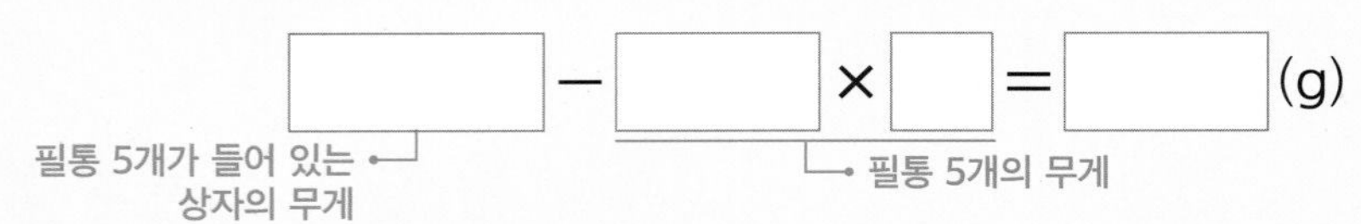

식 ______________________ 답 ______________

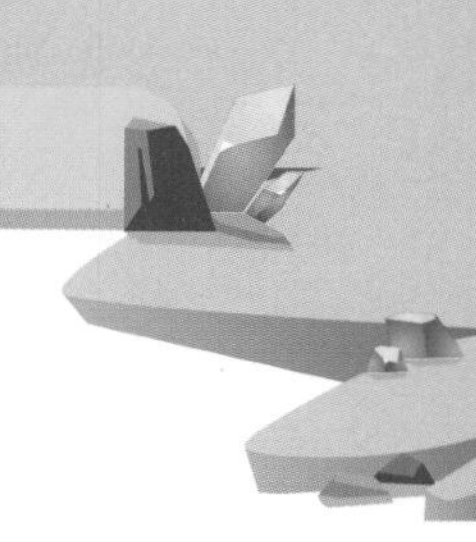

왼쪽 ❶번과 같이 문제에 색칠하고 밑줄을 그어 가며 문제를 풀어 보세요.

1-1 리안이는 봉지에 들어 있던 구슬을 / 친구 한 명에게 18개씩 4명에게 나누어 주었습니다. / 처음 봉지에 들어 있던 구슬이 100개라면 / 친구들에게 나누어 주고 남은 구슬은 몇 개인지 / 하나의 식으로 나타내어 구해 보세요.

문제 돋보기

✓ 처음 봉지에 들어 있던 구슬의 수는?

→ □개

✓ 친구 한 명에게 나누어 준 구슬의 수는?

→ □개

◆ 구해야 할 것은?

→ ______

풀이 과정

❶ 친구 4명에게 나누어 준 구슬의 수를 구하는 식은?

□ × □

❷ 친구들에게 나누어 주고 남은 구슬의 수를 하나의 식으로 나타내어 구하면?

□ − □ × □ = □(개)

식 ______ 답 ______

문제가 어려웠나요?

□ 어려워요

□ 적당해요

□ 쉬워요

문장제 연습하기

✦ 계산 결과가 가장 클(작을) 때의 값 구하기

3장의 수 카드 2, 3, 5 를 각각 한 번씩만 사용하여 /
다음과 같은 식을 만들려고 합니다. /
계산 결과가 가장 클 때의 값은 얼마인가요?

→ 구해야 할 것

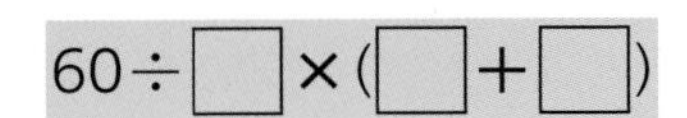

$60 \div \square \times (\square + \square)$

✔ $60 \div \square \times (\square + \square)$의 계산 순서는?

→ ① ( ) 안을 먼저 계산합니다.

② (곱셈 , 나눗셈)을 계산합니다. — 알맞은 말에 ○표 하기

③ (곱셈 , 나눗셈)을 계산합니다.

◆ 구해야 할 것은?

→ 계산 결과가 가장 클 때의 값

❶ 계산 결과가 가장 크려면?

나누는 수는 (크게 , 작게), 곱하는 수는 (크게 , 작게) 해야 합니다.

❷ 계산 결과가 가장 클 때의 값은?

수 카드의 수의 크기를 비교하면 $2<3<5$이므로

나누는 수에는 ☐을(를) 놓고, ( ) 안에는 ☐, ☐을(를) 각각 놓습니다.

⇨ $60 \div \square \times (\square + \square) = \square$

답 ________

왼쪽 ②번과 같이 문제에 색칠하고 밑줄을 그어 가며 문제를 풀어 보세요.

2-1 3장의 수 카드 3, 4, 9를 각각 한 번씩만 사용하여 /
다음과 같은 식을 만들려고 합니다. /
계산 결과가 가장 작을 때의 값은 얼마인가요?

$36 \times (\square - \square) \div \square$

문제 돋보기

✓ $36 \times (\square - \square) \div \square$의 계산 순서는?

→ ① (   ) 안을 먼저 계산합니다.

② (곱셈 , 나눗셈)을 계산합니다.

③ (곱셈 , 나눗셈)을 계산합니다.

◆ 구해야 할 것은?

→ ______________________

풀이 과정

❶ 계산 결과가 가장 작으려면?

곱하는 수는 (크게 , 작게), 나누는 수는 (크게 , 작게) 해야 합니다.

❷ 계산 결과가 가장 작을 때의 값은?

수 카드의 수의 크기를 비교하면 $3<4<9$이므로

(   ) 안에는 $\square$, $\square$을(를) 각각 놓고, 나누는 수에는 $\square$을(를) 놓습니다.

⇨ $36 \times (\square - \square) \div \square = \square$

답 ______________

문제가 어려웠나요?

☐ 어려워요

☐ 적당해요

☐ 쉬워요

- 하나의 식으로 나타내어 계산하기
- 계산 결과가 가장 클(작을) 때의 값 구하기

문제를 읽고 '연습하기'에서 했던 것처럼 밑줄을 그어 가며 문제를 풀어 보세요.

1 무게가 같은 비누 8개가 들어 있는 상자의 무게를 재어 보니 3300 g입니다. 비누 한 개의 무게가 360 g이라면 상자만의 무게는 몇 g인지 하나의 식으로 나타내어 구해 보세요.

❶ 비누 8개의 무게를 구하는 식은?

❷ 상자만의 무게를 하나의 식으로 나타내어 구하면?

식 ______________________ 답 ______________

2 식당에서 기름을 하루에 25 L씩 6일 동안 사용했습니다. 처음에 있던 기름이 190 L라면 사용하고 남은 기름은 몇 L인지 하나의 식으로 나타내어 구해 보세요.

❶ 6일 동안 사용한 기름의 양을 구하는 식은?

❷ 사용하고 남은 기름의 양을 하나의 식으로 나타내어 구하면?

식 ______________________ 답 ______________

정답과 해설 3쪽

3

3장의 수 카드 3, 6, 7을 각각 한 번씩만 사용하여 다음과 같은 식을 만들려고 합니다. 계산 결과가 가장 클 때의 값은 얼마인가요?

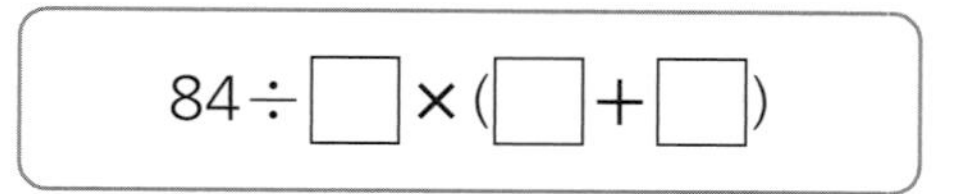

❶ 계산 결과가 가장 크려면?

❷ 계산 결과가 가장 클 때의 값은?

답 ____________________

4

3장의 수 카드 2, 4, 8을 각각 한 번씩만 사용하여 다음과 같은 식을 만들려고 합니다. 계산 결과가 가장 작을 때의 값은 얼마인가요?

$72 \times (\square - \square) \div \square$

❶ 계산 결과가 가장 작으려면?

❷ 계산 결과가 가장 작을 때의 값은?

답 ____________________

02일 문장제 연습하기

✦( )를 사용하여 하나의 식으로 나타내어 계산하기

1 성재는 가게에서 200원짜리 풍선 3개와 / 1500원짜리 고깔모자 1개를 샀습니다. / 성재가 3000원을 냈다면 / 거스름돈은 얼마인지 / ( )가 있는 하나의 식으로 나타내어 구해 보세요.

→ 구해야 할 것

문제 돋보기

✔ 성재가 산 물건은?

→ ☐원짜리 풍선 ☐개와 ☐원짜리 고깔모자 ☐개

✔ 성재가 낸 돈은? → ☐원

◆ 구해야 할 것은?

→ 성재가 받아야 하는 거스름돈

풀이 과정

❶ 풍선 3개와 고깔모자 1개의 가격을 구하는 식은?

☐ × ☐ + ☐

(풍선 3개의 가격, 고깔모자 1개의 가격)

❷ 거스름돈은 얼마인지 ( )가 있는 하나의 식으로 나타내어 구하면?

☐ − (☐ × ☐ + ☐) = ☐ (원)

(낸 돈, 풍선 3개와 고깔모자 1개의 가격)

식 ________ 답 ________

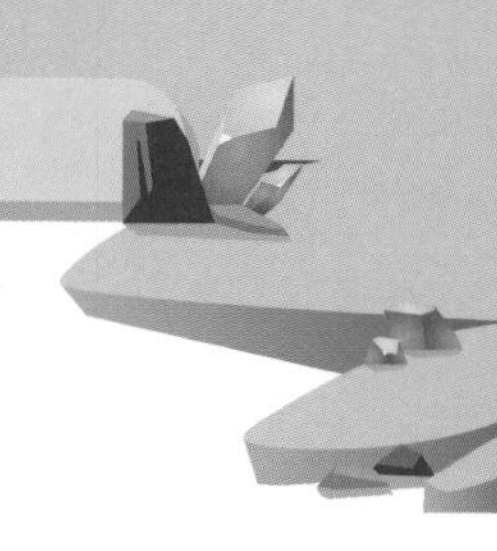

왼쪽 1번과 같이 문제에 색칠하고 밑줄을 그어 가며 문제를 풀어 보세요.

1-1 주스를 한별이는 170 mL씩 2컵 마셨고, / 동생은 250 mL 마셨습니다. / 처음에 주스가 900 mL 있었다면 / 두 사람이 마시고 남은 주스는 몇 mL인지 / (　)가 있는 하나의 식으로 나타내어 구해 보세요.

문제 돋보기

✔ 한별이와 동생이 각각 마신 주스의 양은?

→ 한별이는 ☐ mL씩 ☐ 컵 마셨고,

동생은 ☐ mL 마셨습니다.

✔ 처음에 있던 주스의 양은?

→ ☐ mL

◆ 구해야 할 것은?

→ ______

풀이 과정

① 한별이와 동생이 마신 주스의 양을 구하는 식은?

☐ × ☐ + ☐

② 두 사람이 마시고 남은 주스의 양을 (　)가 있는 하나의 식으로 나타내어 구하면?

☐ −(☐ × ☐ + ☐)= ☐ (mL)

식 ______ 답 ______

문제가 어려웠나요?

☐ 어려워요

☐ 적당해요

☐ 쉬워요

문장제 연습하기

41에서 어떤 수를 빼고 / 2를 곱해야 할 것을 /
잘못하여 41에 어떤 수를 더하고 / 2로 나누었더니 34가 되었습니다. /
바르게 계산한 값을 구해 보세요.

→ 구해야 할 것

문제 돋보기

✔ 잘못 계산한 식은?

→ ☐에 어떤 수를 더하고 ☐(으)로 나누었더니 ☐이(가) 되었습니다.

✔ 바르게 계산하려면?

→ ☐에서 어떤 수를 빼고 ☐을(를) 곱합니다.

◆ 구해야 할 것은?

→ 바르게 계산한 값

풀이 과정

❶ 어떤 수를 ■라 할 때 잘못 계산한 식은?

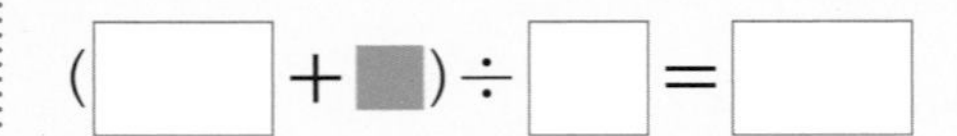

(☐ + ■) ÷ ☐ = ☐

❷ 어떤 수는?

☐ + ■ = ☐ × ☐ = ☐, ■ = ☐ − ☐ = ☐

❸ 바르게 계산한 값은?

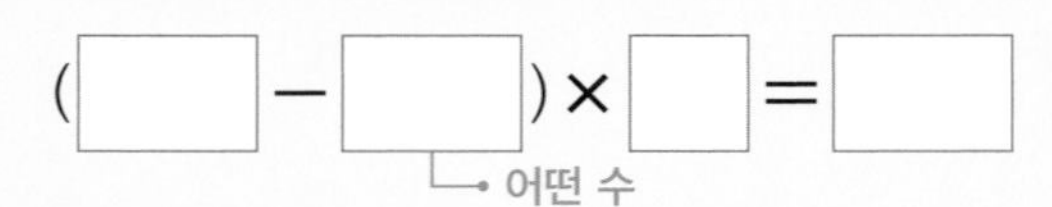

(☐ − ☐) × ☐ = ☐

어떤 수

답 ______

정답과 해설 4쪽

왼쪽 ❷번과 같이 문제에 색칠하고 밑줄을 그어 가며 문제를 풀어 보세요.

2-1 어떤 수에 16을 더하고 / 3으로 나누어야 할 것을 / 잘못하여 어떤 수에서 16을 빼고 / 3을 곱하였더니 57이 되었습니다. / 바르게 계산한 값을 구해 보세요.

문제 돋보기

✔ 잘못 계산한 식은?

→ 어떤 수에서 □을(를) 빼고 □을(를) 곱하였더니 □이(가) 되었습니다.

✔ 바르게 계산하려면?

→ 어떤 수에 □을(를) 더하고 □(으)로 나눕니다.

◆ 구해야 할 것은?

→ ______________________

풀이 과정

❶ 어떤 수를 ■라 할 때 잘못 계산한 식은?

(■ − □) × □ = □

❷ 어떤 수는?

■ − □ = □ ÷ □ = □, ■ = □ + □ = □

❸ 바르게 계산한 값은?

(□ + □) ÷ □ = □

답 ______________

문제가 어려웠나요?

□ 어려워요

□ 적당해요

□ 쉬워요

- ( )를 사용하여 하나의 식으로 나타내어 계산하기
- 바르게 계산한 값 구하기

문제를 읽고 '연습하기'에서 했던 것처럼 밑줄을 그어 가며 문제를 풀어 보세요.

1 영채는 편의점에서 900원짜리 빵 4개와 1700원짜리 우유 1개를 샀습니다. 영채가 6000원을 냈다면 거스름돈은 얼마인지 ( )가 있는 하나의 식으로 나타내어 구해 보세요.

❶ 빵 4개와 우유 1개의 가격을 구하는 식은?

❷ 거스름돈은 얼마인지 ( )가 있는 하나의 식으로 나타내어 구하면?

식 ______________________ 답 ______________

2 꽃집에서 장미를 오전에는 80송이씩 3다발 팔고, 오후에는 52송이 팔았습니다. 처음에 장미가 400송이 있었다면 오늘 팔고 남은 장미는 몇 송이인지 ( )가 있는 하나의 식으로 나타내어 구해 보세요.

❶ 오늘 판 장미의 수를 구하는 식은?

❷ 오늘 팔고 남은 장미의 수를 ( )가 있는 하나의 식으로 나타내어 구하면?

식 ______________________ 답 ______________

3 50에 어떤 수를 더하고 4로 나누어야 할 것을 잘못하여 50에서 어떤 수를 빼고 4를 곱하였더니 96이 되었습니다. 바르게 계산한 값을 구해 보세요.

❶ 어떤 수를 ■라 할 때 잘못 계산한 식은?

❷ 어떤 수는?

❸ 바르게 계산한 값은?

답 ______________

4 어떤 수에서 31을 빼고 7을 곱해야 할 것을 잘못하여 어떤 수에 31을 더하고 7로 나누었더니 15가 되었습니다. 바르게 계산한 값을 구해 보세요.

❶ 어떤 수를 ■라 할 때 잘못 계산한 식은?

❷ 어떤 수는?

❸ 바르게 계산한 값은?

답 ______________

★ 공부한 날 월 일

12쪽 하나의 식으로 나타내어 계산하기

1 태희는 서랍장 한 칸에 옷을 12벌씩 5칸에 넣었습니다. 처음에 있던 옷이 70벌이라면 서랍장에 넣지 못한 옷은 몇 벌인지 하나의 식으로 나타내어 구해 보세요.

풀이

식 ______________________ 답 ______________

18쪽 ( )를 사용하여 하나의 식으로 나타내어 계산하기

2 리본을 하민이는 65 cm씩 4번 사용하고, 언니는 110 cm 사용했습니다. 처음에 리본이 450 cm 있었다면 두 사람이 사용하고 남은 리본은 몇 cm인지 ( )가 있는 하나의 식으로 나타내어 구해 보세요.

풀이

식 ______________________ 답 ______________

12쪽 하나의 식으로 나타내어 계산하기

3 무게가 같은 공 4개가 들어 있는 주머니의 무게를 재어 보니 1350 g입니다.
공 한 개의 무게가 280 g이라면 주머니만의 무게는 몇 g인지
하나의 식으로 나타내어 구해 보세요.

풀이

식 ______________________ 답 ______________

14쪽 계산 결과가 가장 클(작을) 때의 값 구하기

4 3장의 수 카드 2, 4, 7을 각각 한 번씩만 사용하여 다음과 같은 식을 만들려고 합니다. 계산 결과가 가장 클 때의 값은 얼마인가요?

$70 \div \square \times (\square + \square)$

풀이

답 ______________

14쪽 계산 결과가 가장 클(작을) 때의 값 구하기

5 3장의 수 카드 3, 5, 8을 각각 한 번씩만 사용하여 다음과 같은 식을 만들려고 합니다. 계산 결과가 가장 작을 때의 값은 얼마인가요?

$144 \times (\square - \square) \div \square$

풀이

답 ______________

★ 맞은 개수 /10개 ★ 걸린 시간 /40분

18쪽 ( )를 사용하여 하나의 식으로 나타내어 계산하기

6 나래는 문구점에서 6권에 4800원 하는 공책 4권과 2900원짜리 스케치북 1권을 샀습니다. 나래가 7000원을 냈다면 거스름돈은 얼마인지 ( )가 있는 하나의 식으로 나타내어 구해 보세요.

풀이

식 ______________________ 답 ______________

20쪽 바르게 계산한 값 구하기

7 46에서 어떤 수를 빼고 5를 곱해야 할 것을 잘못하여 46에 어떤 수를 더하고 5로 나누었더니 14가 되었습니다. 바르게 계산한 값을 구해 보세요.

풀이

답 ______________

20쪽 바르게 계산한 값 구하기

8 어떤 수에 53을 더하고 2로 나누어야 할 것을 잘못하여 어떤 수에서 53을 빼고 2를 곱하였더니 68이 되었습니다. 바르게 계산한 값을 구해 보세요.

풀이

답 ______________

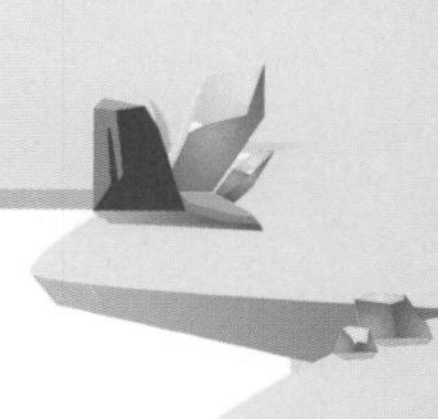

18쪽 ( )를 사용하여 하나의 식으로 나타내어 계산하기

9 예성이는 용돈으로 10000원을 받았습니다. 알뜰 시장에서 이 돈을 내고 2600원짜리 팽이 1개와 4개에 3400원 하는 구슬 7개를 샀습니다. 거스름돈은 얼마인지 ( )가 있는 하나의 식으로 나타내어 구해 보세요.

풀이

식 ______________________ 답 ______________

도전 문제

14쪽 계산 결과가 가장 클(작을) 때의 값 구하기

3장의 수 카드 4, 5, 9를 각각 한 번씩만 사용하여 다음과 같은 식을 만들려고 합니다. 계산 결과가 가장 클 때와 가장 작을 때의 값의 차는 얼마인가요?

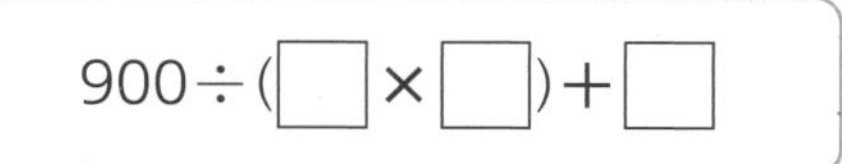

❶ 계산 결과가 가장 클 때의 값은?

❷ 계산 결과가 가장 작을 때의 값은?

❸ 계산 결과가 가장 클 때와 가장 작을 때의 값의 차는?

답 ______________

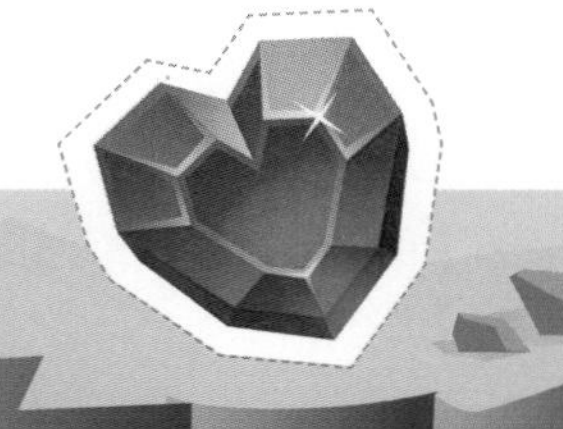

왕관을 꾸밀 보석을
찾으러 가 볼까?

약수와 배수

- 일정한 간격으로 배열하기
- 톱니바퀴의 회전수 구하기

- 최대공약수와 최소공배수를 이용하여 수 구하기
- 두 수로 모두 나누어떨어지는 수 구하기

단원 마무리

✡ 찾아야 할 보석

문장제 준비하기

함께 풀어 봐요!

보석을 찾으며 빈칸에 알맞은 수를 써 보세요.

6을 나누어떨어지게 할 수 있는 수는

1, □, □, □(이)야.

8의 배수를 작은 수부터 차례대로

4개 쓰면 8, □, □, □(이)야.

사탕 8개와 초콜릿 12개를
최대한 많은 친구들에게
똑같이 나누어 주려고 해.
8과 12의 최대공약수는 ☐ 이니까
최대 ☐ 명에게 나누어 줄 수 있어.

문장제 연습하기

✦ 일정한 간격으로 배열하기

1 두 변의 길이가 각각 18 m, 30 m인 / 직사각형 모양 잔디밭의 가장자리를 따라 / 일정한 간격으로 나무를 심으려고 합니다. / 네 모퉁이에는 반드시 나무를 심어야 하고, / 나무는 가장 적게 사용하려고 합니다. / 필요한 나무는 모두 몇 그루인가요? / (단, 나무의 두께는 생각하지 않습니다.)

→ 구해야 할 것

문제 돋보기

✔ 직사각형 모양 잔디밭의 두 변의 길이는? → ☐ m, ☐ m

✔ 나무를 심는 방법은?

→ 네 모퉁이에 반드시 나무를 심고, 나무를 가장 (많이 , 적게) 사용합니다.

(알맞은 말에 ○표 하기)

(나무 사이의 거리를 최대한 멀게)

◆ 구해야 할 것은?

→ 필요한 나무의 수

풀이 과정

❶ 나무 사이의 간격은?

18과 30의 (최대공약수 , 최소공배수)를 구합니다.

☐) 18 30

☐) ☐ ☐

☐ ☐

⇨ 18과 30의 최대공약수: ☐ × ☐ = ☐

나무는 ☐ m 간격으로 심어야 합니다.

❷ 필요한 나무의 수는?

짧은 변에 심어야 하는 나무는 18÷☐=☐에서 ☐+1=☐(그루),

긴 변에 심어야 하는 나무는 30÷☐=☐에서 ☐+1=☐(그루)입니다.

⇨ (필요한 나무의 수)=(☐+☐)×2−☐=☐(그루)

(네 모퉁이에 심는 나무의 수)

답 ____________

왼쪽 ❶번과 같이 문제에 색칠하고 밑줄을 그어 가며 문제를 풀어 보세요.

1-1 두 변의 길이가 각각 20 m, 24 m인 / 직사각형 모양 연못의 가장자리를 따라 / 일정한 간격으로 깃발을 세우려고 합니다. / 네 모퉁이에는 반드시 깃발을 세워야 하고, / 깃발은 가장 적게 사용하려고 합니다. / 필요한 깃발은 모두 몇 개인가요? / (단, 깃발의 두께는 생각하지 않습니다.)

문제 돋보기

✔ 직사각형 모양 연못의 두 변의 길이는? → ☐ m, ☐ m

✔ 깃발을 세우는 방법은?

→ 네 모퉁이에 반드시 깃발을 세우고, 깃발을 가장 (많이 , 적게) 사용합니다.

◆ 구해야 할 것은?

→ ______________________

풀이 과정

❶ 깃발 사이의 간격은?

20과 24의 (최대공약수 , 최소공배수)를 구합니다.

☐) 20 24
☐) ☐ ☐
  ☐ ☐

⇨ 20과 24의 최대공약수: ☐ × ☐ = ☐

깃발은 ☐ m 간격으로 세워야 합니다.

❷ 필요한 깃발의 수는?

짧은 변에 세워야 하는 깃발은 20÷☐=☐에서 ☐+1=☐(개),

긴 변에 세워야 하는 깃발은 24÷☐=☐에서 ☐+1=☐(개)입니다.

⇨ (필요한 깃발의 수)=(☐+☐)×2−☐=☐(개)

답 ______________

문제가 어려웠나요?

☐ 어려워요

☐ 적당해요

☐ 쉬워요

문장제 연습하기

두 개의 톱니바퀴 ㉠, ㉡이 맞물려 돌아가고 있습니다. /
㉠의 톱니는 16개이고, /
㉡의 톱니는 28개입니다. /
처음에 맞물렸던 두 톱니가 다시 맞물리려면 /
㉠은 적어도 몇 바퀴 돌아야 하나요?

→ 구해야 할 것

문제 돋보기

✔ 톱니바퀴 ㉠, ㉡의 톱니 수는?

→ ㉠: ☐개, ㉡: ☐개

◆ 구해야 할 것은?

→ 톱니바퀴 ㉠의 최소 회전수

풀이 과정

❶ 처음에 맞물렸던 두 톱니가 다시 맞물릴 때까지 움직이는 톱니 수는?

16과 28의 (최대공약수 , 최소공배수)를 구합니다.

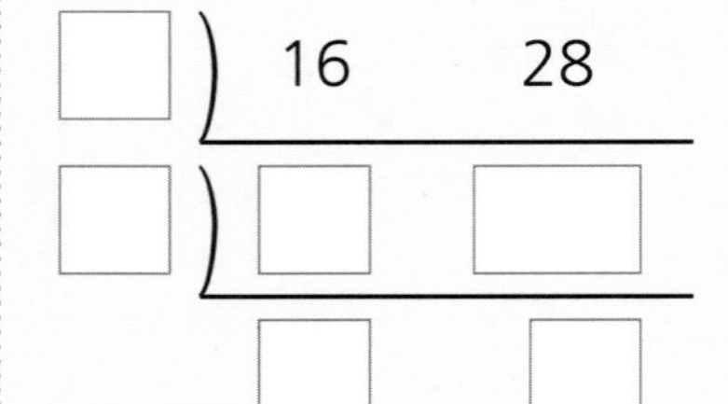

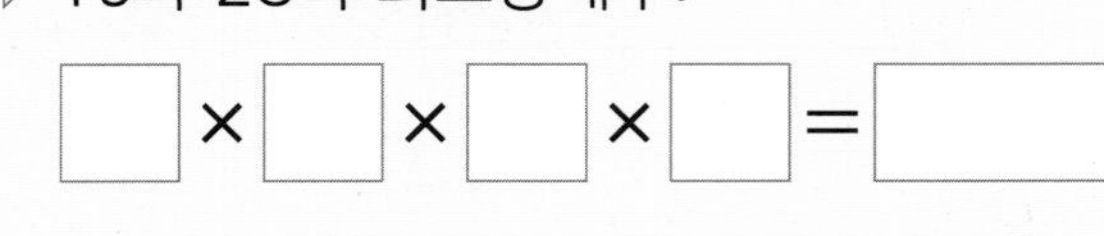

두 톱니가 각각 ☐개 움직였을 때 다시 맞물립니다.

❷ 톱니바퀴 ㉠의 최소 회전수는?

톱니바퀴 ㉠은 적어도 ☐ ÷ ☐ = ☐(바퀴) 돌아야 합니다.

❶에서 구한 톱니 수 / ㉠의 톱니 수

답 ______

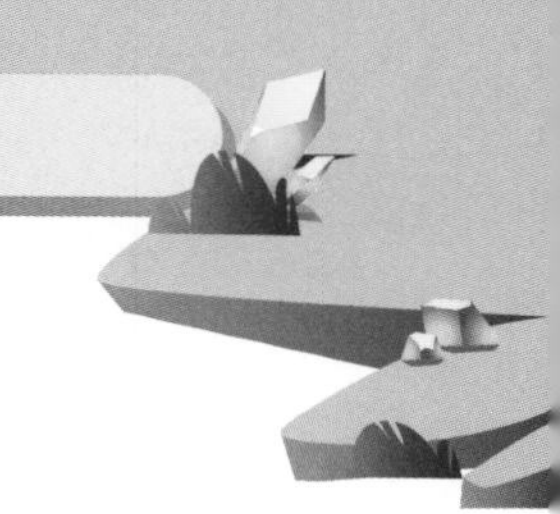

정답과 해설 8쪽

왼쪽 ❷번과 같이 문제에 색칠하고 밑줄을 그어 가며 문제를 풀어 보세요.

2-1 두 개의 톱니바퀴 ㉠, ㉡이 맞물려 돌아가고 있습니다. / ㉠의 톱니는 24개이고, / ㉡의 톱니는 42개입니다. / 처음에 맞물렸던 두 톱니가 다시 맞물리려면 / ㉡은 적어도 몇 바퀴 돌아야 하나요?

문제 돋보기

✔ 톱니바퀴 ㉠, ㉡의 톱니 수는?

→ ㉠: ☐개, ㉡: ☐개

◆ 구해야 할 것은?

→ ______________________

풀이 과정

❶ 처음에 맞물렸던 두 톱니가 다시 맞물릴 때까지 움직이는 톱니 수는?

24와 42의 (최대공약수 , 최소공배수)를 구합니다.

☐) 24 42

☐) ☐ ☐

　　☐ ☐

⇨ 24와 42의 최소공배수: ☐ × ☐ × ☐ × ☐ = ☐

두 톱니가 각각 ☐개 움직였을 때 다시 맞물립니다.

❷ 톱니바퀴 ㉡의 최소 회전수는?

톱니바퀴 ㉡은 적어도 ☐ ÷ ☐ = ☐(바퀴) 돌아야 합니다.

답 ______________

문제가 어려웠나요?

☐ 어려워요

☐ 적당해요

☐ 쉬워요

+ 일정한 간격으로 배열하기
+ 톱니바퀴의 회전수 구하기

문제를 읽고 '연습하기'에서 했던 것처럼 밑줄을 그어 가며 문제를 풀어 보세요.

1 두 변의 길이가 각각 42 m, 70 m인 직사각형 모양 땅의 가장자리를 따라 일정한 간격으로 말뚝을 박으려고 합니다. 네 모퉁이에는 반드시 말뚝을 박아야 하고, 말뚝은 가장 적게 사용하려고 합니다. 필요한 말뚝은 모두 몇 개인가요? (단, 말뚝의 두께는 생각하지 않습니다.)

❶ 말뚝 사이의 간격은?

❷ 필요한 말뚝의 수는?

답 ____________

2 두 개의 톱니바퀴 ㉠, ㉡이 맞물려 돌아가고 있습니다. ㉠의 톱니는 12개이고, ㉡의 톱니는 40개입니다. 처음에 맞물렸던 두 톱니가 다시 맞물리려면 ㉠은 적어도 몇 바퀴 돌아야 하나요?

❶ 처음에 맞물렸던 두 톱니가 다시 맞물릴 때까지 움직이는 톱니 수는?

❷ 톱니바퀴 ㉠의 최소 회전수는?

답 ____________

3 두 변의 길이가 각각 60 m, 96 m인 직사각형 모양 공원의 가장자리를 따라 일정한 간격으로 가로등을 세우려고 합니다. 네 모퉁이에는 반드시 가로등을 세워야 하고, 가로등은 가장 적게 사용하려고 합니다. 필요한 가로등은 모두 몇 개인가요? (단, 가로등의 두께는 생각하지 않습니다.)

❶ 가로등 사이의 간격은?

❷ 필요한 가로등의 수는?

탑 ______________________

4 두 개의 톱니바퀴 ㉠, ㉡이 맞물려 돌아가고 있습니다. ㉠의 톱니는 30개이고, ㉡의 톱니는 54개입니다. 처음에 맞물렸던 두 톱니가 다시 맞물리려면 ㉡은 적어도 몇 바퀴 돌아야 하나요?

❶ 처음에 맞물렸던 두 톱니가 다시 맞물릴 때까지 움직이는 톱니 수는?

❷ 톱니바퀴 ㉡의 최소 회전수는?

탑 ______________________

문장제 연습하기

✦최대공약수와 최소공배수를 이용하여 수 구하기

두 자연수 ㉠과 84의 **최대공약수는 12**이고, / **최소공배수는 252**입니다. / 자연수 ㉠을 구해 보세요.

→ 구해야 할 것

✔ ㉠과 84의 최대공약수는?

→ □

✔ ㉠과 84의 최소공배수는?

→ □

◆ 구해야 할 것은?

→ 자연수 ㉠

❶ ㉠과 84를 최대공약수로 나누어 나타내면?

12) ㉠ 84

■ □

❷ ㉠과 84의 최소공배수를 이용하여 ■를 구하면?

12 × ■ × □ = □ (㉠과 84의 최소공배수), □ × ■ = □, ■ = □

❸ 자연수 ㉠은?

㉠ = 12 × ■ = 12 × □ = □

답 ______

왼쪽 ❶번과 같이 문제에 색칠하고 밑줄을 그어 가며 문제를 풀어 보세요.

1-1 두 자연수 56과 ㉠의 최대공약수는 14이고, / 최소공배수는 280입니다. / 자연수 ㉠을 구해 보세요.

문제 돋보기

✓ 56과 ㉠의 최대공약수는?

→ 

✓ 56과 ㉠의 최소공배수는?

→ 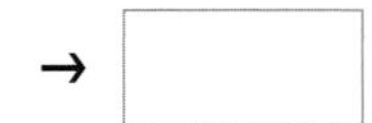

◆ 구해야 할 것은?

→ ____________________

풀이 과정

❶ 56과 ㉠을 최대공약수로 나누어 나타내면?

14) 56 ㉠

□ ■

❷ 56과 ㉠의 최소공배수를 이용하여 ■를 구하면?

$14 \times \square \times ■ = \square$, $\square \times ■ = \square$, $■ = \square$

❸ 자연수 ㉠은?

$㉠ = 14 \times ■ = 14 \times \square = \square$

답 ____________________

문제가 어려웠나요?

□ 어려워요

□ 적당해요

□ 쉬워요

문장제 연습하기

✦ 두 수로 모두 나누어떨어지는 수 구하기

2

8로도 나누어떨어지고, / 10으로도 나누어떨어지는 어떤 수가 있습니다. / 어떤 수 중에서 가장 작은 세 자리 수를 구해 보세요.

→ 구해야 할 것

문제 돋보기

✓ 어떤 수를 나누어떨어지게 하는 두 수는? → ☐과 ☐

◆ 구해야 할 것은?

→ 어떤 수 중에서 가장 작은 세 자리 수

풀이 과정

❶ 8로도 나누어떨어지고, 10으로도 나누어떨어지는 수는?

8로 나누어떨어지는 수는 8의 ☐이고,

10으로 나누어떨어지는 수는 10의 ☐이므로

8과 10으로 모두 나누어떨어지는 수는 8과 10의 ☐입니다.

❷ 어떤 수 중에서 가장 작은 세 자리 수는?

어떤 수는 8과 10의 ☐이므로 8과 10의 최소공배수의 ☐을(를) 구합니다.

☐) 8 10
　　☐ ☐

⇨ 8과 10의 최소공배수: ☐ × ☐ × ☐ = ☐

8과 10의 최소공배수의 배수를 작은 수부터 차례대로 쓰면

☐, ☐, ☐, ☐……이므로

어떤 수 중에서 가장 작은 세 자리 수는 ☐입니다.

답 ____________

정답과 해설 9쪽

왼쪽 ❷번과 같이 문제에 색칠하고 밑줄을 그어 가며 문제를 풀어 보세요.

2-1 9로도 나누어떨어지고, / 15로도 나누어떨어지는 어떤 수가 있습니다. / 어떤 수 중에서 가장 작은 세 자리 수를 구해 보세요.

문제 돋보기

✔ 어떤 수를 나누어떨어지게 하는 두 수는? → ☐와 ☐

◆ 구해야 할 것은?

→ ____________________

풀이 과정

❶ 9로도 나누어떨어지고, 15로도 나누어떨어지는 수는?

9로 나누어떨어지는 수는 9의 ☐이고,

15로 나누어떨어지는 수는 15의 ☐이므로

9와 15로 모두 나누어떨어지는 수는 9와 15의 ☐입니다.

❷ 어떤 수 중에서 가장 작은 세 자리 수는?

어떤 수는 9와 15의 ☐이므로 9와 15의 최소공배수의 ☐을(를) 구합니다.

☐) 9　15
　　☐　☐

⇨ 9와 15의 최소공배수: ☐ × ☐ × ☐ = ☐

9와 15의 최소공배수의 배수를 작은 수부터 차례대로 쓰면

☐, ☐, ☐, ☐……이므로

어떤 수 중에서 가장 작은 세 자리 수는 ☐입니다.

답 ____________________

문제가 어려웠나요?
☐ 어려워요
☐ 적당해요
☐ 쉬워요

- 최대공약수와 최소공배수를 이용하여 수 구하기
- 두 수로 모두 나누어떨어지는 수 구하기

문제를 읽고 '연습하기'에서 했던 것처럼 밑줄을 그어 가며 문제를 풀어 보세요.

1 두 자연수 ㉠과 72의 최대공약수는 18이고, 최소공배수는 216입니다.
자연수 ㉠을 구해 보세요.

❶ ㉠과 72를 최대공약수로 나누어 나타내면?

❷ ㉠과 72의 최소공배수를 이용하여 ■를 구하면?

❸ 자연수 ㉠은?

답 ______________

2 두 자연수 200과 ㉠의 최대공약수는 25이고, 최소공배수는 600입니다.
자연수 ㉠을 구해 보세요.

❶ 200과 ㉠을 최대공약수로 나누어 나타내면?

❷ 200과 ㉠의 최소공배수를 이용하여 ■를 구하면?

❸ 자연수 ㉠은?

답 ______________

3 14로도 나누어떨어지고, 6으로도 나누어떨어지는 어떤 수가 있습니다. 어떤 수 중에서 가장 작은 세 자리 수를 구해 보세요.

❶ 14로도 나누어떨어지고, 6으로도 나누어떨어지는 수는?

❷ 어떤 수 중에서 가장 작은 세 자리 수는?

답 ______________

4 12로도 나누어떨어지고, 16으로도 나누어떨어지는 어떤 수가 있습니다. 어떤 수 중에서 가장 작은 세 자리 수를 구해 보세요.

❶ 12로도 나누어떨어지고, 16으로도 나누어떨어지는 수는?

❷ 어떤 수 중에서 가장 작은 세 자리 수는?

답 ______________

★ 공부한 날 월 일

32쪽 일정한 간격으로 배열하기

1 두 변의 길이가 각각 9 m, 27 m인 직사각형 모양 수영장의 가장자리를 따라 일정한 간격으로 깃발을 세우려고 합니다. 네 모퉁이에는 반드시 깃발을 세워야 하고, 깃발은 가장 적게 사용하려고 합니다. 필요한 깃발은 모두 몇 개인가요?
(단, 깃발의 두께는 생각하지 않습니다.)

풀이

답

34쪽 톱니바퀴의 회전수 구하기

2 두 개의 톱니바퀴 ㉠, ㉡이 맞물려 돌아가고 있습니다. ㉠의 톱니는 30개이고, ㉡의 톱니는 20개입니다. 처음에 맞물렸던 두 톱니가 다시 맞물리려면 ㉠은 적어도 몇 바퀴 돌아야 하나요?

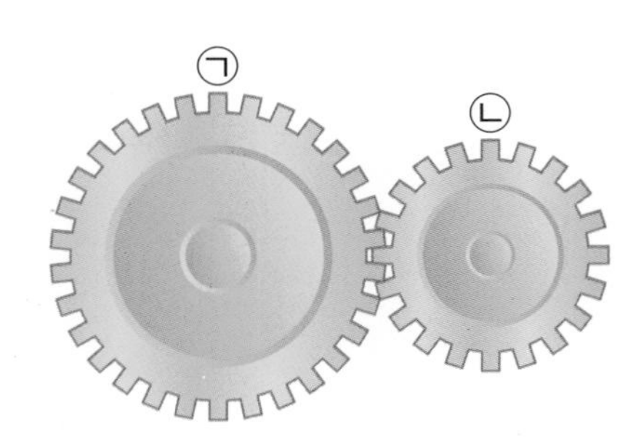

풀이

답

정답과 해설 10쪽

32쪽 일정한 간격으로 배열하기

3 두 변의 길이가 각각 84 m, 63 m인 직사각형 모양 주차장의 가장자리를 따라 일정한 간격으로 나무를 심으려고 합니다. 네 모퉁이에는 반드시 나무를 심어야 하고, 나무는 가장 적게 사용하려고 합니다. 필요한 나무는 모두 몇 그루인가요?
(단, 나무의 두께는 생각하지 않습니다.)

풀이

답 ______________

34쪽 톱니바퀴의 회전수 구하기

4 두 개의 톱니바퀴 ㉠, ㉡이 맞물려 돌아가고 있습니다. ㉠의 톱니는 16개이고, ㉡의 톱니는 36개입니다. 처음에 맞물렸던 두 톱니가 다시 맞물리려면 ㉡은 적어도 몇 바퀴 돌아야 하나요?

풀이

답 ______________

38쪽 최대공약수와 최소공배수를 이용하여 수 구하기

5 두 자연수 ㉠과 64의 최대공약수는 8이고, 최소공배수는 320입니다. 자연수 ㉠을 구해 보세요.

8) ㉠ 64
　 ■ 8

풀이

답 ______________

★ 맞은 개수 /10개 ★ 걸린 시간 /40분

40쪽 두 수로 모두 나누어떨어지는 수 구하기

6 10으로도 나누어떨어지고, 4로도 나누어떨어지는 어떤 수가 있습니다. 어떤 수 중에서 가장 큰 두 자리 수를 구해 보세요.

풀이

답 ____________________

38쪽 최대공약수와 최소공배수를 이용하여 수 구하기

7 두 자연수 81과 ㉠의 최대공약수는 27이고, 최소공배수는 162입니다. 자연수 ㉠을 구해 보세요.

풀이

답 ____________________

40쪽 두 수로 모두 나누어떨어지는 수 구하기

8 15로도 나누어떨어지고, 12로도 나누어떨어지는 어떤 수가 있습니다. 어떤 수 중에서 가장 작은 세 자리 수를 구해 보세요.

풀이

답 ____________________

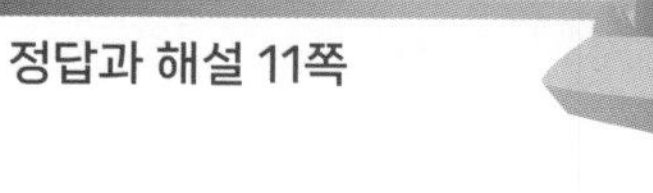

정답과 해설 11쪽

40쪽 두 수로 모두 나누어떨어지는 수 구하기

9 18로도 나누어떨어지고, 24로도 나누어떨어지는 어떤 수가 있습니다. 어떤 수 중에서 250에 가장 가까운 세 자리 수를 구해 보세요.

풀이

답 ______________________

34쪽 톱니바퀴의 회전수 구하기

도전 문제

두 개의 톱니바퀴 ㉠, ㉡이 맞물려 돌아가고 있습니다. ㉠의 톱니는 45개이고, ㉡의 톱니는 75개입니다. ㉠이 한 바퀴 도는 데 3분이 걸린다면 처음에 맞물렸던 두 톱니가 다시 맞물릴 때까지 적어도 몇 분이 걸리나요?

❶ 처음에 맞물렸던 두 톱니가 다시 맞물릴 때까지 움직이는 톱니 수는?

❷ 톱니바퀴 ㉠의 최소 회전수는?

❸ 두 톱니가 다시 맞물릴 때까지 걸리는 최소 시간은?

답 ______________________

✂ 정답과 해설 39쪽에 붙이면 왕관을 완성할 수 있어요!

왕관을 꾸밀 보석을

찾으러 가 볼까?

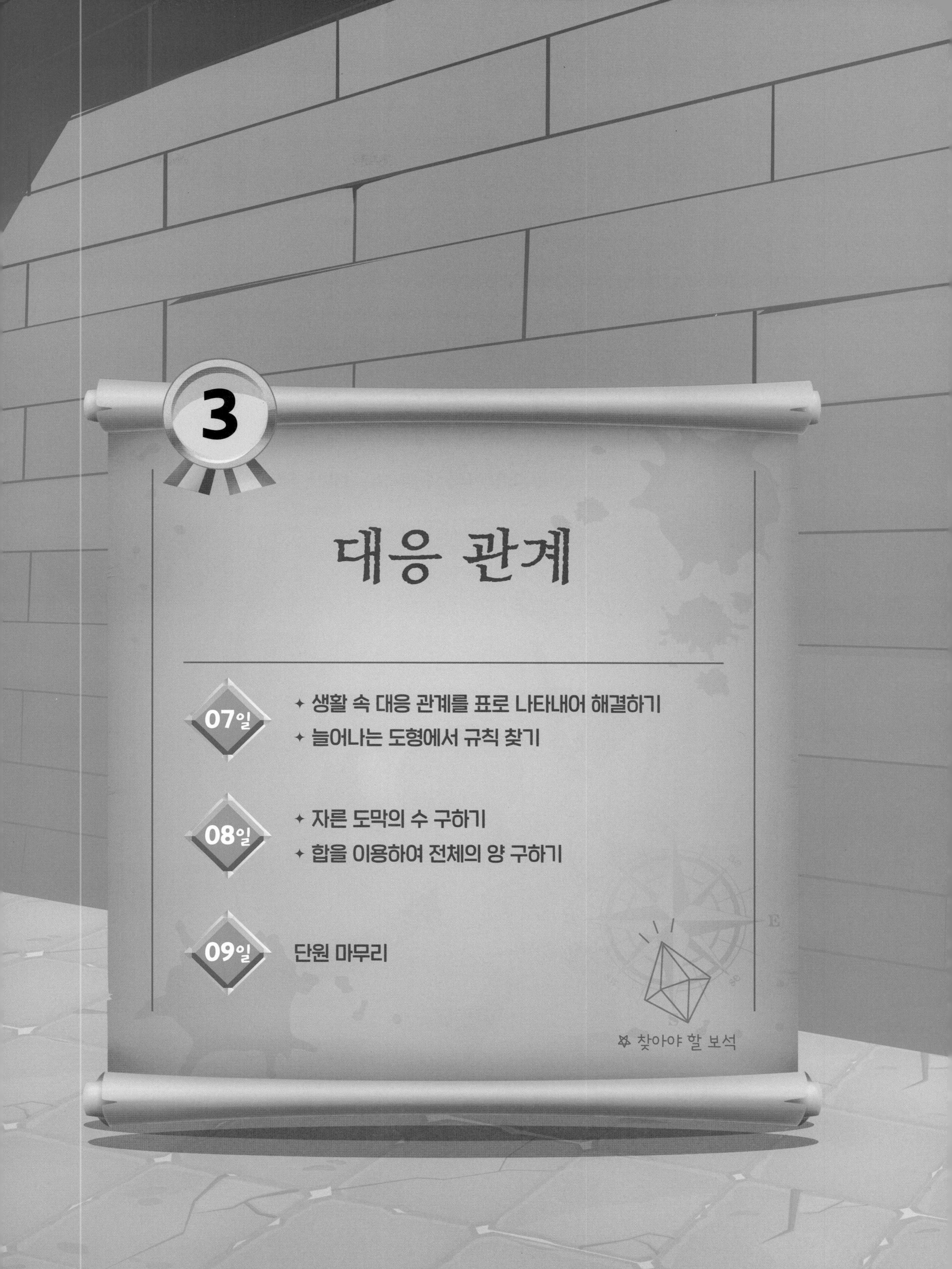
3
대응 관계
07일
✦ 생활 속 대응 관계를 표로 나타내어 해결하기
✦ 늘어나는 도형에서 규칙 찾기
08일
✦ 자른 도막의 수 구하기
✦ 합을 이용하여 전체의 양 구하기
09일
단원 마무리
찾아야 할 보석

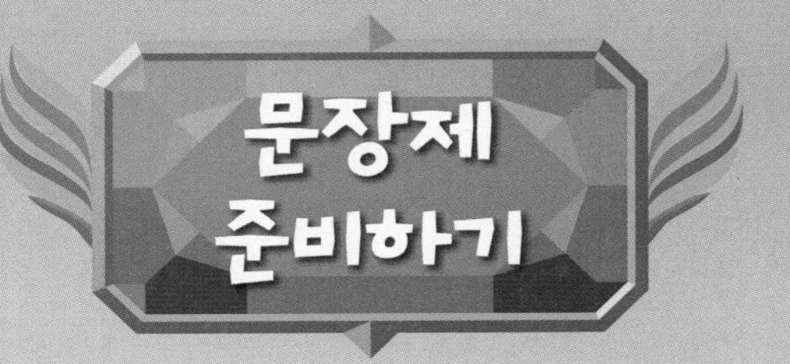
문장제
준비하기

함께 풀어 봐요!

보석을 찾으며 빈칸에 알맞은 수나 기호를 써 보세요.

고양이가 1마리씩 늘어나면
고양이 다리의 수는 ☐ 개씩 늘어나.
따라서 고양이 다리의 수는
고양이의 수의 ☐ 배가 돼.

지혁이의 나이는 12살,
형의 나이는 14살이야.
지혁이의 나이를 ◉,
형의 나이를 ▣라고 할 때,
두 양 사이의 대응 관계를 식으로
나타내면 ▣=◉◯☐(이)야.

위의 문제에서 두 양 사이의 대응 관계를
또 다른 식으로 나타내면
◉=▣◯☐(이)라고 쓸 수도 있어.

07일 문장제 연습하기

✦생활 속 대응 관계를 표로 나타내어 해결하기

건우는 100원짜리 동전과 50원짜리 동전을 / 모두 10개 가지고 있고, /
이 동전들의 금액의 합은 모두 700원입니다. /
건우가 가지고 있는 100원짜리 동전과 50원짜리 동전은 /
각각 몇 개인지 차례대로 써 보세요.

→ 구해야 할 것

✓ 건우가 가지고 있는 100원짜리 동전과 50원짜리 동전의 수의 합은?

→ ☐개

✓ 건우가 가지고 있는 100원짜리 동전과 50원짜리 동전의 금액의 합은?

→ ☐원

◆ 구해야 할 것은?

→ 건우가 가지고 있는 100원짜리 동전의 수와 50원짜리 동전의 수

❶ 100원짜리 동전과 50원짜리 동전의 수의 합이 10개가 되도록 표를 만들면?

100원짜리 동전의 수(개)	1	2	3	4	5	……
50원짜리 동전의 수(개)						
금액의 합(원)						

❷ 건우가 가지고 있는 100원짜리 동전의 수와 50원짜리 동전의 수는?

위 ❶의 표에서 금액의 합이 ☐원일 때

100원짜리 동전은 ☐개, 50원짜리 동전은 ☐개입니다.

답 ________, ________

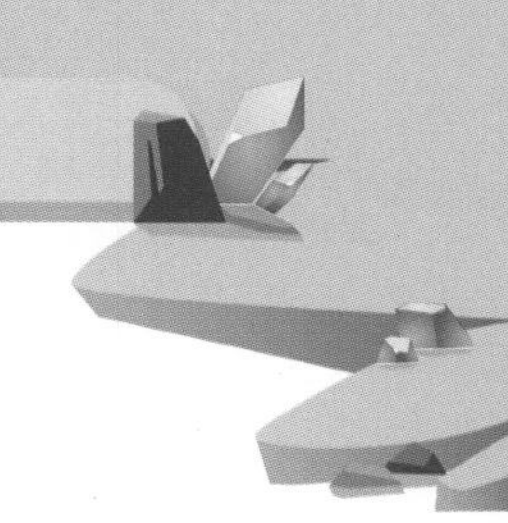

왼쪽 ❶번과 같이 문제에 색칠하고 밑줄을 그어 가며 문제를 풀어 보세요.

1-1 민하는 농구 시합에서 3점 슛과 2점 슛을 / 모두 12번 넣었고, / 민하가 얻은 점수의 합은 모두 29점입니다. / 민하가 넣은 3점 슛과 2점 슛은 / 각각 몇 번인지 차례대로 써 보세요.

문제 돋보기

✔ 민하가 넣은 3점 슛과 2점 슛의 수의 합은? → ☐번

✔ 민하가 얻은 점수의 합은? → ☐점

◆ 구해야 할 것은?

→ ______________________

풀이 과정

❶ 3점 슛과 2점 슛의 수의 합이 12번이 되도록 표를 만들면?

3점 슛의 수(번)	1	2	3	4	5	……
2점 슛의 수(번)						
점수의 합(점)						

❷ 민하가 넣은 3점 슛의 수와 2점 슛의 수는?

위 ❶의 표에서 점수의 합이 ☐점일 때

3점 슛은 ☐번, 2점 슛은 ☐번입니다.

답 ______________, ______________

문제가 어려웠나요?

☐ 어려워요

☐ 적당해요

☐ 쉬워요

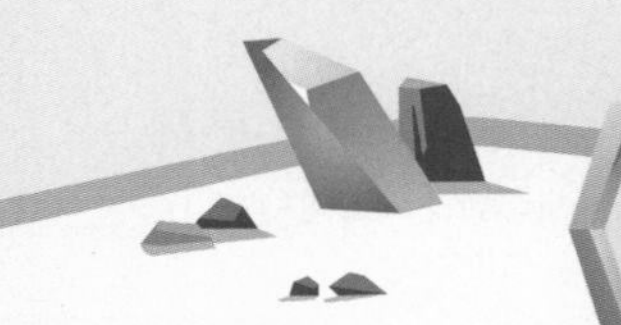

문장제 연습하기

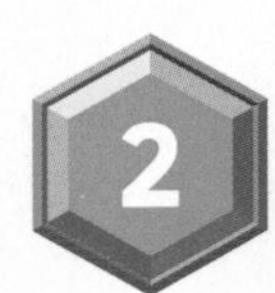

그림과 같이 성냥개비로 정사각형을 만들고 있습니다. / 정사각형을 15개 만들 때 / 필요한 성냥개비는 몇 개인가요?

→ 구해야 할 것

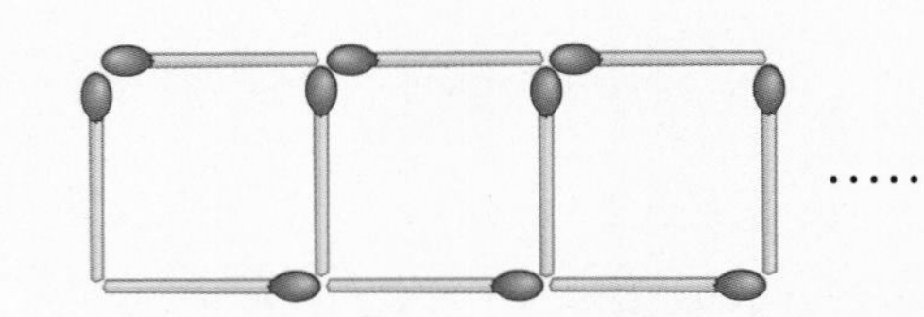

문제 돋보기

✓ 정사각형을 1개, 2개, 3개 만들 때 각각 필요한 성냥개비의 수는?

→ 정사각형 1개: ☐개, 정사각형 2개: ☐개, 정사각형 3개: ☐개

✓ 만들려고 하는 정사각형의 수는? → ☐개

◆ 구해야 할 것은?

→ 정사각형을 15개 만들 때 필요한 성냥개비의 수

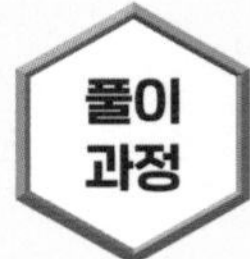

풀이 과정

❶ 정사각형의 수가 1개씩 늘어나면 성냥개비의 수가 어떻게 변하는지 표로 나타내면?

정사각형의 수(개)	1	2	3	4	5	……
성냥개비의 수(개)						

❷ 정사각형의 수와 성냥개비의 수 사이의 대응 관계를 식으로 나타내면?

(정사각형의 수) × ☐ + ☐ = (성냥개비의 수)

❸ 정사각형을 15개 만들 때 필요한 성냥개비의 수는?

☐ × ☐ + ☐ = ☐(개)

답 ______

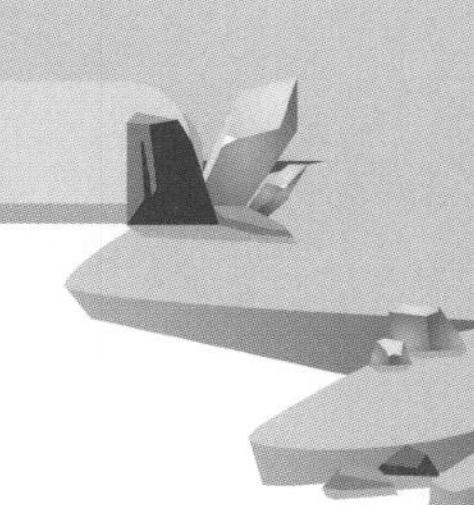

정답과 해설 13쪽

왼쪽 2번과 같이 문제에 색칠하고 밑줄을 그어 가며 문제를 풀어 보세요.

2-1

그림과 같이 면봉으로 정삼각형을 만들고 있습니다. / 정삼각형을 20개 만들 때 / 필요한 면봉은 몇 개인가요?

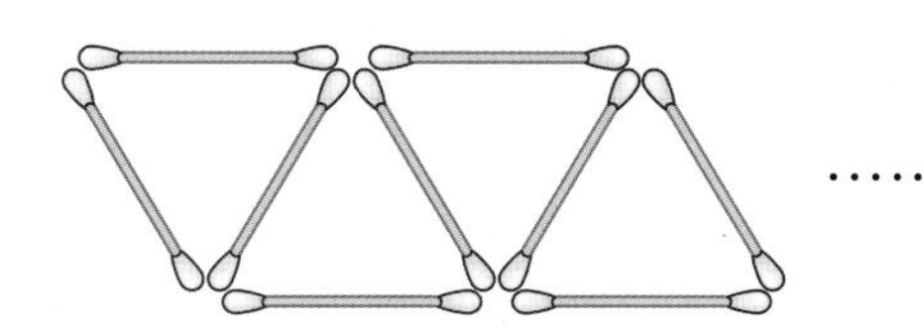

......

문제 돋보기

✓ 정삼각형을 1개, 2개, 3개, 4개 만들 때 각각 필요한 면봉의 수는?

→ 정삼각형 1개: □개, 정삼각형 2개: □개,

정삼각형 3개: □개, 정삼각형 4개: □개

✓ 만들려고 하는 정삼각형의 수는? → □개

◆ 구해야 할 것은?

→ ______________________________

풀이 과정

❶ 정삼각형의 수가 1개씩 늘어나면 면봉의 수가 어떻게 변하는지 표로 나타내면?

정삼각형의 수(개)	1	2	3	4	5	......
면봉의 수(개)						

❷ 정삼각형의 수와 면봉의 수 사이의 대응 관계를 식으로 나타내면?

(정삼각형의 수) × □ + □ = (면봉의 수)

❸ 정삼각형을 20개 만들 때 필요한 면봉의 수는?

□ × □ + □ = □(개)

답 ______________

문제가 어려웠나요?

□ 어려워요

□ 적당해요

□ 쉬워요

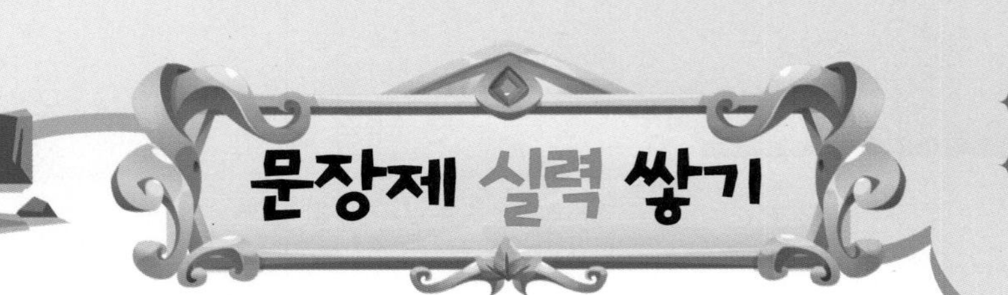

- 생활 속 대응 관계를 표로 나타내어 해결하기
- 늘어나는 도형에서 규칙 찾기

문제를 읽고 '연습하기'에서 했던 것처럼 밑줄을 그어 가며 문제를 풀어 보세요.

1 시혁이는 100원짜리 동전과 50원짜리 동전을 모두 14개 가지고 있고, 이 동전들의 금액의 합은 모두 950원입니다. 시혁이가 가지고 있는 100원짜리 동전과 50원짜리 동전은 각각 몇 개인지 차례대로 써 보세요.

❶ 100원짜리 동전과 50원짜리 동전의 수의 합이 14개가 되도록 표를 만들면?

❷ 시혁이가 가지고 있는 100원짜리 동전의 수와 50원짜리 동전의 수는?

답 ____________, ____________

2 오른쪽 그림과 같이 성냥개비로 정삼각형을 만들고 있습니다. 정삼각형을 11개 만들 때 필요한 성냥개비는 몇 개인가요?

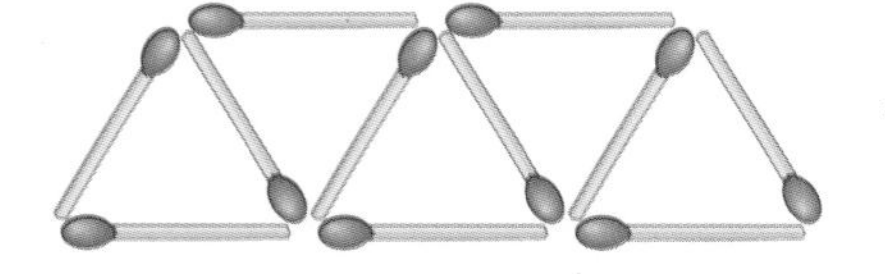

❶ 정삼각형의 수가 1개씩 늘어나면 성냥개비의 수가 어떻게 변하는지 표로 나타내면?

❷ 정삼각형의 수와 성냥개비의 수 사이의 대응 관계를 식으로 나타내면?

❸ 정삼각형을 11개 만들 때 필요한 성냥개비의 수는?

답 ____________

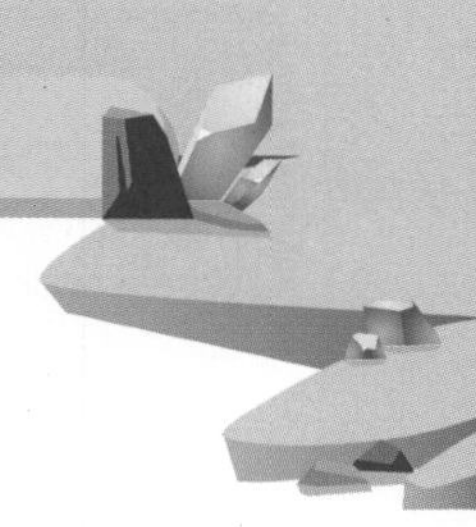

3 체육관에 6 kg짜리 아령과 4 kg짜리 아령이 모두 17개 있고, 이 아령들의 무게의 합은 모두 80 kg입니다. 체육관에 있는 6 kg짜리 아령과 4 kg짜리 아령은 각각 몇 개인지 차례대로 써 보세요.

❶ 6 kg짜리 아령과 4 kg짜리 아령의 수의 합이 17개가 되도록 표를 만들면?

❷ 체육관에 있는 6 kg짜리 아령의 수와 4 kg짜리 아령의 수는?

답 ______________, ______________

4 그림과 같이 이쑤시개로 정오각형을 만들고 있습니다. 정오각형을 23개 만들 때 필요한 이쑤시개는 몇 개인가요?

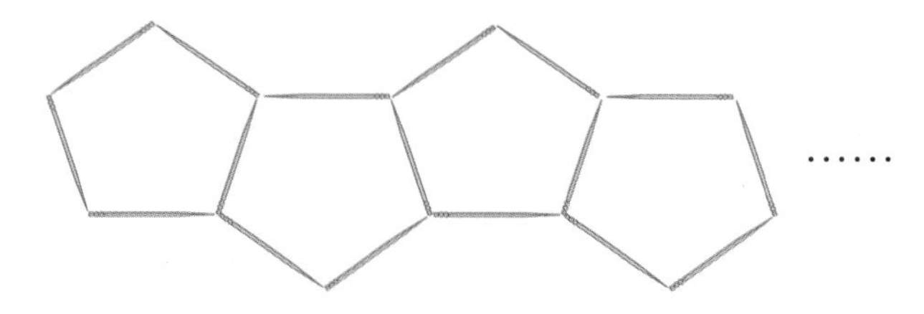

❶ 정오각형의 수가 1개씩 늘어나면 이쑤시개의 수가 어떻게 변하는지 표로 나타내면?

❷ 정오각형의 수와 이쑤시개의 수 사이의 대응 관계를 식으로 나타내면?

❸ 정오각형을 23개 만들 때 필요한 이쑤시개의 수는?

답 ______________

08일 문장제 연습하기

✦ 자른 도막의 수 구하기

1 그림과 같이 실을 잘라 여러 도막으로 나누려고 합니다. / 실을 7번 자르면 몇 도막이 되나요?

→ 구해야 할 것

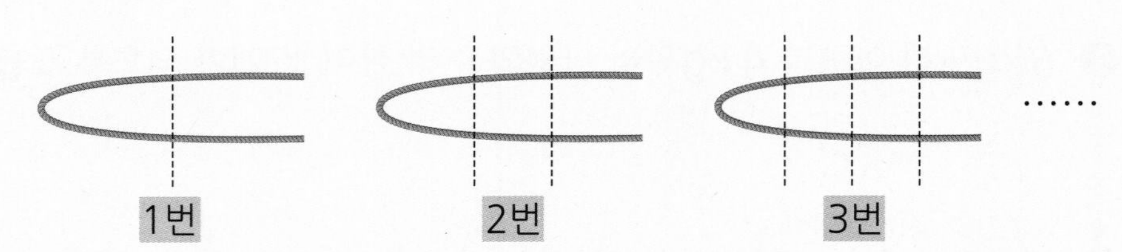

문제 돋보기

✔ 실을 1번, 2번, 3번 자를 때 각각 나누어진 도막의 수는?

→ 1번: ☐ 도막, 2번: ☐ 도막, 3번: ☐ 도막

✔ 실을 자르려고 하는 횟수는? → ☐ 번

◆ 구해야 할 것은?

→ 실을 7번 잘랐을 때 도막의 수

풀이 과정

❶ 실을 자른 횟수가 1번씩 늘어나면 도막의 수는 어떻게 변하는지 표로 나타내면?

자른 횟수(번)	1	2	3	4	5	……
도막의 수(도막)						

❷ 실을 자른 횟수와 도막의 수 사이의 대응 관계를 식으로 나타내면?

(자른 횟수) × ☐ + ☐ = (도막의 수)

❸ 실을 7번 잘랐을 때 도막의 수는?

☐ × ☐ + ☐ = ☐ (도막)

답 ____________

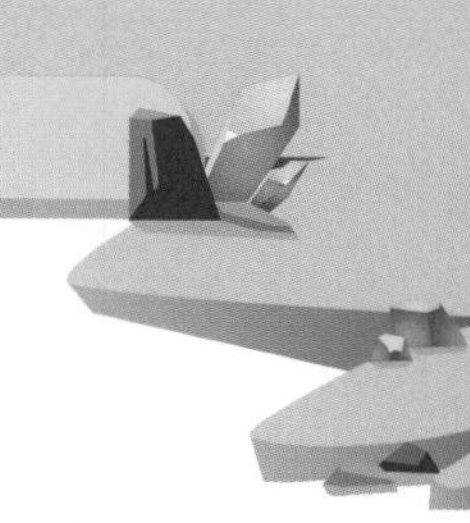

왼쪽 1번과 같이 문제에 색칠하고 밑줄을 그어 가며 문제를 풀어 보세요.

1-1 그림과 같이 끈을 잘라 여러 도막으로 나누려고 합니다. / 끈을 10번 자르면 몇 도막이 되나요?

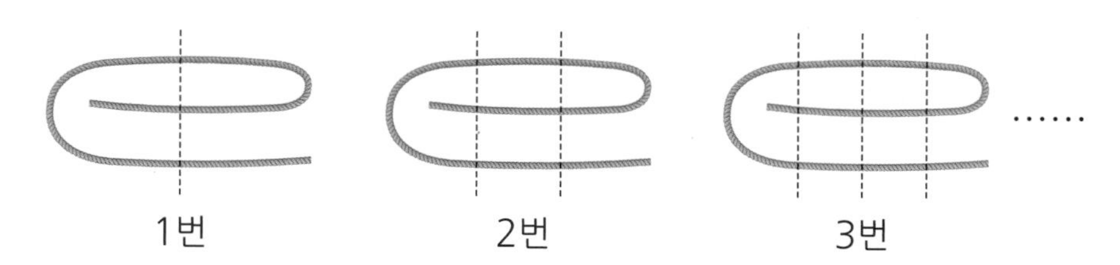

문제 돋보기

✔ 끈을 1번, 2번, 3번 자를 때 각각 나누어진 도막의 수는?

→ 1번: ☐도막, 2번: ☐도막, 3번: ☐도막

✔ 끈을 자르려고 하는 횟수는? → ☐번

◆ 구해야 할 것은?

→ ______________________

풀이 과정

❶ 끈을 자른 횟수가 1번씩 늘어나면 도막의 수는 어떻게 변하는지 표로 나타내면?

자른 횟수(번)	1	2	3	4	5	……
도막의 수(도막)						

❷ 끈을 자른 횟수와 도막의 수 사이의 대응 관계를 식으로 나타내면?

(자른 횟수) × ☐ + ☐ = (도막의 수)

❸ 끈을 10번 잘랐을 때 도막의 수는?

☐ × ☐ + ☐ = ☐ (도막)

답 ______________

문제가 어려웠나요?
☐ 어려워요
☐ 적당해요
☐ 쉬워요

문장제 연습하기

㉮ 수도꼭지에서는 1분에 8 L씩 물이 나오고, /
㉯ 수도꼭지에서는 1분에 12 L씩 물이 나옵니다. /
두 수도꼭지를 동시에 틀어서 / 9분 동안 받을 수 있는 물은 /
모두 몇 L인가요?
구해야 할 것

문제 돋보기

✔ 두 수도꼭지에서 각각 1분 동안 나오는 물의 양은?
→ ㉮ 수도꼭지: ☐ L, ㉯ 수도꼭지: ☐ L

✔ 두 수도꼭지를 동시에 틀어서 물을 받는 시간은? → ☐분

◆ 구해야 할 것은?
→ 두 수도꼭지를 동시에 틀어서 9분 동안 받을 수 있는 물의 양

풀이 과정

❶ 두 수도꼭지를 동시에 틀어서 1분 동안 받을 수 있는 물의 양은?

☐ + ☐ = ☐ (L)

❷ 물을 받는 시간과 받을 수 있는 물의 양 사이의 대응 관계를 식으로 나타내면?

물을 받는 시간(분)	1	2	3	4	5	……
받을 수 있는 물의 양(L)						

⇨ (물을 받는 시간) × ☐ = (받을 수 있는 물의 양)

❸ 두 수도꼭지를 동시에 틀어서 9분 동안 받을 수 있는 물의 양은?

☐ × ☐ = ☐ (L)

답 ______________

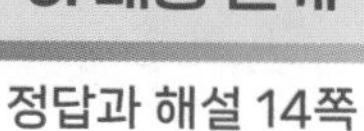

정답과 해설 14쪽

왼쪽 ❷번과 같이 문제에 색칠하고 밑줄을 그어 가며 문제를 풀어 보세요.

2-1 상자 1개를 포장하는데 빨간색 리본은 70 cm 필요하고, / 노란색 리본은 140 cm 필요합니다. / 상자 10개를 포장하는데 필요한 리본은 / 모두 몇 cm인가요?

문제 돋보기

✓ 상자 1개를 포장하는데 필요한 리본의 길이는?

→ 빨간색 리본: ☐ cm, 노란색 리본: ☐ cm

✓ 포장해야 하는 상자의 수는? → ☐개

◆ 구해야 할 것은?

→ ______________________

풀이 과정

❶ 상자 1개를 포장하는데 필요한 리본의 길이는?

☐ + ☐ = ☐ (cm)

❷ 상자의 수와 리본의 길이 사이의 대응 관계를 식으로 나타내면?

상자의 수(개)	1	2	3	4	5	……
리본의 길이(cm)						

⇨ (상자의 수) × ☐ = (리본의 길이)

❸ 상자 10개를 포장하는데 필요한 리본의 길이는?

☐ × ☐ = ☐ (cm)

답 ______________

문제가 어려웠나요?

☐ 어려워요

☐ 적당해요

☐ 쉬워요

+ 자른 도막의 수 구하기
+ 합을 이용하여 전체의 양 구하기

문제를 읽고 '연습하기'에서 했던 것처럼 밑줄을 그어 가며 문제를 풀어 보세요.

1 오른쪽 그림과 같이 고무줄을 잘라 여러 도막으로 나누려고 합니다. 고무줄을 8번 자르면 몇 도막이 되나요?

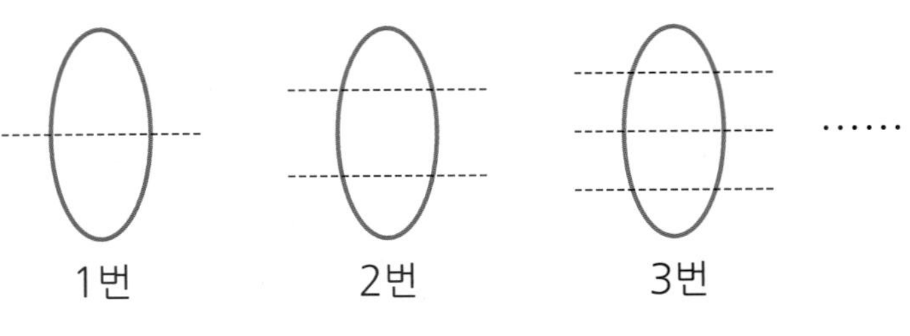

❶ 고무줄을 자른 횟수가 1번씩 늘어나면 도막의 수는 어떻게 변하는지 표로 나타내면?

❷ 고무줄을 자른 횟수와 도막의 수 사이의 대응 관계를 식으로 나타내면?

❸ 고무줄을 8번 잘랐을 때 도막의 수는?

답 ____________________

2 보트 한 대에 어른은 5명, 어린이는 10명 타려고 합니다. 보트 14대에 탈 수 있는 사람은 모두 몇 명인가요?

❶ 보트 한 대에 탈 수 있는 사람 수는?

❷ 보트의 수와 사람 수 사이의 대응 관계를 식으로 나타내면?

❸ 보트 14대에 탈 수 있는 사람 수는?

답 ____________________

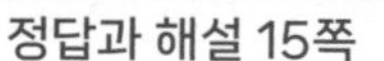

3 그림과 같이 철사를 잘라 여러 도막으로 나누려고 합니다. 철사를 11번 자르면 몇 도막이 되나요?

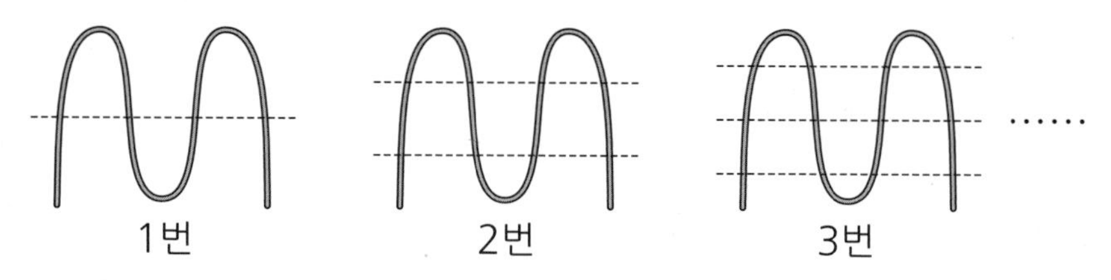

❶ 철사를 자른 횟수가 1번씩 늘어나면 도막의 수는 어떻게 변하는지 표로 나타내면?

❷ 철사를 자른 횟수와 도막의 수 사이의 대응 관계를 식으로 나타내면?

❸ 철사를 11번 잘랐을 때 도막의 수는?

답 

4 ㉠ 수도꼭지에서는 1분에 9 L씩 물이 나오고, ㉡ 수도꼭지에서는 1분에 15 L씩 물이 나옵니다. 두 수도꼭지를 동시에 틀어서 22분 동안 받을 수 있는 물은 모두 몇 L인가요?

❶ 두 수도꼭지를 동시에 틀어서 1분 동안 받을 수 있는 물의 양은?

❷ 물을 받는 시간과 받을 수 있는 물의 양 사이의 대응 관계를 식으로 나타내면?

❸ 두 수도꼭지를 동시에 틀어서 22분 동안 받을 수 있는 물의 양은?

답 ______________

★ 공부한 날 월 일

52쪽 생활 속 대응 관계를 표로 나타내어 해결하기

1 준모는 100원짜리 동전과 50원짜리 동전을 모두 13개 가지고 있고, 이 동전들의 금액의 합은 모두 850원입니다. 준모가 가지고 있는 100원짜리 동전과 50원짜리 동전은 각각 몇 개인지 차례대로 써 보세요.

풀이

탑 ______, ______

54쪽 늘어나는 도형에서 규칙 찾기

2 오른쪽 그림과 같이 성냥개비로 정사각형을 만들고 있습니다. 정사각형을 10개 만들 때 필요한 성냥개비는 몇 개인가요?

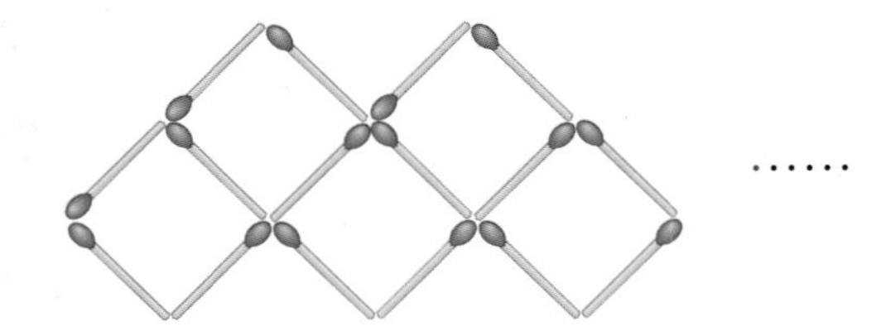

풀이

탑 ______

52쪽 생활 속 대응 관계를 표로 나타내어 해결하기

3 꽃잎이 5장인 꽃과 꽃잎이 3장인 꽃이 모두 18송이 있고, 이 꽃들의 꽃잎의 수의 합은 모두 64장입니다. 꽃잎이 5장인 꽃과 꽃잎이 3장인 꽃은 각각 몇 송이인지 차례대로 써 보세요.

풀이

탑 ______, ______

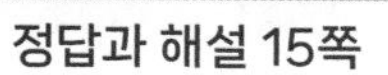

정답과 해설 15쪽

54쪽 늘어나는 도형에서 규칙 찾기

4 그림과 같이 면봉으로 정육각형을 만들고 있습니다. 정육각형을 14개 만들 때 필요한 면봉은 몇 개인가요?

……

풀이

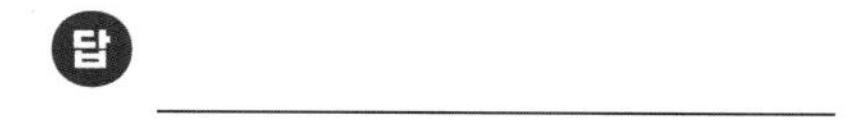

답

58쪽 자른 도막의 수 구하기

5 그림과 같이 털실을 잘라 여러 도막으로 나누려고 합니다. 털실을 9번 자르면 몇 도막이 되나요?

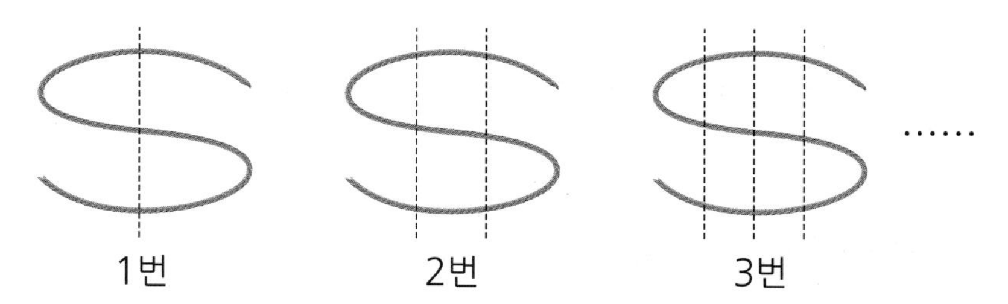

풀이

답

★ 맞은 개수 /10개 ★ 걸린 시간 /40분

60쪽 합을 이용하여 전체의 양 구하기

6 팔찌 1개를 만드는데 별 모양 구슬이 4개 필요하고, 달 모양 구슬이 12개 필요합니다. 팔찌 15개를 만드는데 필요한 구슬은 모두 몇 개인가요?

풀이

답 ____________

60쪽 합을 이용하여 전체의 양 구하기

7 ㉠ 수도꼭지에서는 1분에 11 L씩 물이 나오고, ㉡ 수도꼭지에서는 1분에 17 L씩 물이 나옵니다. 두 수도꼭지를 동시에 틀어서 23분 동안 받을 수 있는 물은 모두 몇 L인가요?

풀이

답 ____________

52쪽 생활 속 대응 관계를 표로 나타내어 해결하기

8 500원짜리 동전과 100원짜리 동전이 모두 20개 있고, 이 동전들의 금액의 합은 모두 4400원입니다. 500원짜리 동전과 100원짜리 동전 중 어느 것이 몇 개 더 많은지 차례대로 써 보세요.

풀이

답 ____________, ____________

58쪽 자른 도막의 수 구하기

9 다음과 같이 끈을 잘라 여러 도막으로 나누려고 합니다. 끈을 13번 자르면 몇 도막이 되나요?

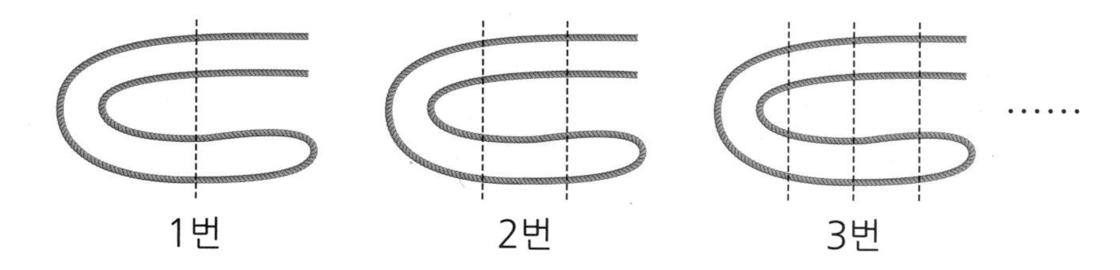

풀이

답 ____________

60쪽 합을 이용하여 전체의 양 구하기

㉮ 수도꼭지에서는 7분에 14 L의 물이 나오고, ㉯ 수도꼭지에서는 5분에 20 L의 물이 나옵니다. 두 수도꼭지를 동시에 틀어서 30분 동안 받을 수 있는 물은 모두 몇 L인가요? (단, 두 수도꼭지는 각각 일정한 빠르기로 물이 나옵니다.)

❶ 두 수도꼭지에서 각각 1분 동안 나오는 물의 양은?

❷ 두 수도꼭지를 동시에 틀어서 1분 동안 받을 수 있는 물의 양은?

❸ 물을 받는 시간과 받을 수 있는 물의 양 사이의 대응 관계를 식으로 나타내면?

❹ 두 수도꼭지를 동시에 틀어서 30분 동안 받을 수 있는 물의 양은?

답 ____________

왕관을 꾸밀 보석을
찾으러 가 볼까?

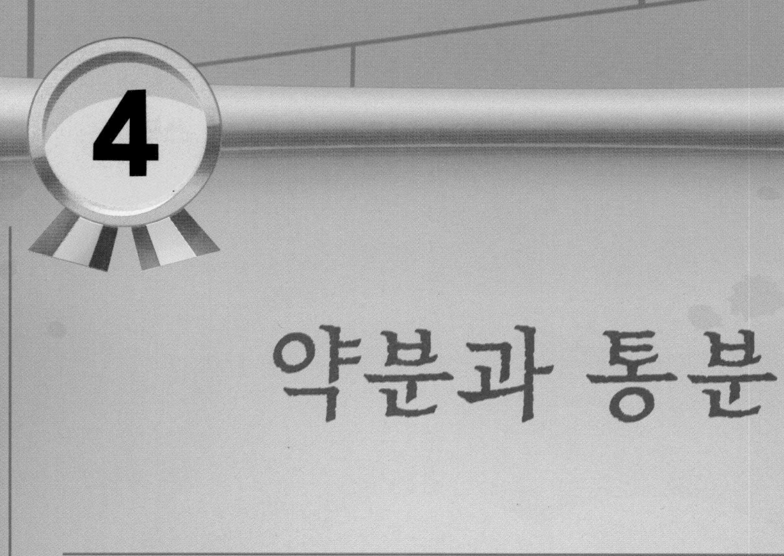

4 약분과 통분

- 크기가 같은 분수 구하기
- 소수를 분수로 나타내어 크기 비교하기

- 처음 분수 구하기
- 조건에 맞는 분수 구하기

단원 마무리

찾아야 할 보석

문장제 준비하기

함께 풀어 봐요!

보석을 찾으며 빈칸에 알맞은 수나 말을 써 보세요.

$\frac{2}{5}$와 크기가 같은 분수를

분모가 작은 것부터 차례대로 3개 쓰면

☐, ☐, ☐(이)야.

색종이 16장 중에서 초록색 색종이가 4장일 때

초록색 색종이는 전체 색종이의 얼마인지

기약분수로 나타내면 ☐(이)야.

곰 인형의 무게는 $\frac{5}{7}$ kg,

토끼 인형의 무게는 $\frac{2}{3}$ kg이야.

$\frac{5}{7}=\frac{\square}{21}$, $\frac{2}{3}=\frac{\square}{21}$이므로

$\square$ 인형이 더 무거워.

10일 문장제 연습하기

✦ 크기가 같은 분수 구하기

1 $\frac{2}{3}$와 크기가 같은 분수 중에서 /

분모와 분자의 합이 25인 분수를 구해 보세요.

└→ 구해야 할 것

✓ 구하려는 분수와 크기가 같은 분수는? → ☐

✓ 구하려는 분수의 분모와 분자의 합은?

→ ☐

◆ 구해야 할 것은?

→ $\frac{2}{3}$와 크기가 같고, 분모와 분자의 합이 25인 분수

❶ $\frac{2}{3}$와 크기가 같은 분수는?

$\frac{2}{3}=\frac{\square}{6}=\frac{\square}{9}=\frac{\square}{12}=\frac{\square}{15}=\cdots\cdots$

❷ 위 ❶의 분수 중에서 분모와 분자의 합이 25인 분수는?

위 ❶에서 구한 분수의 분모와 분자의 합을 차례대로 쓰면

5, ☐, ☐, ☐, ☐ ……입니다.

따라서 구하려는 분수는 ☐ 입니다.

답 ____________

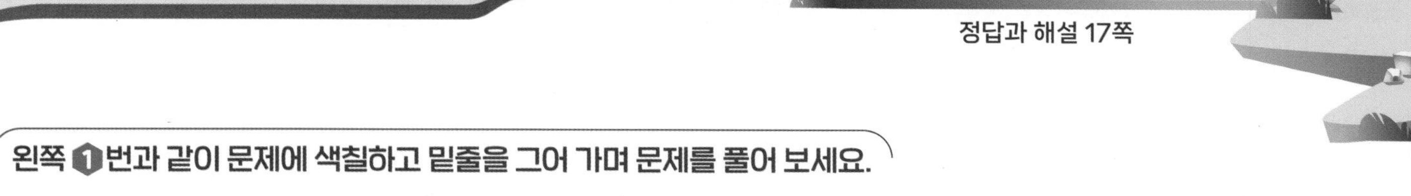

왼쪽 ❶번과 같이 문제에 색칠하고 밑줄을 그어 가며 문제를 풀어 보세요.

1-1 분모와 분자의 차가 8이고, / 기약분수로 나타내면 $\frac{3}{5}$인 분수를 구해 보세요.

✔ 구하려는 분수와 크기가 같은 분수는? → ☐

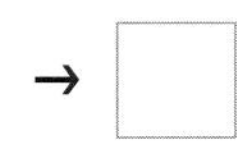

✔ 구하려는 분수의 분모와 분자의 차는?

→ ☐

◆ 구해야 할 것은?

→ ______________________

❶ $\frac{3}{5}$과 크기가 같은 분수는?

$\frac{3}{5}=\frac{\square}{10}=\frac{\square}{15}=\frac{\square}{20}=\frac{\square}{25}=\cdots\cdots$

❷ 위 ❶의 분수 중에서 분모와 분자의 차가 8인 분수는?

위 ❶에서 구한 분수의 분모와 분자의 차를 차례대로 쓰면

2, ☐, ☐, ☐, ☐ ……입니다.

따라서 구하려는 분수는 ☐ 입니다.

답 ______________

문장제 연습하기

✦ 소수를 분수로 나타내어 크기 비교하기

2 은별이는 오늘 수학을 0.6시간, / 국어를 $\frac{13}{20}$시간 동안 공부했습니다. / 수학과 국어 중 어느 과목을 더 오래 공부했나요?

→ 구해야 할 것

문제 돋보기

✔ 수학을 공부한 시간은?

→ ☐시간

✔ 국어를 공부한 시간은?

→ ☐시간

◆ 구해야 할 것은?

→ 수학과 국어 중 더 오래 공부한 과목

풀이 과정

❶ 수학을 공부한 시간을 분수로 나타내면?

$0.6=\frac{\square}{10}$이므로 수학을 $\frac{\square}{10}$시간 동안 공부했습니다.

❷ 수학과 국어 중 더 오래 공부한 과목은?

$\frac{\square}{10}=\frac{\square}{20}$이므로 $\frac{\square}{20}$ ◯ $\frac{13}{20}$입니다.

→ >, < 중 알맞은 것 쓰기

따라서 더 오래 공부한 과목은 ☐입니다.

답 ____________

정답과 해설 18쪽

왼쪽 ❷번과 같이 문제에 색칠하고 밑줄을 그어 가며 문제를 풀어 보세요.

2-1 시혁이는 물을 오전에 $\frac{11}{25}$ L, /
오후에 0.32 L 마셨습니다. /
오전과 오후 중 물을 언제 더 많이 마셨나요?

✔ 오전에 마신 물의 양은?

→ □ L

✔ 오후에 마신 물의 양은?

→ □ L

◆ 구해야 할 것은?

→ ______

❶ 오후에 마신 물의 양을 분수로 나타내면?

$0.32=\frac{\square}{100}$ 이므로 오후에 물을 $\frac{\square}{100}$ L 마셨습니다.

❷ 오전과 오후 중 물을 더 많이 마신 때는?

$\frac{\square}{100}=\frac{\square}{25}$ 이므로 $\frac{11}{25}$ ○ $\frac{\square}{25}$ 입니다.

따라서 물을 □에 더 많이 마셨습니다.

답 ______

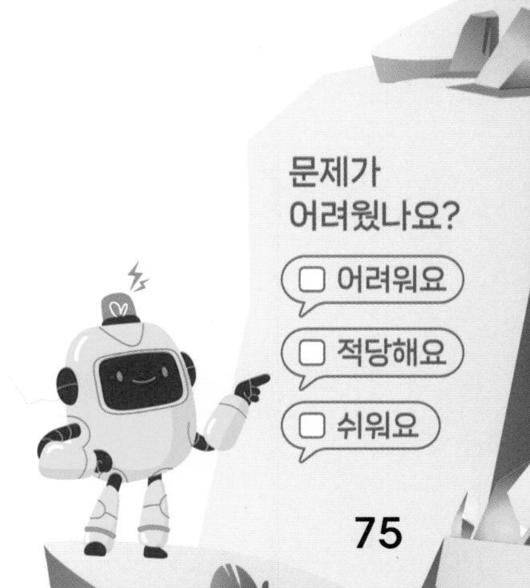

- 크기가 같은 분수 구하기
- 소수를 분수로 나타내어 크기 비교하기

문제를 읽고 '연습하기'에서 했던 것처럼 밑줄을 그어 가며 문제를 풀어 보세요.

1 $\frac{3}{4}$과 크기가 같은 분수 중에서 분모와 분자의 합이 28인 분수를 구해 보세요.

❶ $\frac{3}{4}$과 크기가 같은 분수는?

❷ 위 ❶의 분수 중에서 분모와 분자의 합이 28인 분수는?

답 ______________

2 분모와 분자의 차가 10이고, 기약분수로 나타내면 $\frac{5}{7}$인 분수를 구해 보세요.

❶ $\frac{5}{7}$와 크기가 같은 분수는?

❷ 위 ❶의 분수 중에서 분모와 분자의 차가 10인 분수는?

답 ______________

3 쿠키를 만드는 데 사용한 밀가루는 0.8컵, 설탕은 $\frac{39}{50}$컵입니다. 밀가루와 설탕 중 더 많이 사용한 것은 무엇인가요?

❶ 사용한 밀가루의 양을 분수로 나타내면?

❷ 밀가루와 설탕 중 더 많이 사용한 것은?

답 ______________

4 은수네 집에서 학교까지의 거리는 $1\frac{1}{2}$ km, 서점까지의 거리는 1.46 km입니다. 학교와 서점 중 은수네 집에서 더 먼 곳은 어디인가요?

❶ 은수네 집에서 서점까지의 거리를 분수로 나타내면?

❷ 학교와 서점 중 은수네 집에서 더 먼 곳은?

답 ______________

11일 문장제 연습하기

✦처음 분수 구하기

어떤 분수의 분모에서 2를 빼고 / 분자에 4를 더한 다음 / 3으로 약분하였더니 $\frac{5}{6}$가 되었습니다. / 처음 분수를 구해 보세요.

구해야 할 것

✔ 분모에서 빼고 분자에 더한 수는?

→ 분모에서 ☐을(를) 빼고 분자에 ☐을(를) 더했습니다.

✔ 3으로 약분한 후의 분수는? → ☐

◆ 구해야 할 것은?

→ 처음 분수

❶ 약분하기 전의 분수는?

약분하기 전의 분수는 $\frac{5}{6}$의 분모와 분자에 각각 ☐을(를) 곱한 수입니다.

⇨ $\frac{5\times\square}{6\times\square}=\frac{\square}{\square}$

❷ 처음 분수는?

처음 분수는 위 ❶의 분수의 분자에서 ☐을(를) 빼고 분모에 ☐을(를) 더한 수입니다.

⇨ $\frac{\square-\square}{\square+\square}=\frac{\square}{\square}$

답 ____________

왼쪽 ❶번과 같이 문제에 색칠하고 밑줄을 그어 가며 문제를 풀어 보세요.

1-1 어떤 분수의 분모에 3을 더하고 / 분자에서 5를 뺀 다음 / 2로 약분하였더니 $\frac{6}{11}$이 되었습니다. / 처음 분수를 구해 보세요.

문제 돋보기

✔ 분모에 더하고 분자에서 뺀 수는?

→ 분모에 □을(를) 더하고 분자에서 □을(를) 뺐습니다.

✔ 2로 약분한 후의 분수는? → □

◆ 구해야 할 것은?

→ ____________________

풀이 과정

❶ 약분하기 전의 분수는?

약분하기 전의 분수는 $\frac{6}{11}$의 분모와 분자에 각각 □을(를) 곱한 수입니다.

⇨ $\frac{6\times\square}{11\times\square}=\frac{\square}{\square}$

❷ 처음 분수는?

처음 분수는 위 ❶의 분수의 분자에 □을(를) 더하고 분모에서 □을(를) 뺀 수입니다.

⇨ $\frac{\square+\square}{\square-\square}=\frac{\square}{\square}$

답 ____________________

문장제 연습하기

다음 조건을 만족하는 분수는 모두 몇 개인가요?

→ 구해야 할 것

- $\frac{1}{6}$보다 크고 $\frac{4}{9}$보다 작습니다.
- 분모가 18입니다.

✓ 조건을 만족하는 분수의 크기는?

→ ☐보다 크고 ☐보다 작습니다.

✓ 조건을 만족하는 분수의 분모는? → ☐

◆ 구해야 할 것은?

→ 조건을 만족하는 분수의 개수

❶ $\frac{1}{6}$과 $\frac{4}{9}$를 각각 분모가 18인 분수로 통분하면?

$\frac{1}{6}=\frac{1\times\square}{6\times\square}=\frac{\square}{18}$, $\frac{4}{9}=\frac{4\times\square}{9\times\square}=\frac{\square}{18}$

❷ 조건을 만족하는 분수는 모두 몇 개?

$\frac{\square}{18}$보다 크고 $\frac{\square}{18}$보다 작은 분수 중에서 분모가 18인 분수는

$\frac{\square}{18}$, $\frac{\square}{18}$, $\frac{\square}{18}$, $\frac{\square}{18}$(으)로 모두 ☐개입니다.

답 ____________

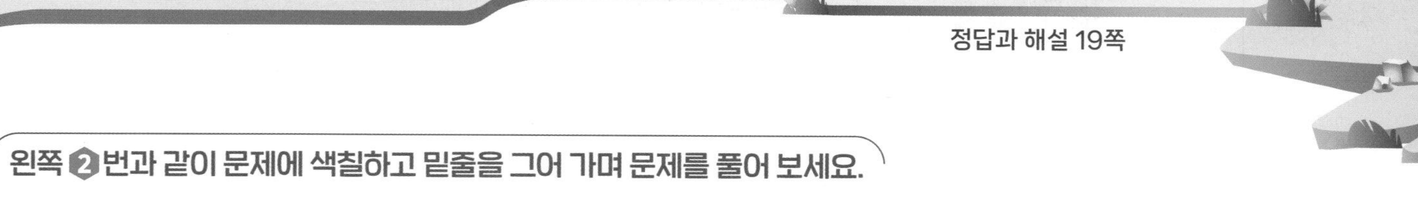

왼쪽 ❷번과 같이 문제에 색칠하고 밑줄을 그어 가며 문제를 풀어 보세요.

2-1 다음 조건을 만족하는 분수는 모두 몇 개인가요?

- $\frac{3}{14}$보다 크고 $\frac{1}{3}$보다 작습니다.
- 분모가 42입니다.

문제 돋보기

✔ 조건을 만족하는 분수의 크기는?

→ ☐보다 크고 ☐보다 작습니다.

✔ 조건을 만족하는 분수의 분모는? → ☐

◆ 구해야 할 것은?

→ ______________________

풀이 과정

❶ $\frac{3}{14}$과 $\frac{1}{3}$을 각각 분모가 42인 분수로 통분하면?

$\frac{3}{14}=\frac{3\times\square}{14\times\square}=\frac{\square}{42}$, $\frac{1}{3}=\frac{1\times\square}{3\times\square}=\frac{\square}{42}$

❷ 조건을 만족하는 분수는 모두 몇 개?

$\frac{\square}{42}$보다 크고 $\frac{\square}{42}$보다 작은 분수 중에서 분모가 42인 분수는

$\frac{\square}{42}$, $\frac{\square}{42}$, $\frac{\square}{42}$, $\frac{\square}{42}$(으)로 모두 ☐개입니다.

답 ______________

문제가 어려웠나요?

☐ 어려워요

☐ 적당해요

☐ 쉬워요

- 처음 분수 구하기
- 조건에 맞는 분수 구하기

문제를 읽고 '연습하기'에서 했던 것처럼 밑줄을 그어 가며 문제를 풀어 보세요.

1 어떤 분수의 분모에서 7을 빼고 분자에 3을 더한 다음 4로 약분하였더니 $\frac{3}{8}$이 되었습니다. 처음 분수를 구해 보세요.

❶ 약분하기 전의 분수는?

❷ 처음 분수는?

답 ______________

2 어떤 분수의 분모에 6을 더하고 분자에서 2를 뺀 다음 5로 약분하였더니 $\frac{7}{13}$이 되었습니다. 처음 분수를 구해 보세요.

❶ 약분하기 전의 분수는?

❷ 처음 분수는?

답 ______________

3 다음 조건을 만족하는 분수는 모두 몇 개인가요?

- $\frac{4}{5}$보다 크고 $\frac{8}{9}$보다 작습니다.
- 분모가 45입니다.

❶ $\frac{4}{5}$와 $\frac{8}{9}$을 각각 분모가 45인 분수로 통분하면?

❷ 조건을 만족하는 분수는 모두 몇 개?

답 ______________

4 다음 조건을 만족하는 분수는 모두 몇 개인가요?

- $\frac{7}{12}$보다 크고 $\frac{5}{6}$보다 작습니다.
- 분모가 24입니다.

❶ $\frac{7}{12}$과 $\frac{5}{6}$를 각각 분모가 24인 분수로 통분하면?

❷ 조건을 만족하는 분수는 모두 몇 개?

답 ______________

★ 공부한 날 월 일

72쪽 크기가 같은 분수 구하기

1 $\frac{2}{7}$와 크기가 같은 분수 중에서 분모와 분자의 합이 36인 분수를 구해 보세요.

풀이

답 ____________

74쪽 소수를 분수로 나타내어 크기 비교하기

2 승준이는 과일 가게에서 방울토마토를 0.5 kg, 체리를 $\frac{17}{40}$ kg 샀습니다.
방울토마토와 체리 중 더 많이 산 것은 무엇인가요?

풀이

답 ____________

72쪽 크기가 같은 분수 구하기

3 분모와 분자의 차가 16이고, 기약분수로 나타내면 $\frac{5}{9}$인 분수를 구해 보세요.

풀이

답 ____________

정답과 해설 20쪽

72쪽 크기가 같은 분수 구하기

4 $\frac{3}{11}$과 크기가 같은 분수 중에서 분모와 분자의 합이 70인 분수를 구해 보세요.

풀이

답 ____________

74쪽 소수를 분수로 나타내어 크기 비교하기

5 우유가 $\frac{12}{25}$ L, 주스가 0.63 L 있습니다. 우유와 주스 중 더 적은 것은 무엇인가요?

풀이

답 ____________

78쪽 처음 분수 구하기

6 어떤 분수의 분모에서 4를 빼고 분자에 2를 더한 다음 6으로 약분하였더니 $\frac{4}{5}$가 되었습니다. 처음 분수를 구해 보세요.

풀이

답 ____________

★ 맞은 개수 /10개 ★ 걸린 시간 /40분

78쪽 처음 분수 구하기

7 어떤 분수의 분모에 5를 더하고 분자에서 3을 뺀 다음 9로 약분하였더니 $\frac{7}{10}$이 되었습니다. 처음 분수를 구해 보세요.

풀이

답 ______________

80쪽 조건에 맞는 분수 구하기

8 다음 조건을 만족하는 분수는 모두 몇 개인가요?

- $\frac{1}{4}$보다 크고 $\frac{5}{6}$보다 작습니다.
- 분모가 12입니다.

풀이

답 ______________

정답과 해설 21쪽

80쪽 조건에 맞는 분수 구하기

9 다음 조건을 만족하는 분수는 모두 몇 개인가요?

- $\frac{3}{8}$보다 크고 $\frac{9}{20}$보다 작습니다.
- 분모가 40입니다.

풀이

답

74쪽 소수를 분수로 나타내어 크기 비교하기

도전 문제

상자를 포장하는 데 리본을 효주는 $1\frac{2}{3}$ m, 민기는 1.75 m, 찬우는 $1\frac{11}{24}$ m 사용했습니다. 리본을 많이 사용한 사람부터 차례대로 이름을 써 보세요.

❶ 민기가 사용한 리본의 길이를 분수로 나타내면?

❷ 효주와 민기가 사용한 리본의 길이를 각각 분모가 24인 분수로 나타내면?

❸ 세 사람이 사용한 리본의 길이를 비교하면?

답

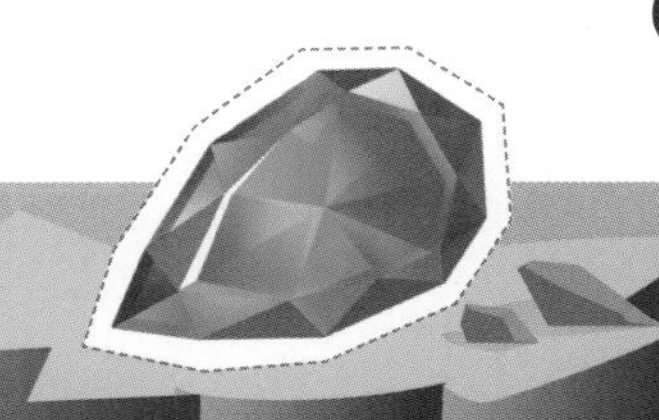

왕관을 꾸밀 보석을
찾으러 가 볼까?

분수의 덧셈과 뺄셈

+ 남은 부분은 전체의 얼마인지 구하기
+ 분수를 만들어 합(차) 구하기

+ 합(차)을 구한 후 전체의 양 구하기
+ 일을 모두 마치는 데 걸리는 날수 구하기

+ 분수로 나타낸 시간 계산하기
+ 길이 비교하기

+ 바르게 계산한 값 구하기
+ 늘어놓은 분수에서 규칙을 찾아 계산하기

단원 마무리

찾아야 할 보석

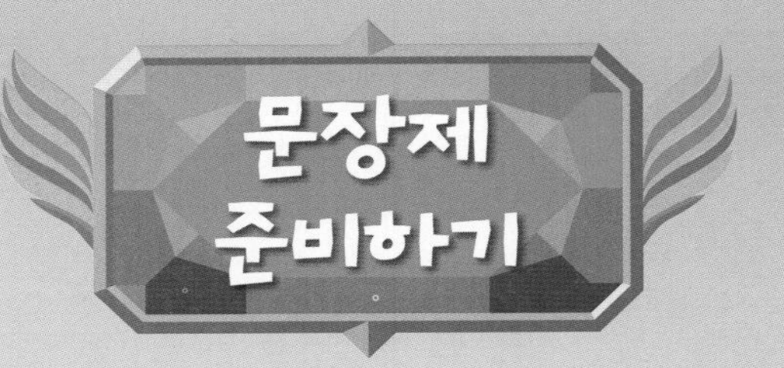
문장제
준비하기

함께 풀어 봐요!

보석을 찾으며 빈칸에 알맞은 수나 기호를 써 보세요.

$\frac{1}{4}$시간 동안 소설책을 읽고, $\frac{1}{2}$시간 동안
역사책을 읽으면 책을 읽은 시간은 모두
$\frac{1}{4}$ ○ □ = □(시간)이야.

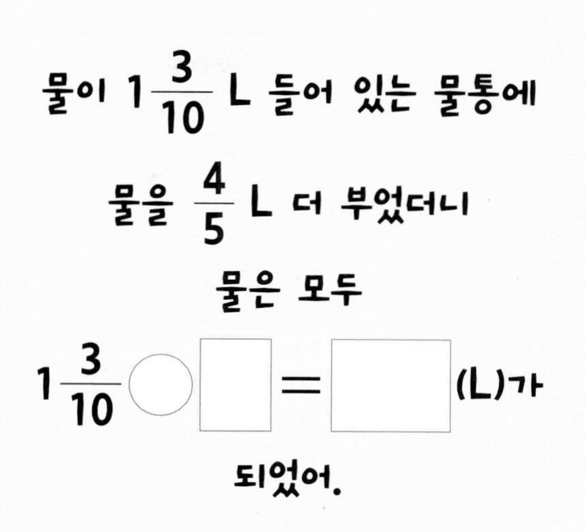
물이 $1\frac{3}{10}$ L 들어 있는 물통에
물을 $\frac{4}{5}$ L 더 부었더니
물은 모두
$1\frac{3}{10}$ ○ □ = □ (L)가
되었어.

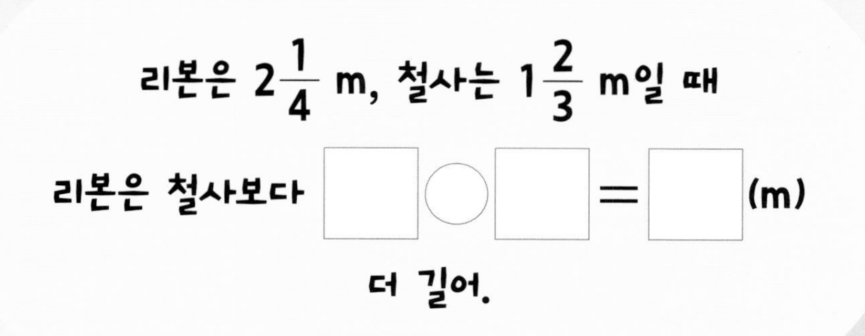
리본은 $2\frac{1}{4}$ m, 철사는 $1\frac{2}{3}$ m일 때
리본은 철사보다 □ ○ □ = □ (m)
더 길어.

문장제 연습하기

✦ 남은 부분은 전체의 얼마인지 구하기

1 준영이가 할머니 댁까지 가는데 / 전체 거리의 $\frac{1}{2}$은 지하철을 타고, / 전체 거리의 $\frac{2}{5}$는 버스를 타고, / 남은 거리는 걸어갔습니다. / 걸어간 거리는 전체 거리의 얼마인지 분수로 나타내어 보세요.

→ 구해야 할 것

✔ 지하철을 탄 거리는 전체 거리의 얼마인지 분수로 나타내면? → ☐

✔ 버스를 탄 거리는 전체 거리의 얼마인지 분수로 나타내면? → ☐

◆ 구해야 할 것은?

→ 걸어간 거리는 전체 거리의 얼마인지 분수로 나타내기

❶ 지하철과 버스를 탄 거리는 전체 거리의 얼마인지 분수로 나타내면?

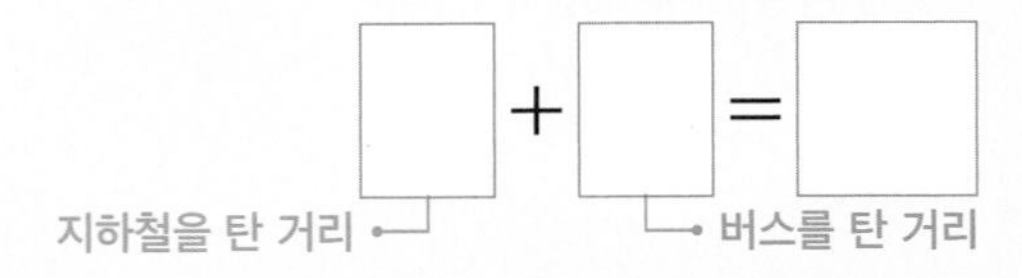

❷ 걸어간 거리는 전체 거리의 얼마인지 분수로 나타내면?

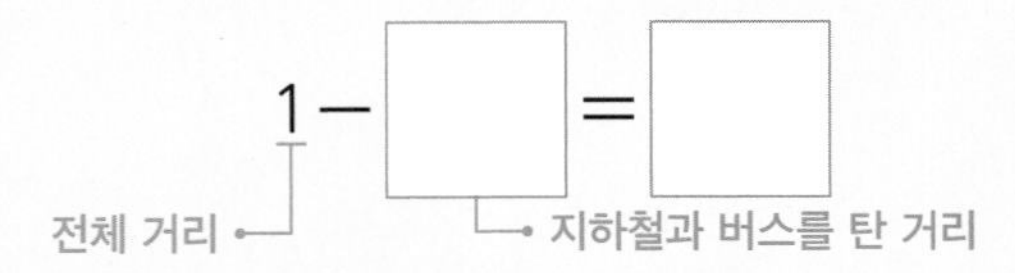

답 ________________

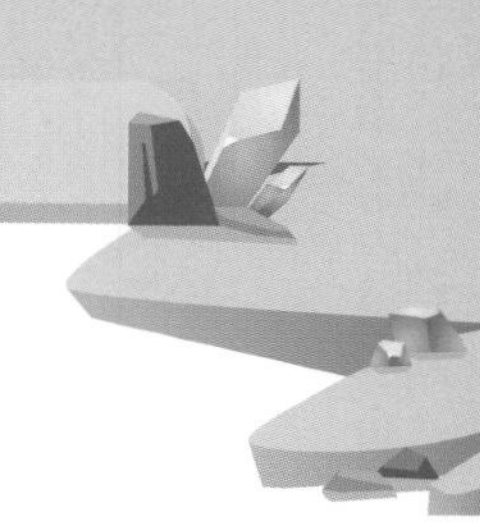

왼쪽 ①번과 같이 문제에 색칠하고 밑줄을 그어 가며 문제를 풀어 보세요.

1-1 은샘이가 화단에 꽃을 심는데 / 전체 화단의 $\frac{1}{4}$에는 장미를 심고, / 전체 화단의 $\frac{3}{7}$에는 튤립을 심고, / 나머지 부분에는 국화를 심었습니다. / 국화를 심은 부분은 전체 화단의 얼마인지 분수로 나타내어 보세요.

문제 돋보기

✔ 장미를 심은 부분은 전체 화단의 얼마인지 분수로 나타내면?

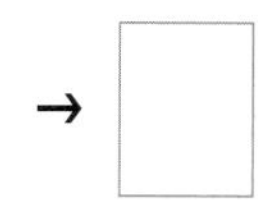

→ □

✔ 튤립을 심은 부분은 전체 화단의 얼마인지 분수로 나타내면?

→ □

◆ 구해야 할 것은?

→ ____________________

풀이 과정

① 장미와 튤립을 심은 부분은 전체 화단의 얼마인지 분수로 나타내면?

□ + □ = □

② 국화를 심은 부분은 전체 화단의 얼마인지 분수로 나타내면?

1 − □ = □

답 ____________________

문제가 어려웠나요?

□ 어려워요

□ 적당해요

□ 쉬워요

문장제 연습하기

윤서와 현우는 수 카드 3장을 각각 한 번씩만 사용하여 / 가장 큰 대분수를 만들었습니다. / 두 사람이 만든 대분수의 합을 구해 보세요.

구해야 할 것

윤서 1 2 7

현우 4 5 6

문제 돋보기

◆ 구해야 할 것은?

→ 두 사람이 만든 가장 큰 대분수의 합

✓ 가장 큰 대분수를 만들려면?

→ 자연수 부분에 가장 (큰 , 작은) 수를 놓고, 남은 수로 진분수를 만듭니다.

알맞은 말에 ○표 하기

풀이 과정

❶ 윤서가 만든 가장 큰 대분수는?

수 카드의 수의 크기를 비교하면 □ > □ > □ 이므로

윤서가 만든 가장 큰 대분수는 □ 입니다.

❷ 현우가 만든 가장 큰 대분수는?

수 카드의 수의 크기를 비교하면 □ > □ > □ 이므로

현우가 만든 가장 큰 대분수는 □ 입니다.

❸ 두 사람이 만든 대분수의 합은?

□ + □ = □

답 ____________

왼쪽 ❷번과 같이 문제에 색칠하고 밑줄을 그어 가며 문제를 풀어 보세요.

2-1 경표와 민지는 수 카드 3장을 각각 한 번씩만 사용하여 / 가장 큰 대분수를 만들었습니다. / 두 사람이 만든 대분수의 차를 구해 보세요.

경표 2 5 8 민지 3 4 9

문제 돋보기

◆ 구해야 할 것은?

→ ______

✓ 가장 큰 대분수를 만들려면?

→ 자연수 부분에 가장 (큰 , 작은) 수를 놓고, 남은 수로 진분수를 만듭니다.

풀이 과정

❶ 경표가 만든 가장 큰 대분수는?

수 카드의 수의 크기를 비교하면 □ > □ > □ 이므로

경표가 만든 가장 큰 대분수는 □ 입니다.

❷ 민지가 만든 가장 큰 대분수는?

수 카드의 수의 크기를 비교하면 □ > □ > □ 이므로

민지가 만든 가장 큰 대분수는 □ 입니다.

❸ 두 사람이 만든 대분수의 차는?

□ − □ = □

답 ______

문제가 어려웠나요?
□ 어려워요
□ 적당해요
□ 쉬워요

- 남은 부분은 전체의 얼마인지 구하기
- 분수를 만들어 합(차) 구하기

문제를 읽고 '연습하기'에서 했던 것처럼 밑줄을 그어 가며 문제를 풀어 보세요.

1 정효는 용돈을 받아 전체 용돈의 $\frac{5}{8}$는 학용품을 사고, 전체 용돈의 $\frac{1}{6}$은 장난감을 사고, 나머지 돈은 저금했습니다. 저금한 돈은 전체 용돈의 얼마인지 분수로 나타내어 보세요.

❶ 학용품과 장난감을 산 돈은 전체 용돈의 얼마인지 분수로 나타내면?

❷ 저금한 돈은 전체 용돈의 얼마인지 분수로 나타내면?

답 ____________________

2 혜주와 석우는 수 카드 3장을 각각 한 번씩만 사용하여 가장 큰 대분수를 만들었습니다. 두 사람이 만든 대분수의 합을 구해 보세요.

석우 5 6 7

❶ 혜주가 만든 가장 큰 대분수는?

❷ 석우가 만든 가장 큰 대분수는?

❸ 두 사람이 만든 대분수의 합은?

답 ____________________

3 병에 들어 있는 사탕 중에서 전체 사탕의 $\frac{3}{5}$은 딸기 맛이고, 전체 사탕의 $\frac{2}{9}$는 포도 맛이고, 나머지 사탕은 사과 맛입니다. 사과 맛 사탕은 전체 사탕의 얼마인지 분수로 나타내어 보세요.

❶ 딸기 맛 사탕과 포도 맛 사탕은 전체 사탕의 얼마인지 분수로 나타내면?

❷ 사과 맛 사탕은 전체 사탕의 얼마인지 분수로 나타내면?

답 ______________

4 남준이와 하은이는 수 카드 3장을 각각 한 번씩만 사용하여 가장 큰 대분수를 만들었습니다. 두 사람이 만든 대분수의 차를 구해 보세요.

❶ 남준이가 만든 가장 큰 대분수는?

❷ 하은이가 만든 가장 큰 대분수는?

❸ 두 사람이 만든 대분수의 차는?

답 ______________

14일 문장제 연습하기

✦합(차)을 구한 후 전체의 양 구하기

갯벌에서 조개를 윤하는 $3\frac{1}{5}$ kg 캤고, /

영미는 윤하보다 $\frac{7}{10}$ kg 더 많이 캤습니다. /

두 사람이 캔 조개는 모두 몇 kg인가요?

→ 구해야 할 것

✔ 윤하가 캔 조개의 무게는? → □ kg

✔ 영미가 캔 조개의 무게는?

→ 윤하보다 □ kg 더 많습니다.

◆ 구해야 할 것은?

→ 두 사람이 캔 조개의 무게

풀이 과정

❶ 영미가 캔 조개의 무게는?

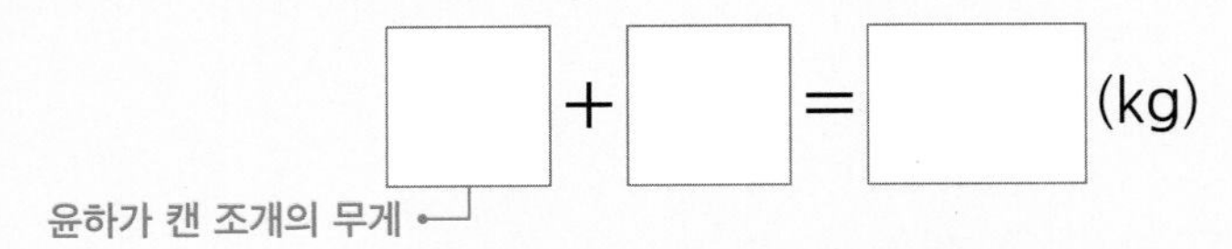

❷ 두 사람이 캔 조개의 무게는?

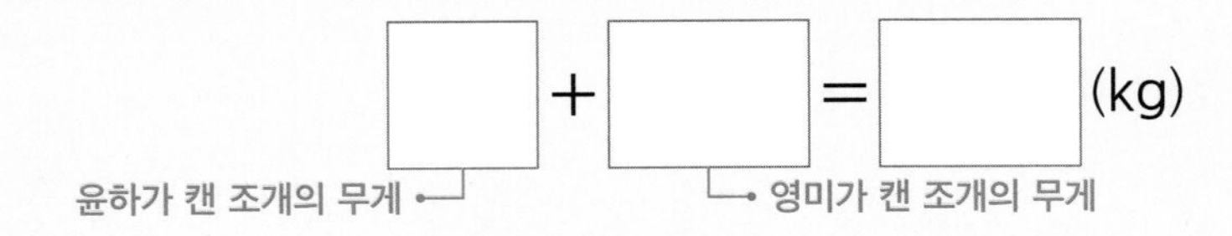

답 ______________

정답과 해설 24쪽

왼쪽 1번과 같이 문제에 색칠하고 밑줄을 그어 가며 문제를 풀어 보세요.

1-1 물을 재찬이는 $1\frac{5}{6}$ L 마셨고, / 태형이는 재찬이보다 $\frac{3}{8}$ L 더 적게 마셨습니다. / 두 사람이 마신 물은 모두 몇 L인가요?

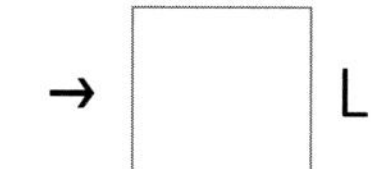

문제 돋보기

✔ 재찬이가 마신 물의 양은?

→ ☐ L

✔ 태형이가 마신 물의 양은?

→ 재찬이보다 ☐ L 더 적습니다.

◆ 구해야 할 것은?

→ ______________________

풀이 과정

❶ 태형이가 마신 물의 양은?

☐ − ☐ = ☐ (L)

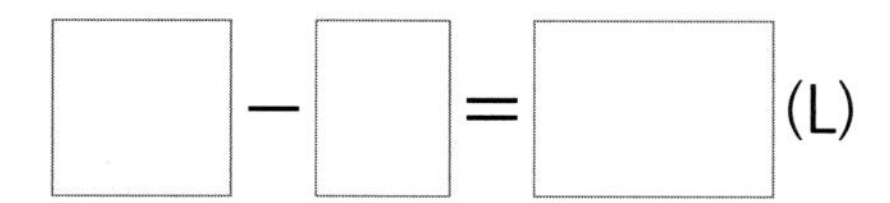

❷ 두 사람이 마신 물의 양은?

☐ + ☐ = ☐ (L)

답 ______________

문제가 어려웠나요?

☐ 어려워요

☐ 적당해요

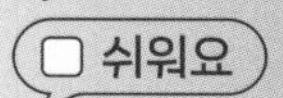

☐ 쉬워요

어떤 일을 승희가 혼자서 하면 3일이 걸리고, /
은채가 혼자서 하면 6일이 걸립니다. /
이 일을 승희와 은채가 함께 한다면 / 일을 모두 마치는 데 며칠이 걸리나요? /
(단, 두 사람이 각각 하루에 하는 일의 양은 일정합니다.) → 구해야 할 것

✔ 승희가 혼자서 하면 일을 마치는 데 걸리는 날수는? → ☐일

✔ 은채가 혼자서 하면 일을 마치는 데 걸리는 날수는? → ☐일

◆ 구해야 할 것은?

→ 승희와 은채가 함께 할 때 일을 모두 마치는 데 걸리는 날수

❶ 전체 일의 양을 1이라고 할 때 승희와 은채가 각각 하루에 하는 일의 양은?

승희: ☐, 은채: ☐

❷ 승희와 은채가 함께 하루에 하는 일의 양은?

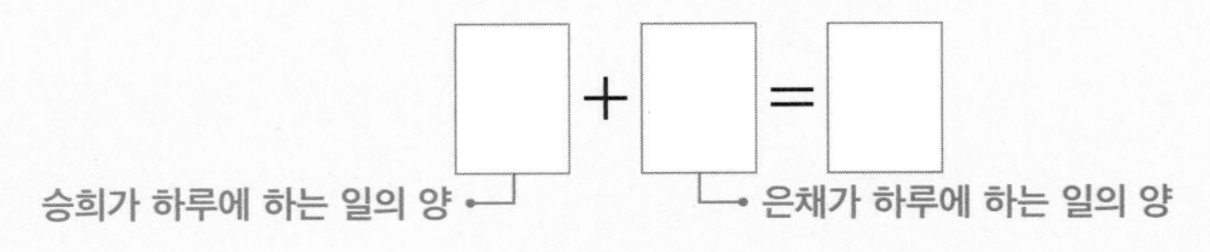

❸ 승희와 은채가 함께 한다면 일을 모두 마치는 데 걸리는 날수는?

승희와 은채가 함께 한다면 하루에 전체 일의 ☐ 을(를) 할 수 있으므로

일을 모두 마치는 데 ☐일이 걸립니다.

답 ________________

정답과 해설 24쪽

왼쪽 ❷번과 같이 문제에 색칠하고 밑줄을 그어 가며 문제를 풀어 보세요.

2-1 어떤 일을 세형이가 혼자서 하면 15일이 걸리고, / 소민이가 혼자서 하면 10일이 걸립니다. / 이 일을 세형이와 소민이가 함께 한다면 / 일을 모두 마치는 데 며칠이 걸리나요? / (단, 두 사람이 각각 하루에 하는 일의 양은 일정합니다.)

문제 돋보기

✔ 세형이가 혼자서 하면 일을 마치는 데 걸리는 날수는? → ☐일

✔ 소민이가 혼자서 하면 일을 마치는 데 걸리는 날수는? → ☐일

◆ 구해야 할 것은?

→ ________________

풀이 과정

❶ 전체 일의 양을 1이라고 할 때 세형이와 소민이가 각각 하루에 하는 일의 양은?

세형: ☐, 소민: ☐

❷ 세형이와 소민이가 함께 하루에 하는 일의 양은?

☐ + ☐ = ☐

❸ 세형이와 소민이가 함께 한다면 일을 모두 마치는 데 걸리는 날수는?

세형이와 소민이가 함께 한다면 하루에 전체 일의 ☐ 을(를) 할 수 있으므로

일을 모두 마치는 데 ☐ 일이 걸립니다.

답 ________________

문제가 어려웠나요?

☐ 어려워요

☐ 적당해요

☐ 쉬워요

+ 합(차)을 구한 후 전체의 양 구하기
+ 일을 모두 마치는 데 걸리는 날수 구하기

문제를 읽고 '연습하기'에서 했던 것처럼 밑줄을 그어 가며 문제를 풀어 보세요.

1 과수원에서 앵두를 윤기는 $4\frac{1}{2}$ kg 땄고, 서우는 윤기보다 $\frac{3}{4}$ kg 더 많이 땄습니다. 두 사람이 딴 앵두는 모두 몇 kg인가요?

❶ 서우가 딴 앵두의 무게는?

❷ 두 사람이 딴 앵두의 무게는?

답 ____________

2 원영이가 가지고 있는 빨간색 리본은 $3\frac{5}{14}$ m이고, 파란색 리본은 빨간색 리본보다 $\frac{2}{7}$ m 더 짧습니다. 원영이가 가지고 있는 리본은 모두 몇 m인가요?

❶ 원영이가 가지고 있는 파란색 리본의 길이는?

❷ 원영이가 가지고 있는 리본의 전체 길이는?

답 ____________

3 어떤 일을 민찬이가 혼자서 하면 8일이 걸리고, 예진이가 혼자서 하면 24일이 걸립니다. 이 일을 민찬이와 예진이가 함께 한다면 일을 모두 마치는 데 며칠이 걸리나요? (단, 두 사람이 각각 하루에 하는 일의 양은 일정합니다.)

❶ 전체 일의 양을 1이라고 할 때 민찬이와 예진이가 각각 하루에 하는 일의 양은?

❷ 민찬이와 예진이가 함께 하루에 하는 일의 양은?

❸ 민찬이와 예진이가 함께 한다면 일을 모두 마치는 데 걸리는 날수는?

답 ________________

4 어떤 일을 지현이가 혼자서 하면 30일이 걸리고, 도연이가 혼자서 하면 20일이 걸립니다. 이 일을 지현이와 도연이가 함께 한다면 일을 모두 마치는 데 며칠이 걸리나요? (단, 두 사람이 각각 하루에 하는 일의 양은 일정합니다.)

❶ 전체 일의 양을 1이라고 할 때 지현이와 도연이가 각각 하루에 하는 일의 양은?

❷ 지현이와 도연이가 함께 하루에 하는 일의 양은?

❸ 지현이와 도연이가 함께 한다면 일을 모두 마치는 데 걸리는 날수는?

답 ________________

재성이는 오전 9시부터 독서를 했습니다. /

$\frac{1}{6}$시간 동안 동화책을 읽고, / $\frac{2}{3}$시간 동안 과학책을 읽었습니다. /

재성이가 독서를 마친 시각은 오전 몇 시 몇 분인가요?

→ 구해야 할 것

✔ 재성이가 독서를 시작한 시각은? → 오전 □ 시

✔ 재성이가 동화책과 과학책을 각각 읽은 시간은?

→ 동화책: □ 시간, 과학책: □ 시간

◆ 구해야 할 것은?

→ 재성이가 독서를 마친 시각

풀이 과정

❶ 재성이가 독서를 한 시간은 몇 분?

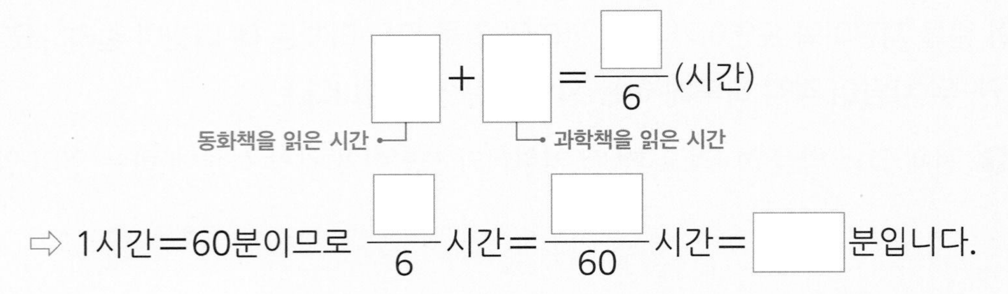

⇨ 1시간=60분이므로 $\frac{□}{6}$시간=$\frac{□}{60}$시간=□분입니다.

❷ 재성이가 독서를 마친 시각은?

재성이가 독서를 마친 시각은

오전 9시+□분=오전 □시 □분입니다.

답 ____________________

왼쪽 ❶번과 같이 문제에 색칠하고 밑줄을 그어 가며 문제를 풀어 보세요.

1-1 찬욱이는 오후 3시부터 수영을 했습니다. /
$\frac{5}{12}$시간 동안 자유형을 하고, /
$\frac{1}{4}$시간 동안 평영을 했습니다. /
찬욱이가 수영을 마친 시각은 오후 몇 시 몇 분인가요?

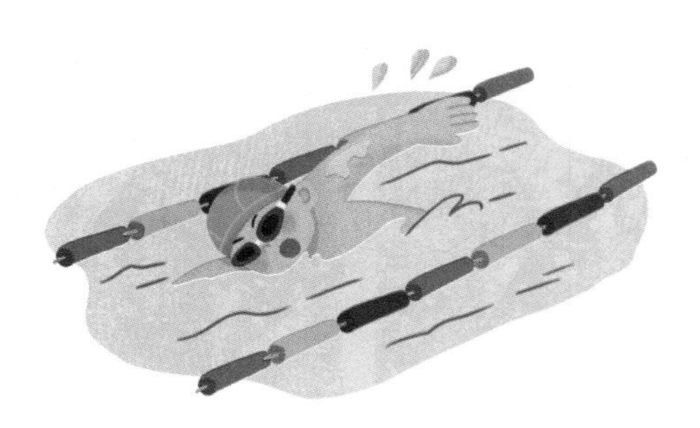

문제 돋보기

✔ 찬욱이가 수영을 시작한 시각은? → 오후 ☐시

✔ **찬욱이가 자유형과 평영을 각각 한 시간은?** → 자유형: ☐시간, 평영: ☐시간

◆ 구해야 할 것은?

→ ______

풀이 과정

❶ 찬욱이가 수영을 한 시간은 몇 분?

☐ + ☐ = $\frac{☐}{3}$(시간)

⇨ 1시간=60분이므로 $\frac{☐}{3}$시간=$\frac{☐}{60}$시간=☐분입니다.

❷ 찬욱이가 수영을 마친 시각은?

찬욱이가 수영을 마친 시각은

오후 3시+☐분=오후 ☐시 ☐분입니다.

답 ______

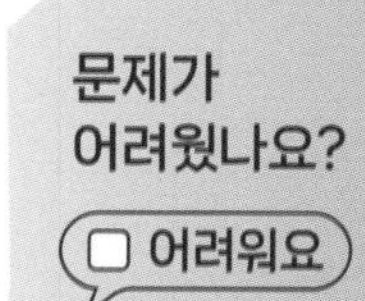

문제가 어려웠나요?

☐ 어려워요

☐ 적당해요

☐ 쉬워요

문장제 연습하기

집에서 서점을 거쳐 학교까지 가는 거리는 / 바로 학교까지 가는 거리보다 / 몇 km 더 먼가요?

→ 구해야 할 것

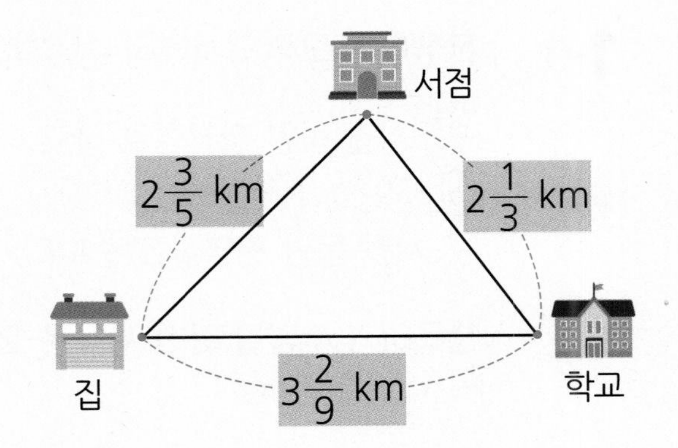

✔ 집~서점, 서점~학교, 집~학교의 거리는 각각 몇 km?

→ 집~서점: ☐ km, 서점~학교: ☐ km, 집~학교: ☐ km

◆ 구해야 할 것은?

→ 집에서 서점을 거쳐 학교까지 가는 거리와 바로 학교까지 가는 거리의 차

❶ 집에서 서점을 거쳐 학교까지 가는 거리는?

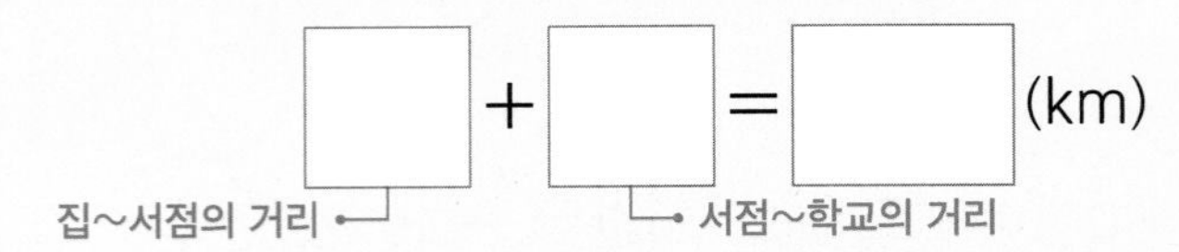

❷ 집에서 서점을 거쳐 학교까지 가는 거리는 바로 학교까지 가는 거리보다 몇 km 더 먼지 구하면?

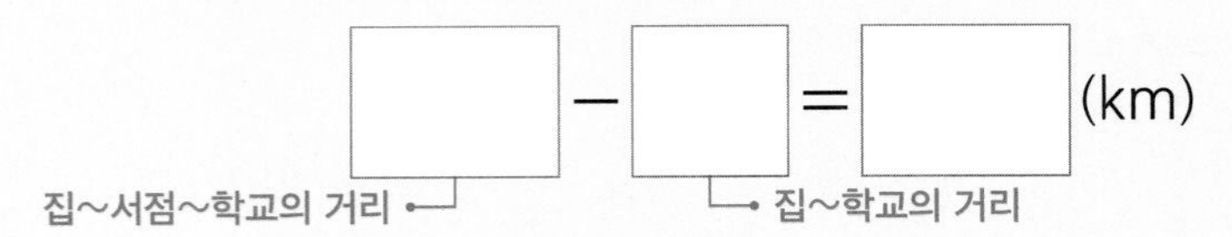

답 ______________

정답과 해설 26쪽

왼쪽 ②번과 같이 문제에 색칠하고 밑줄을 그어 가며 문제를 풀어 보세요.

2-1 은행에서 병원을 거쳐 시장까지 가는 거리는 / 바로 시장까지 가는 거리보다 / 몇 km 더 먼가요?

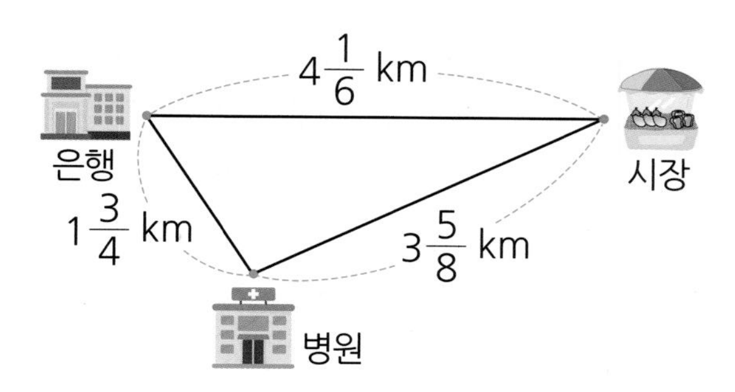

문제 돋보기

✓ 은행~병원, 병원~시장, 은행~시장의 거리는 각각 몇 km?

→ 은행~병원: ☐ km, 병원~시장: ☐ km, 은행~시장: ☐ km

◆ 구해야 할 것은?

→ ______________________________

풀이 과정

❶ 은행에서 병원을 거쳐 시장까지 가는 거리는?

☐ + ☐ = ☐ (km)

❷ 은행에서 병원을 거쳐 시장까지 가는 거리는 바로 시장까지 가는 거리보다 몇 km 더 먼지 구하면?

☐ − ☐ = ☐ (km)

답 ______________________

문제가 어려웠나요?

☐ 어려워요

☐ 적당해요

☐ 쉬워요

- 분수로 나타낸 시간 계산하기
- 길이 비교하기

문제를 읽고 '연습하기'에서 했던 것처럼 밑줄을 그어 가며 문제를 풀어 보세요.

1 명지는 오후 2시부터 청소를 했습니다. $\frac{3}{5}$시간 동안 방을 청소하고, $\frac{4}{15}$시간 동안 거실을 청소했습니다. 명지가 청소를 마친 시각은 오후 몇 시 몇 분인가요?

❶ 명지가 청소를 한 시간은 몇 분?

❷ 명지가 청소를 마친 시각은?

답 ____________________

2 혜영이는 오전 10시부터 컴퓨터를 사용했습니다. $\frac{7}{10}$시간 동안 타자 연습을 하고, $\frac{1}{3}$시간 동안 문서 작성을 했습니다. 혜영이가 컴퓨터 사용을 마친 시각은 오전 몇 시 몇 분인가요?

❶ 혜영이가 컴퓨터를 사용한 시간은 몇 시간 몇 분?

❷ 혜영이가 컴퓨터 사용을 마친 시각은?

답 ____________________

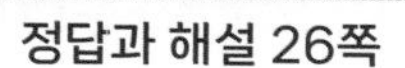
정답과 해설 26쪽

3 집에서 경찰서를 거쳐 소방서까지 가는 거리는 바로 소방서까지 가는 거리보다 몇 km 더 먼가요?

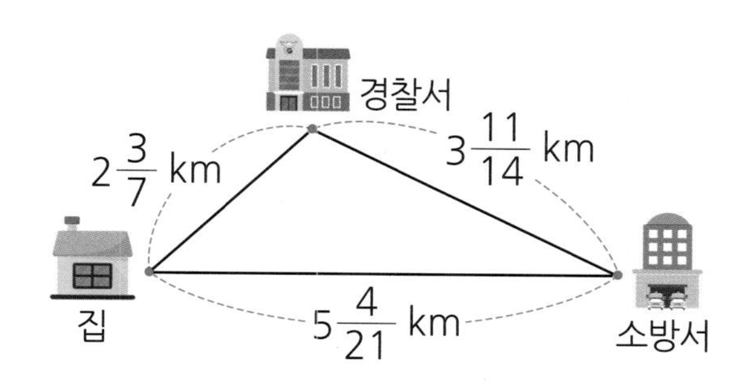

❶ 집에서 경찰서를 거쳐 소방서까지 가는 거리는?

❷ 집에서 경찰서를 거쳐 소방서까지 가는 거리는 바로 소방서까지 가는 거리보다 몇 km 더 먼지 구하면?

답 ____________________

4 우체국에서 도서관을 거쳐 시청까지 가는 거리는 바로 시청까지 가는 거리보다 몇 km 더 먼가요?

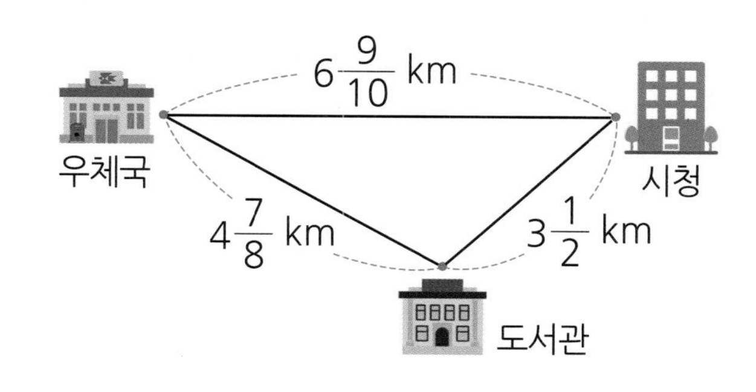

❶ 우체국에서 도서관을 거쳐 시청까지 가는 거리는?

❷ 우체국에서 도서관을 거쳐 시청까지 가는 거리는 바로 시청까지 가는 거리보다 몇 km 더 먼지 구하면?

답 ____________________

문장제 연습하기

✦ 바르게 계산한 값 구하기

어떤 수에 $2\frac{1}{3}$을 더해야 할 것을 /

잘못하여 뺐더니 $1\frac{2}{7}$가 되었습니다. /

바르게 계산한 값은 얼마인가요?

→ 구해야 할 것

✔ 잘못 계산한 식은?

→ 어떤 수에서 ☐ 을(를) 뺐더니 ☐ 이(가) 되었습니다.

✔ 바르게 계산하려면? → 어떤 수에 ☐ 을(를) 더합니다.

◆ 구해야 할 것은?

→ 바르게 계산한 값

❶ 어떤 수를 ■라 할 때 잘못 계산한 식은?

■ − ☐ = ☐

❷ 어떤 수는?

☐ + ☐ = ■, ■ = ☐

❸ 바르게 계산한 값은?

☐ + ☐ = ☐

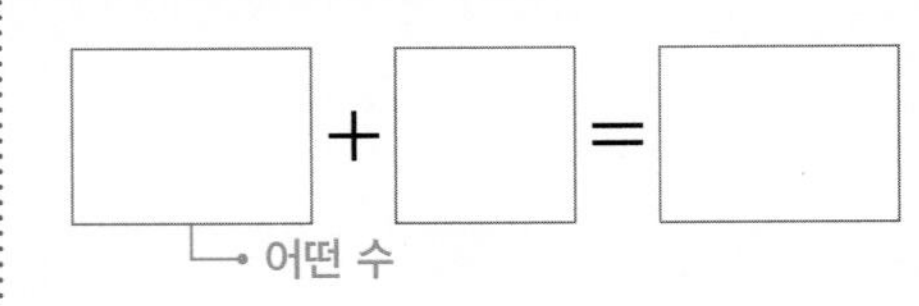

답 ________

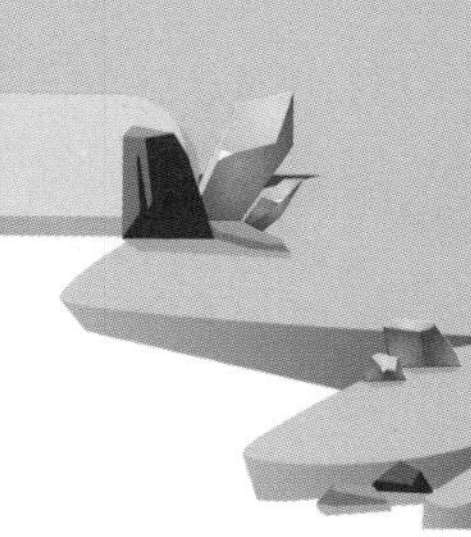

정답과 해설 27쪽

왼쪽 ①번과 같이 문제에 색칠하고 밑줄을 그어 가며 문제를 풀어 보세요.

1-1 어떤 수에서 $1\frac{7}{8}$을 빼야 할 것을 / 잘못하여 더했더니 $5\frac{5}{12}$가 되었습니다. / 바르게 계산한 값은 얼마인가요?

문제 돋보기

✓ 잘못 계산한 식은?

→ 어떤 수에 □ 을(를) 더했더니 □ 이(가) 되었습니다.

✓ 바르게 계산하려면?

→ 어떤 수에서 □ 을(를) 뺍니다.

◆ 구해야 할 것은?

→ __________

풀이 과정

① 어떤 수를 ■라 할 때 잘못 계산한 식은?

■ + □ = □

② 어떤 수는?

□ − □ = ■, ■ = □

③ 바르게 계산한 값은?

□ − □ = □

답 __________

문제가 어려웠나요?

□ 어려워요

□ 적당해요

□ 쉬워요

문장제 연습하기

✦ 늘어놓은 분수에서 규칙을 찾아 계산하기

규칙에 따라 분수를 늘어놓았습니다. /
7째 분수와 11째 분수의 합은 얼마인가요?

→ 구해야 할 것

$\frac{1}{2}, \frac{2}{3}, \frac{3}{4}, \frac{4}{5}, \frac{5}{6}$……

✓ 규칙에 따라 늘어놓은 분수는?

→ $\frac{1}{2}, \frac{2}{3}, \square, \square, \square$……

◆ 구해야 할 것은?

→ 7째 분수와 11째 분수의 합

❶ 분수를 늘어놓은 규칙은?

분모는 □부터 □씩 커지고, 분자는 □부터 □씩 커집니다.

❷ 7째 분수와 11째 분수는?

7째 분수: $\frac{\square}{7+\square}=\frac{\square}{\square}$, 11째 분수: $\frac{\square}{11+\square}=\frac{\square}{\square}$

❸ 7째 분수와 11째 분수의 합은?

$\square+\square=\square$

답 ______

왼쪽 ❷번과 같이 문제에 색칠하고 밑줄을 그어 가며 문제를 풀어 보세요.

2-1 규칙에 따라 분수를 늘어놓았습니다. / 9째 분수와 12째 분수의 차는 얼마인가요?

$\frac{1}{2}, \frac{3}{4}, \frac{5}{6}, \frac{7}{8}, \frac{9}{10}$……

문제 돋보기

✓ 규칙에 따라 늘어놓은 분수는?

→ $\frac{1}{2}, \frac{3}{4}, \square, \square, \square$……

◆ 구해야 할 것은?

→ ______________________

풀이 과정

❶ 분수를 늘어놓은 규칙은?

분모는 □부터 □씩 커지고, 분자는 □부터 □씩 커집니다.

❷ 9째 분수와 12째 분수는?

9째 분수: $\frac{1+\square\times\square}{\square\times 9}=\frac{\square}{\square}$, 12째 분수: $\frac{1+\square\times\square}{\square\times 12}=\frac{\square}{\square}$

❸ 9째 분수와 12째 분수의 차는?

$\square-\square=\square$

답 ______________

문제가 어려웠나요?

□ 어려워요

□ 적당해요

□ 쉬워요

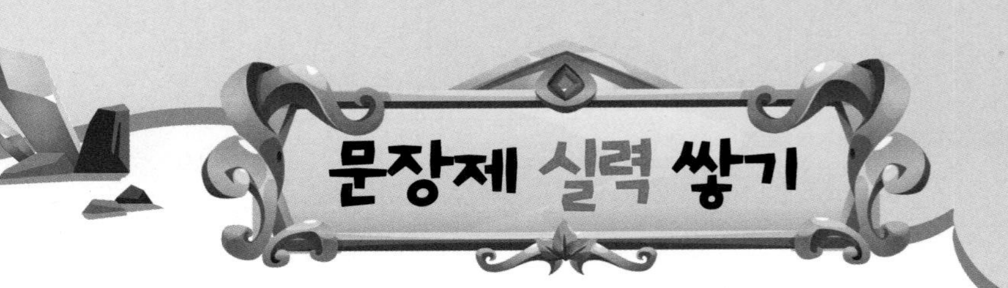

- 바르게 계산한 값 구하기
- 늘어놓은 분수에서 규칙을 찾아 계산하기

문제를 읽고 '연습하기'에서 했던 것처럼 밑줄을 그어 가며 문제를 풀어 보세요.

1 어떤 수에 $1\frac{4}{9}$를 더해야 할 것을 잘못하여 뺐더니 $2\frac{5}{6}$가 되었습니다. 바르게 계산한 값은 얼마인가요?

❶ 어떤 수를 ■라 할 때 잘못 계산한 식은?

❷ 어떤 수는?

❸ 바르게 계산한 값은?

답 ______________

2 어떤 수에서 $2\frac{3}{5}$을 빼야 할 것을 잘못하여 더했더니 $6\frac{9}{10}$가 되었습니다. 바르게 계산한 값은 얼마인가요?

❶ 어떤 수를 ■라 할 때 잘못 계산한 식은?

❷ 어떤 수는?

❸ 바르게 계산한 값은?

답 ______________

3 규칙에 따라 분수를 늘어놓았습니다. 6째 분수와 10째 분수의 합은 얼마인가요?

$\frac{2}{3}, \frac{3}{6}, \frac{4}{9}, \frac{5}{12}, \frac{6}{15}$……

❶ 분수를 늘어놓은 규칙은?

❷ 6째 분수와 10째 분수는?

❸ 6째 분수와 10째 분수의 합은?

답 ______________

4 규칙에 따라 분수를 늘어놓았습니다. 7째 분수와 14째 분수의 차는 얼마인가요?

$\frac{1}{5}, \frac{4}{10}, \frac{7}{15}, \frac{10}{20}, \frac{13}{25}$……

❶ 분수를 늘어놓은 규칙은?

❷ 7째 분수와 14째 분수는?

❸ 7째 분수와 14째 분수의 차는?

답 ______________

★ 공부한 날 월 일

92쪽 남은 부분은 전체의 얼마인지 구하기

1 세정이는 전체 철사의 $\frac{3}{4}$으로는 별 모양을 만들고, 전체 철사의 $\frac{1}{8}$로는 달 모양을 만들고, 나머지 철사로는 해 모양을 만들었습니다. 해 모양을 만든 철사는 전체 철사의 얼마인지 분수로 나타내어 보세요.

풀이

답 ____________

98쪽 합(차)을 구한 후 전체의 양 구하기

2 냉장고에 식혜는 $5\frac{1}{3}$ L 있고, 수정과는 식혜보다 $\frac{5}{12}$ L 더 많이 있습니다. 냉장고에 있는 식혜와 수정과는 모두 몇 L인가요?

풀이

답 ____________

98쪽 합(차)을 구한 후 전체의 양 구하기

3 헌 종이를 경서네 모둠은 $4\frac{3}{10}$ kg 모았고, 태주네 모둠은 경서네 모둠보다 $\frac{11}{15}$ kg 더 적게 모았습니다. 두 모둠이 모은 헌 종이는 모두 몇 kg인가요?

풀이

답 ____________

94쪽 분수를 만들어 합(차) 구하기

4 지안이와 한별이는 수 카드 3장을 각각 한 번씩만 사용하여 가장 큰 대분수를 만들었습니다. 두 사람이 만든 대분수의 합을 구해 보세요.

지안 1 2 6

한별 5 7 9

풀이

답 ______________

100쪽 일을 모두 마치는 데 걸리는 날수 구하기

5 어떤 일을 나연이가 혼자서 하면 20일이 걸리고, 강재가 혼자서 하면 5일이 걸립니다. 이 일을 나연이와 강재가 함께 한다면 일을 모두 마치는 데 며칠이 걸리나요? (단, 두 사람이 각각 하루에 하는 일의 양은 일정합니다.)

풀이

답 ______________

단원 마무리

★ 맞은 개수 /10개 ★ 걸린 시간 /40분

104쪽 분수로 나타낸 시간 계산하기

6 헤나는 오전 8시부터 종이접기를 했습니다. $\frac{7}{30}$시간 동안 개구리를 접고, $\frac{2}{5}$시간 동안 학을 접었습니다. 헤나가 종이접기를 마친 시각은 오전 몇 시 몇 분인가요?

풀이

답

106쪽 길이 비교하기

7 집에서 박물관을 거쳐 미술관까지 가는 거리는 바로 미술관까지 가는 거리보다 몇 km 더 먼가요?

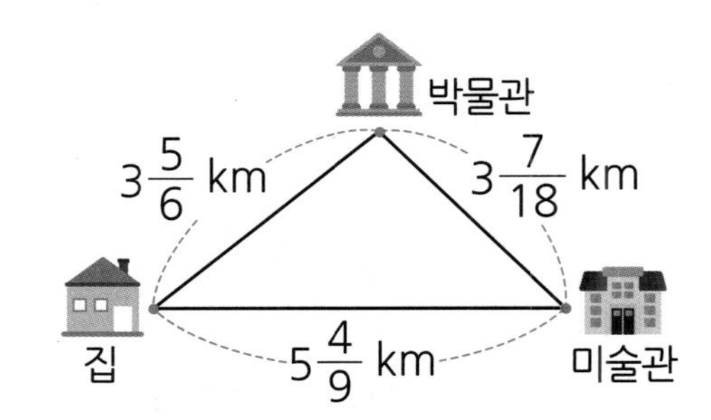

풀이

답

110쪽 바르게 계산한 값 구하기

8 어떤 수에 $1\frac{3}{14}$을 더해야 할 것을 잘못하여 뺐더니 $3\frac{16}{21}$이 되었습니다. 바르게 계산한 값은 얼마인가요?

풀이

답

112쪽 늘어놓은 분수에서 규칙을 찾아 계산하기

9 규칙에 따라 분수를 늘어놓았습니다. 10째 분수와 15째 분수의 합은 얼마인가요?

$\frac{3}{4}, \frac{4}{8}, \frac{5}{12}, \frac{6}{16}, \frac{7}{20}$ ……

풀이

답 ____________________

104쪽 분수로 나타낸 시간 계산하기

도전 문제

형주는 오후 1시부터 등산을 시작했습니다. $1\frac{1}{2}$시간 동안 산을 오른 다음, 정상에서 25분 동안 쉬고, $\frac{9}{10}$시간 동안 산을 내려왔습니다.
형주가 등산을 마친 시각은 오후 몇 시 몇 분인가요?

❶ 25분은 몇 시간인지 분수로 나타내면?

❷ 형주가 등산을 하는 데 걸린 시간은 몇 시간 몇 분?

❸ 형주가 등산을 마친 시각은?

답 ____________________

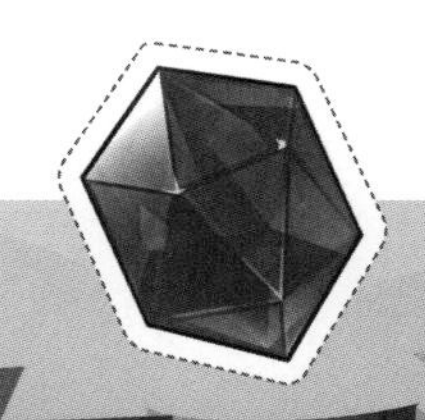

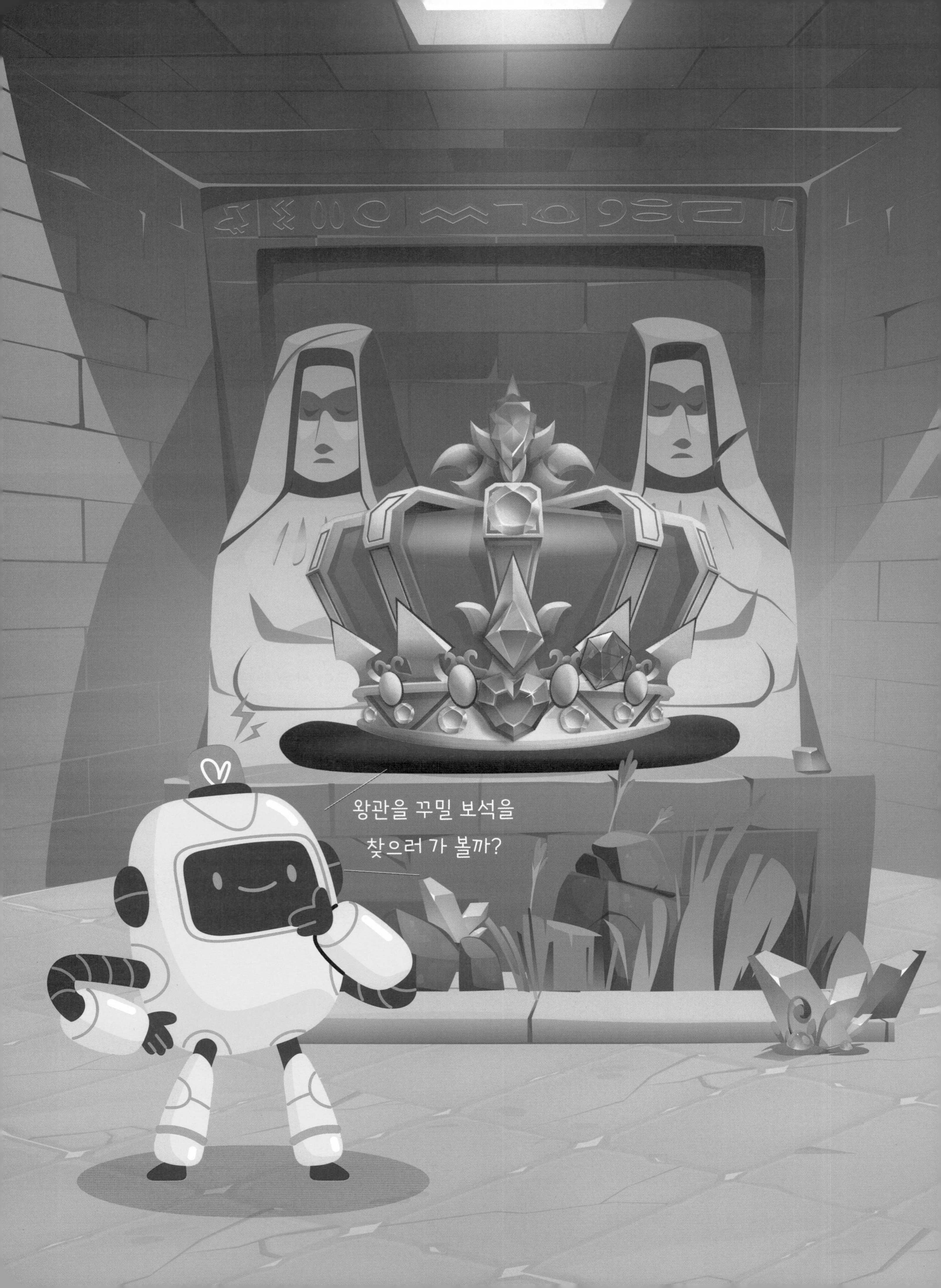

왕관을 꾸밀 보석을
찾으러 가 볼까?

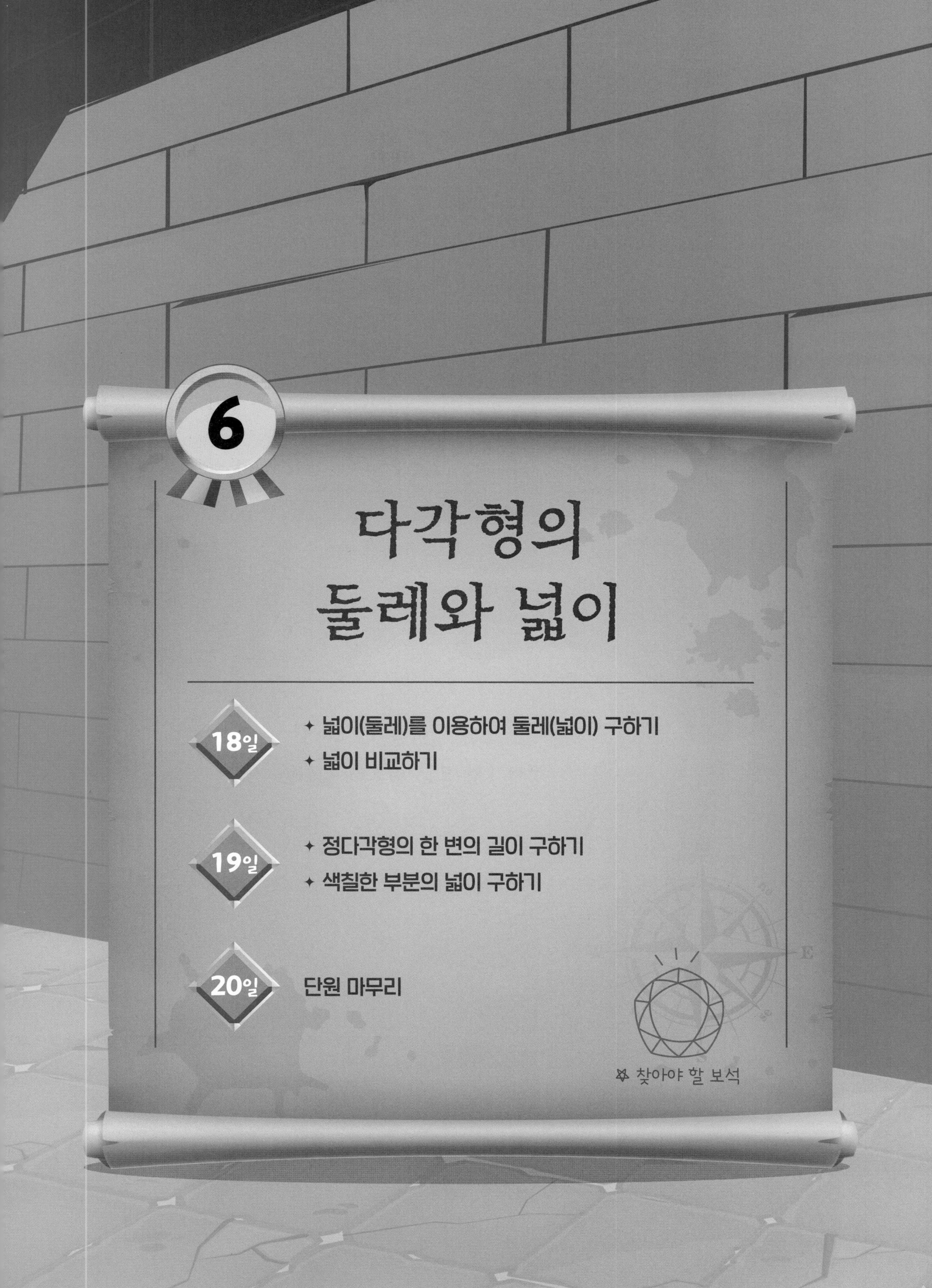
6
다각형의
둘레와 넓이
18일
✦ 넓이(둘레)를 이용하여 둘레(넓이) 구하기
✦ 넓이 비교하기
19일
✦ 정다각형의 한 변의 길이 구하기
✦ 색칠한 부분의 넓이 구하기
20일
단원 마무리
찾아야 할 보석

문장제 준비하기

함께 풀어 봐요!

보석을 찾으며 빈칸에 알맞은 수나 기호를 써 보세요.

가로가 20 cm, 세로가 15 cm인
직사각형 모양 액자의 둘레는
(□ + □) × 2 = □ (cm)야.

한 변의 길이가 12 cm인
정사각형 모양 치즈의 넓이는
□ ○ □ = □ (cm^2)야.

주희네 텃밭은 가로가 7 m,
세로가 300 cm인 직사각형 모양이야.
300 cm = ☐ m이므로
주희네 텃밭의 넓이는
☐○☐ = ☐(m^2)야.

문장제 연습하기

✦ 넓이(둘레)를 이용하여 둘레(넓이) 구하기

1

직사각형의 넓이는 40 cm^2입니다. / 이 직사각형의 둘레는 몇 cm인가요?

→ 구해야 할 것

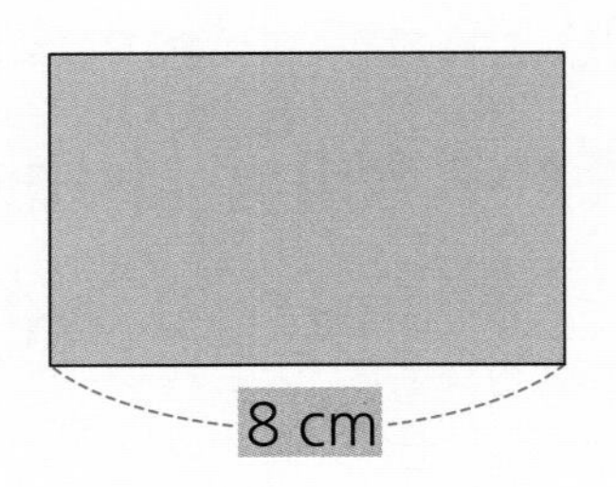

✔ 직사각형의 가로는? → ☐ cm

✔ 직사각형의 넓이는? → ☐ cm^2

◆ 구해야 할 것은?

→ 직사각형의 둘레

❶ 직사각형의 세로는?

직사각형의 세로를 ■ cm라 하면

☐ × ■ = ☐, ■ = ☐ ÷ ☐ = ☐입니다.

❷ 직사각형의 둘레는?

(☐ + ☐) × ☐ = ☐ (cm)

→ 가로와 세로의 합

답 ________

왼쪽 ❶번과 같이 문제에 색칠하고 밑줄을 그어 가며 문제를 풀어 보세요.

1-1 직사각형의 둘레는 32 m입니다. / 이 직사각형의 넓이는 몇 m^2인가요?

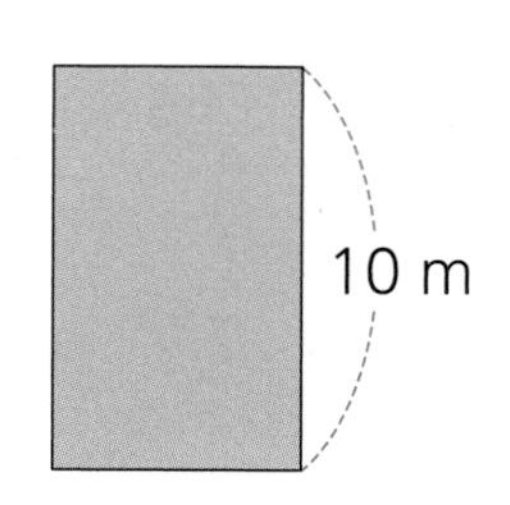

문제 돋보기

✓ 직사각형의 세로는? → □ m

✓ 직사각형의 둘레는? → □ m

◆ 구해야 할 것은?

→ ____________________

풀이 과정

❶ 직사각형의 가로는?

직사각형의 가로를 ■ m라 하면

(■+□)×□=□, ■+□=□, ■=□입니다.

❷ 직사각형의 넓이는?

□×□=□(m^2)
가로 세로

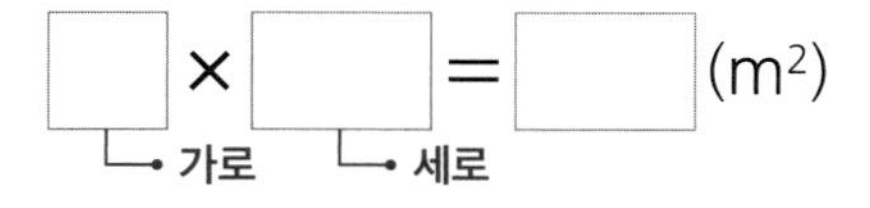

답 ____________________

문제가 어려웠나요?

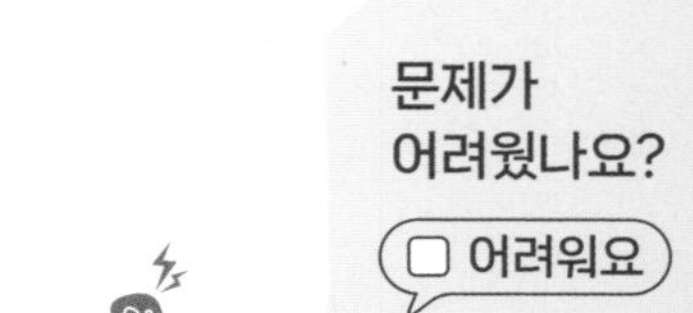

문장제 연습하기

직사각형과 평행사변형의 / 넓이의 차는 몇 cm²인가요?

→ 구해야 할 것

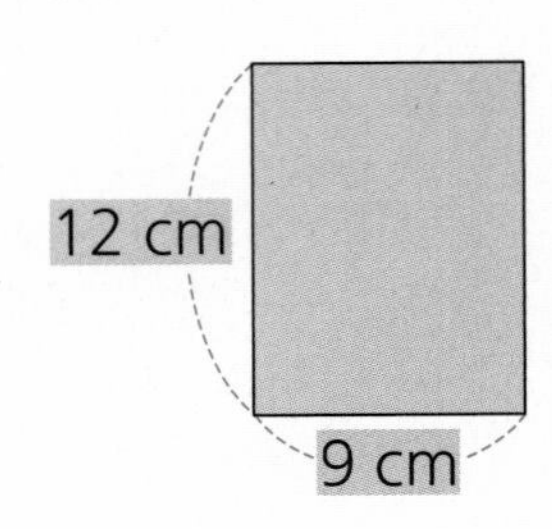

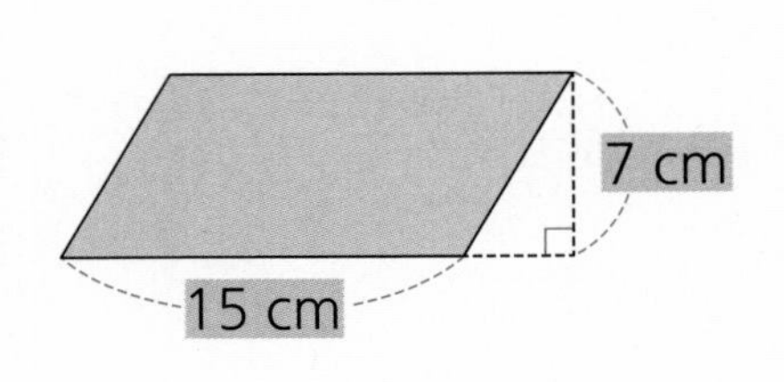

✓ 직사각형의 가로와 세로는? → 가로: ☐ cm, 세로: ☐ cm

✓ **평행사변형의 밑변의 길이와 높이는?** → 밑변의 길이: ☐ cm, 높이: ☐ cm

◆ 구해야 할 것은?

→ 직사각형과 평행사변형의 넓이의 차

❶ 직사각형의 넓이는?

☐ × ☐ = ☐ (cm²)

❷ 평행사변형의 넓이는?

☐ × ☐ = ☐ (cm²)

밑변의 길이 / 높이

❸ 직사각형과 평행사변형의 넓이의 차는?

☐ − ☐ = ☐ (cm²)

답 ____________

정답과 해설 31쪽

왼쪽 ❷번과 같이 문제에 색칠하고 밑줄을 그어 가며 문제를 풀어 보세요.

2-1 정사각형과 삼각형 중 / 어느 도형의 넓이가 몇 cm^2 더 넓은가요?

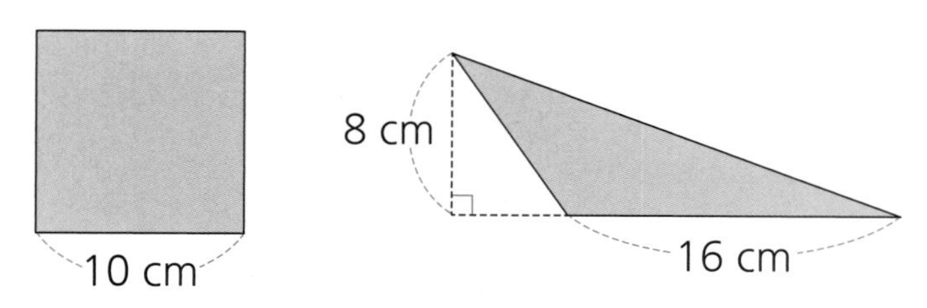

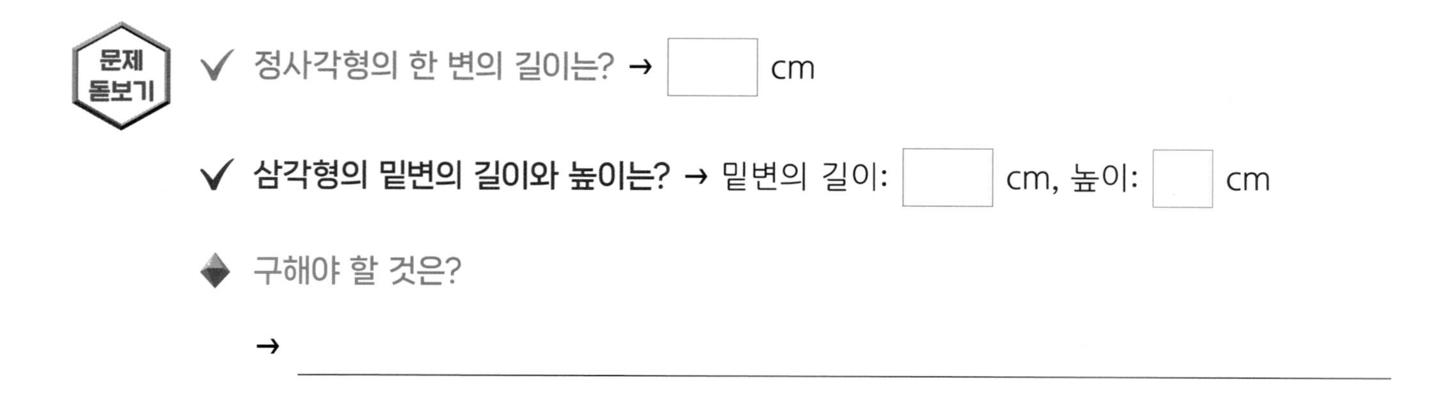

문제 돋보기

✔ 정사각형의 한 변의 길이는? → ☐ cm

✔ 삼각형의 밑변의 길이와 높이는? → 밑변의 길이: ☐ cm, 높이: ☐ cm

◆ 구해야 할 것은?

→ ____________________

풀이 과정

❶ 정사각형의 넓이는?

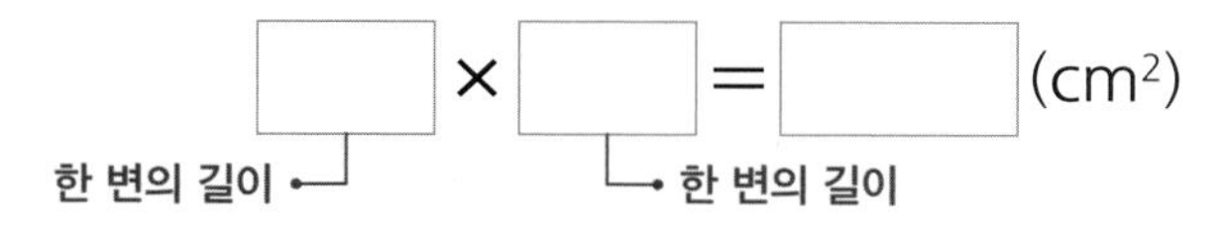

☐ × ☐ = ☐ (cm^2)

한 변의 길이, 한 변의 길이

❷ 삼각형의 넓이는?

☐ × ☐ ÷ ☐ = ☐ (cm^2)

밑변의 길이, 높이

❸ 정사각형과 삼각형 중 어느 도형의 넓이가 몇 cm^2 더 넓은지 구하면?

100 > 64이므로 ☐ 의 넓이가

☐ − ☐ = ☐ (cm^2) 더 넓습니다.

답 ____________, ____________

문제가 어려웠나요?

+ 넓이(둘레)를 이용하여 둘레(넓이) 구하기
+ 넓이 비교하기

문제를 읽고 '연습하기'에서 했던 것처럼 밑줄을 그어 가며 문제를 풀어 보세요.

1 직사각형의 넓이는 98 cm^2입니다. 이 직사각형의 둘레는 몇 cm인가요?

❶ 직사각형의 가로는?

❷ 직사각형의 둘레는?

답 ____________________

2 직사각형의 둘레는 48 m입니다. 이 직사각형의 넓이는 몇 m^2인가요?

❶ 직사각형의 세로는?

❷ 직사각형의 넓이는?

답 ____________________

정답과 해설 31쪽

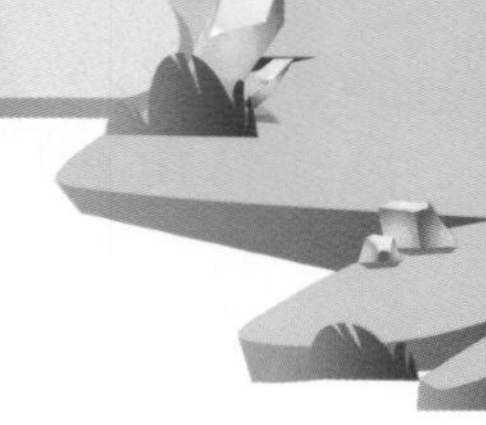

3

평행사변형과 마름모의 넓이의 차는 몇 cm^2인가요?

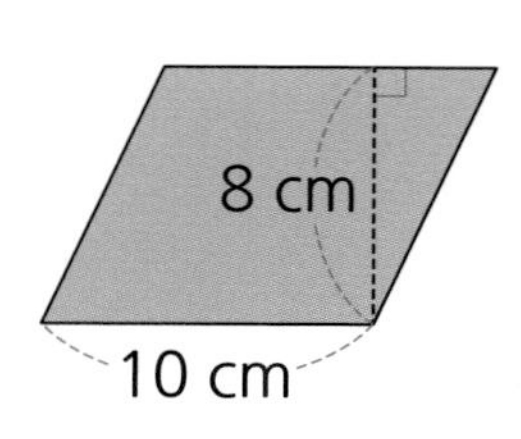

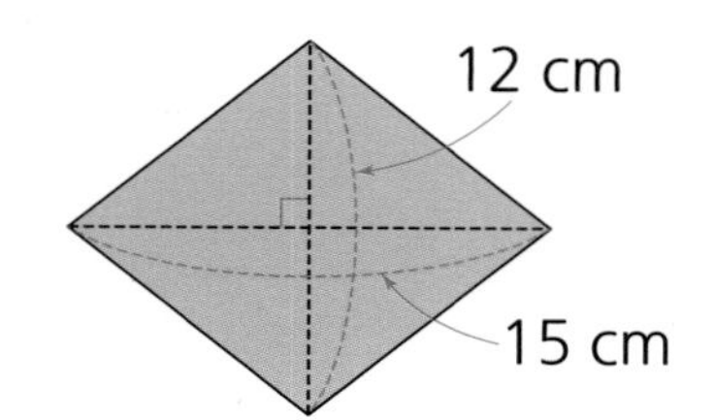

❶ 평행사변형의 넓이는?

❷ 마름모의 넓이는?

❸ 평행사변형과 마름모의 넓이의 차는?

답 ______________

4

삼각형과 사다리꼴 중 어느 도형의 넓이가 몇 cm^2 더 넓은가요?

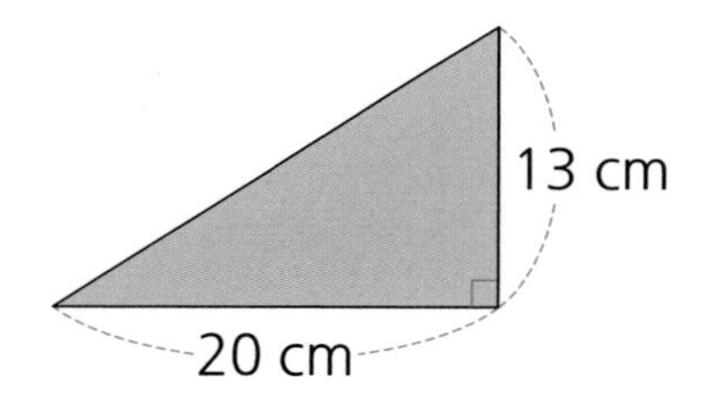

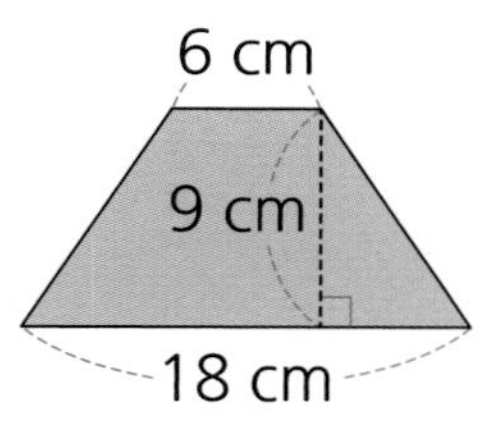

❶ 삼각형의 넓이는?

❷ 사다리꼴의 넓이는?

❸ 삼각형과 사다리꼴 중 어느 도형의 넓이가 몇 cm^2 더 넓은지 구하면?

답 ______________, ______________

1 다음 정오각형과 정삼각형은 둘레가 같습니다. /
정오각형의 한 변의 길이는 몇 cm인가요?

└→ 구해야 할 것

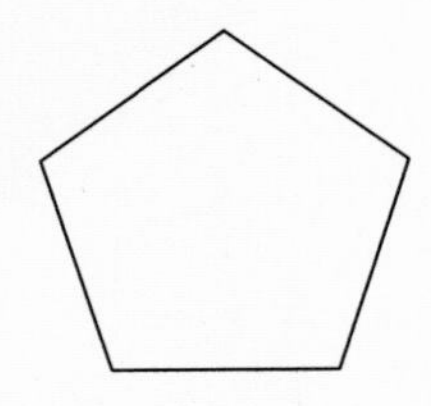

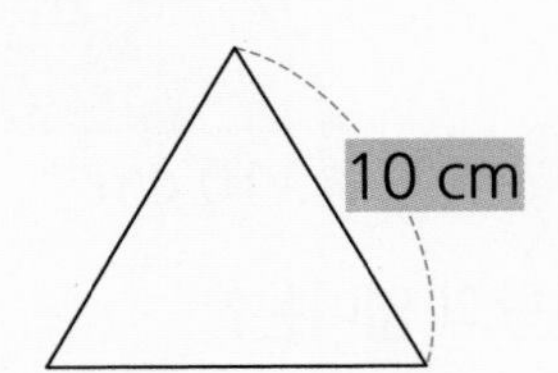

문제 돋보기

✔ 정오각형과 정삼각형의 둘레는?

→ 정오각형과 정삼각형의 둘레는 (같습니다 , 다릅니다).

└• 알맞은 말에 ○표 하기

✔ 정삼각형의 한 변의 길이는? → ☐ cm

◆ 구해야 할 것은?

→ 정오각형의 한 변의 길이

풀이 과정

❶ 정삼각형의 둘레는?

☐ × ☐ = ☐ (cm)

한 변의 길이 ↲ ↳ 변의 수

❷ 정오각형의 한 변의 길이는?

(정오각형의 둘레)=(정삼각형의 둘레)=☐ cm

(정오각형의 둘레)=(한 변의 길이)×☐ 이므로

(한 변의 길이)=☐ ÷ ☐ = ☐ (cm)입니다.

답 ______________

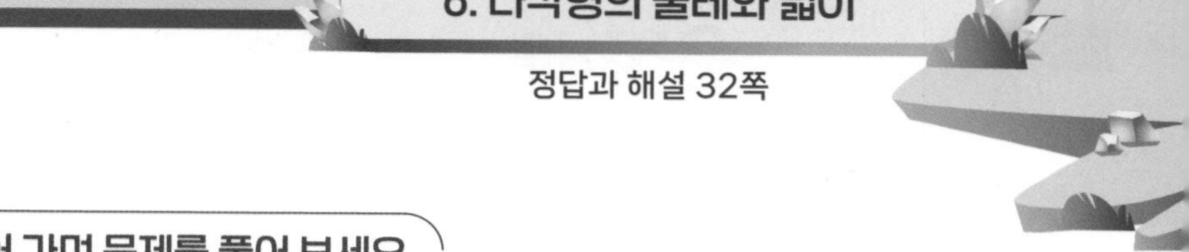

정답과 해설 32쪽

왼쪽 ❶번과 같이 문제에 색칠하고 밑줄을 그어 가며 문제를 풀어 보세요.

1-1 둘레가 같은 정육각형과 정사각형이 있습니다. / 정사각형의 한 변의 길이가 12 cm일 때 / 정육각형의 한 변의 길이는 몇 cm인가요?

✓ 정육각형과 정사각형의 둘레는?

→ 정육각형과 정사각형의 둘레는 (같습니다 , 다릅니다).

✓ 정사각형의 한 변의 길이는?

→ ☐ cm

◆ 구해야 할 것은?

→ ____________________

❶ 정사각형의 둘레는?

☐ × ☐ = ☐ (cm)

❷ 정육각형의 한 변의 길이는?

(정육각형의 둘레) = (정사각형의 둘레) = ☐ cm

(정육각형의 둘레) = (한 변의 길이) × ☐ 이므로

(한 변의 길이) = ☐ ÷ ☐ = ☐ (cm)입니다.

답 

문장제 연습하기

✦ 색칠한 부분의 넓이 구하기

2 오른쪽 그림에서 색칠한 부분의 넓이를 구해 보세요.

→ 구해야 할 것

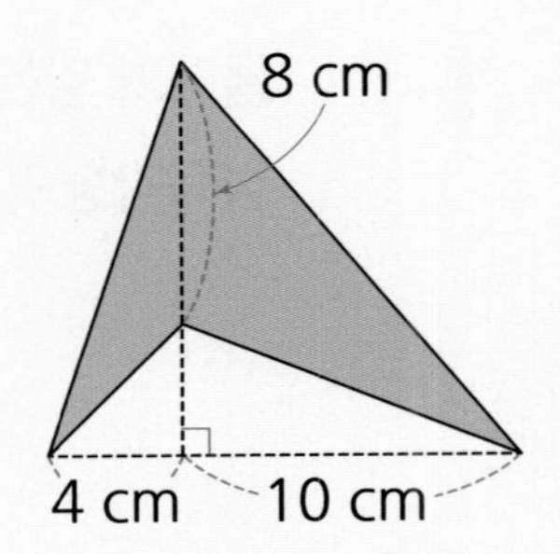

문제 돋보기

◆ 구해야 할 것은?

→ 색칠한 부분의 넓이

✓ 색칠한 부분의 넓이를 구하는 방법은?

→ 왼쪽 ☐ 와(과) 오른쪽 ☐ 의 넓이를 더해서 구합니다.

풀이 과정

❶ 왼쪽 삼각형의 넓이는?

밑변의 길이가 8 cm, 높이가 ☐ cm이므로

넓이는 ☐ × ☐ ÷ ☐ = ☐ (cm^2)입니다.

❷ 오른쪽 삼각형의 넓이는?

밑변의 길이가 8 cm, 높이가 ☐ cm이므로

넓이는 ☐ × ☐ ÷ ☐ = ☐ (cm^2)입니다.

❸ 색칠한 부분의 넓이는?

(색칠한 부분의 넓이)＝(왼쪽 삼각형의 넓이)＋(오른쪽 삼각형의 넓이)

＝ ☐ ＋ ☐ ＝ ☐ (cm^2)

답 ____________

정답과 해설 32쪽

왼쪽 ②번과 같이 문제에 색칠하고 밑줄을 그어 가며 문제를 풀어 보세요.

2-1 색칠한 부분의 넓이를 구해 보세요.

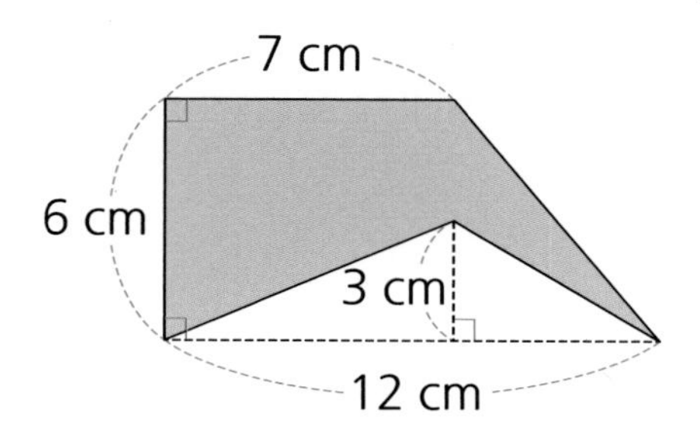

◆ 구해야 할 것은?

→ ______________________

✓ 색칠한 부분의 넓이를 구하는 방법은?

→ □ 의 넓이에서 □ 의 넓이를 빼서 구합니다.

❶ 사다리꼴의 넓이는?

윗변이 7 cm, 아랫변이 □ cm, 높이가 □ cm이므로

넓이는 (7＋□)×□÷□＝□(cm²)입니다.

❷ 삼각형의 넓이는?

밑변의 길이가 □ cm, 높이가 □ cm이므로

넓이는 □×□÷□＝□(cm²)입니다.

❸ 색칠한 부분의 넓이는?

(색칠한 부분의 넓이)＝(사다리꼴의 넓이)－(삼각형의 넓이)

＝□－□＝□(cm²)

답 ______________________

문제가 어려웠나요?

□ 어려워요

□ 적당해요

□ 쉬워요

+ 정다각형의 한 변의 길이 구하기
+ 색칠한 부분의 넓이 구하기

문제를 읽고 '연습하기'에서 했던 것처럼 밑줄을 그어 가며 문제를 풀어 보세요.

1 다음 정칠각형과 정오각형은 둘레가 같습니다. 정칠각형의 한 변의 길이는 몇 cm인가요?

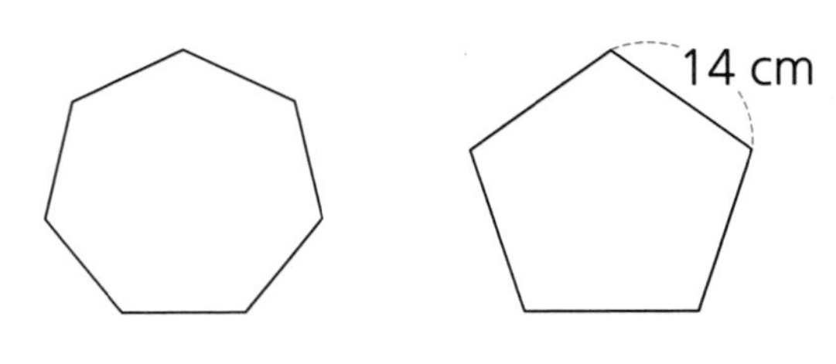

❶ 정오각형의 둘레는?

❷ 정칠각형의 한 변의 길이는?

답 ______________

2 둘레가 같은 정팔각형과 정육각형이 있습니다. 정육각형의 한 변의 길이가 20 cm일 때 정팔각형의 한 변의 길이는 몇 cm인가요?

❶ 정육각형의 둘레는?

❷ 정팔각형의 한 변의 길이는?

답 ______________

정답과 해설 33쪽

3 오른쪽 그림에서 색칠한 부분의 넓이를 구해 보세요.

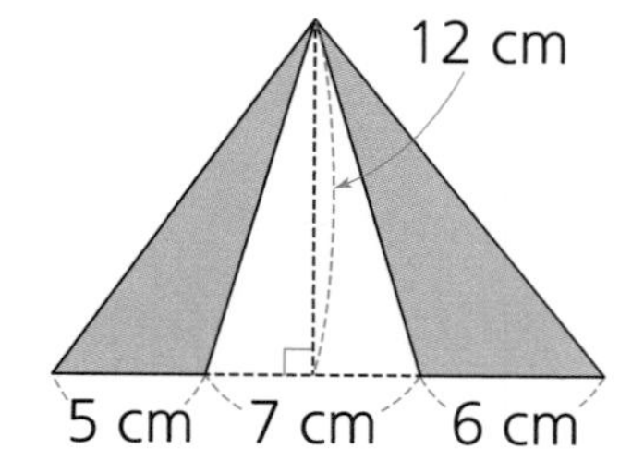

❶ 왼쪽 삼각형의 넓이는?

❷ 오른쪽 삼각형의 넓이는?

❸ 색칠한 부분의 넓이는?

답 ____________

4 오른쪽 그림에서 색칠한 부분의 넓이를 구해 보세요.

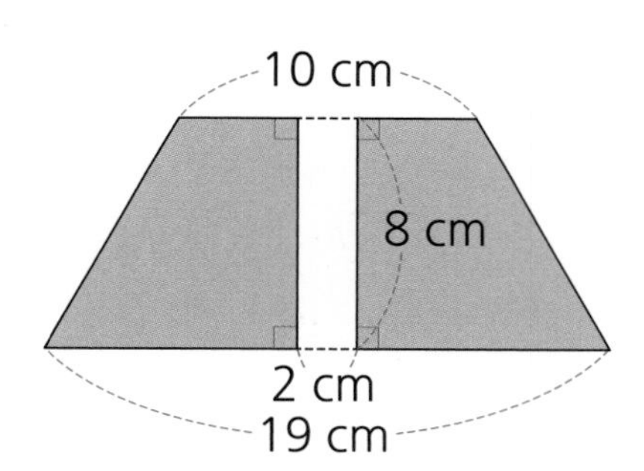

❶ 가장 큰 사다리꼴의 넓이는?

❷ 직사각형의 넓이는?

❸ 색칠한 부분의 넓이는?

답 ____________

★ 공부한 날 월 일

124쪽 넓이(둘레)를 이용하여 둘레(넓이) 구하기

1 직사각형의 넓이는 24 cm^2입니다. 이 직사각형의 둘레는 몇 cm인가요?

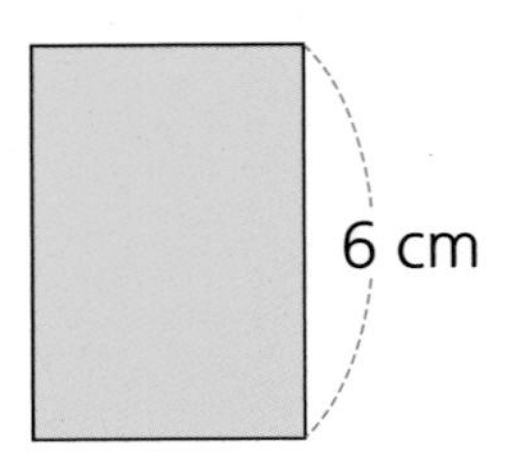

풀이

답 ____________

126쪽 넓이 비교하기

2 평행사변형과 삼각형의 넓이의 차는 몇 cm^2인가요?

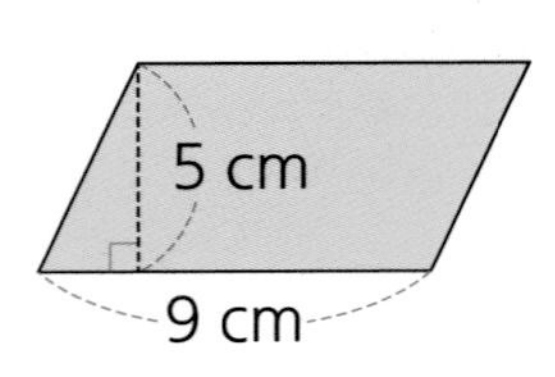

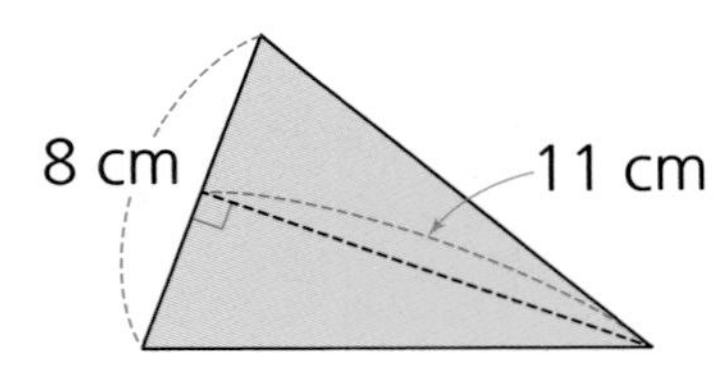

풀이

답 ____________

정답과 해설 33쪽

124쪽 넓이(둘레)를 이용하여 둘레(넓이) 구하기

3 오른쪽 직사각형의 둘레는 40 cm입니다. 이 직사각형의 넓이는 몇 cm^2인가요?

12 cm

풀이

탑 ____________

130쪽 정다각형의 한 변의 길이 구하기

4 다음 정삼각형과 정팔각형은 둘레가 같습니다. 정삼각형의 한 변의 길이는 몇 cm인가요?

6 cm

풀이

탑 ____________

130쪽 정다각형의 한 변의 길이 구하기

5 둘레가 같은 정육각형과 정오각형이 있습니다. 정오각형의 한 변의 길이가 18 cm일 때 정육각형의 한 변의 길이는 몇 cm인가요?

풀이

탑 ____________

124쪽 넓이(둘레)를 이용하여 둘레(넓이) 구하기

6 둘레가 52 m인 정사각형이 있습니다. 이 정사각형의 넓이는 몇 m^2인가요?

풀이

답 ______________

126쪽 넓이 비교하기

7 사다리꼴과 마름모 중 어느 도형의 넓이가 몇 cm^2 더 넓은가요?

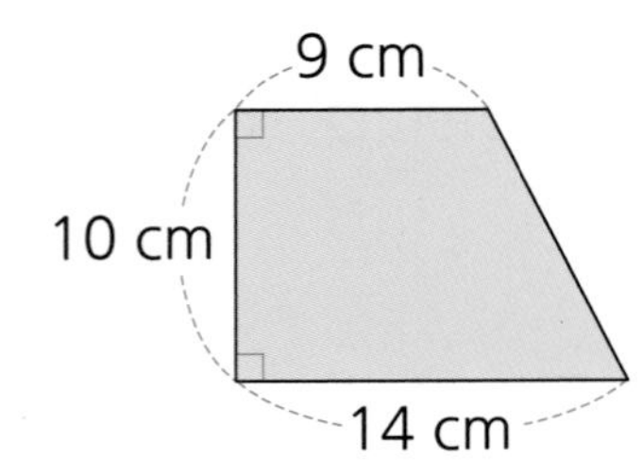

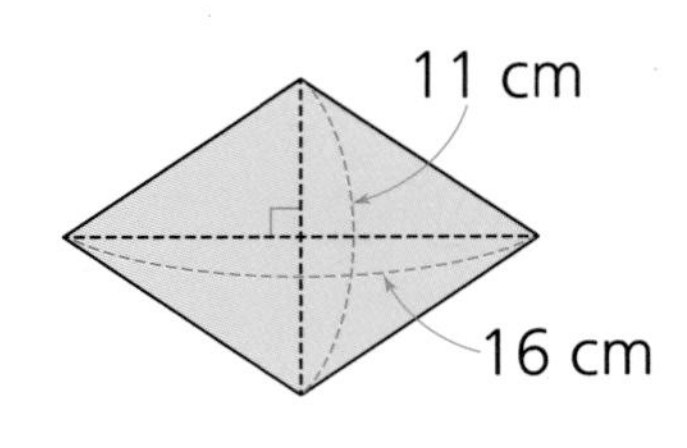

풀이

답 ______________, ______________

132쪽 색칠한 부분의 넓이 구하기

8 색칠한 부분의 넓이를 구해 보세요.

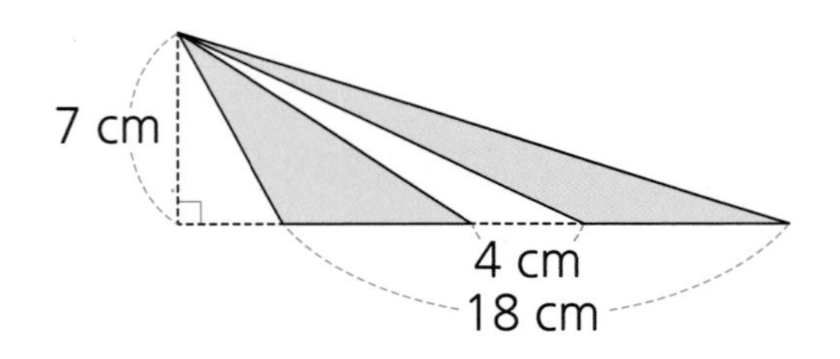

풀이

답 ______________

정답과 해설 34쪽

132쪽 색칠한 부분의 넓이 구하기

9 **색칠한 부분의 넓이를 구해 보세요.**

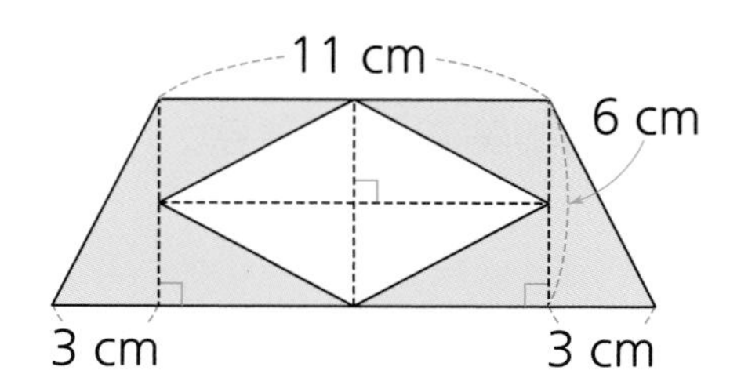

풀이

답 

132쪽 색칠한 부분의 넓이 구하기

도전 문제

크기가 다른 정사각형 3개를 이어 붙여 다음과 같은 도형을 만들었습니다.
색칠한 부분의 넓이를 구해 보세요.

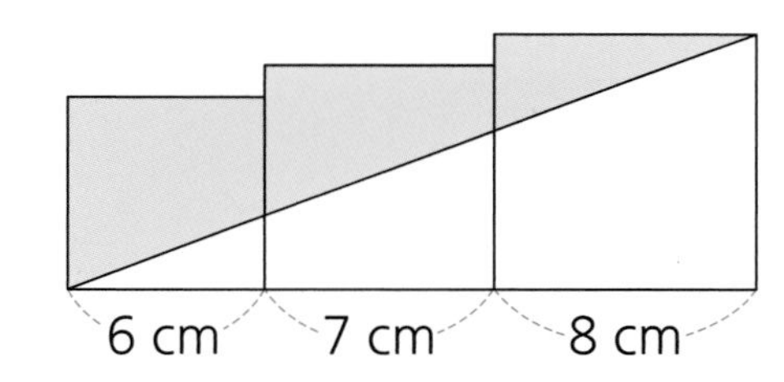

❶ 정사각형 3개의 넓이의 합은?

❷ 색칠하지 않은 부분의 넓이는?

❸ 색칠한 부분의 넓이는?

답

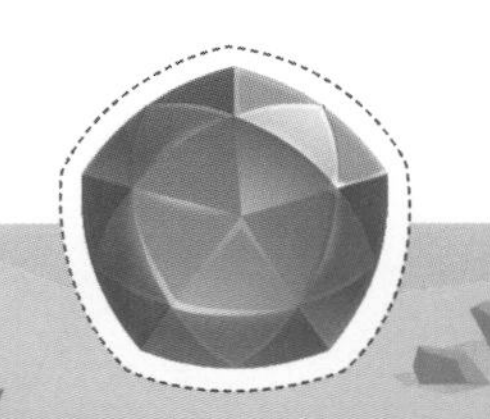

1 무게가 같은 치약 6개가 들어 있는 상자의 무게를 재어 보니 2300 g입니다. 치약 한 개의 무게가 280 g이라면 상자만의 무게는 몇 g인지 하나의 식으로 나타내어 구해 보세요.

풀이

식 ______________________ 답 ______________

2 $\frac{2}{5}$와 크기가 같은 분수 중에서 분모와 분자의 합이 35인 분수를 구해 보세요.

풀이

답 ______________

3 오른쪽 직사각형의 넓이는 54 cm^{2}입니다. 이 직사각형의 둘레는 몇 cm인가요?

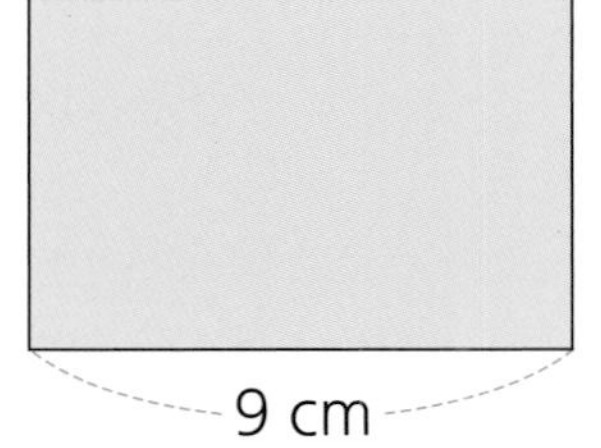

풀이

답 ______________

4

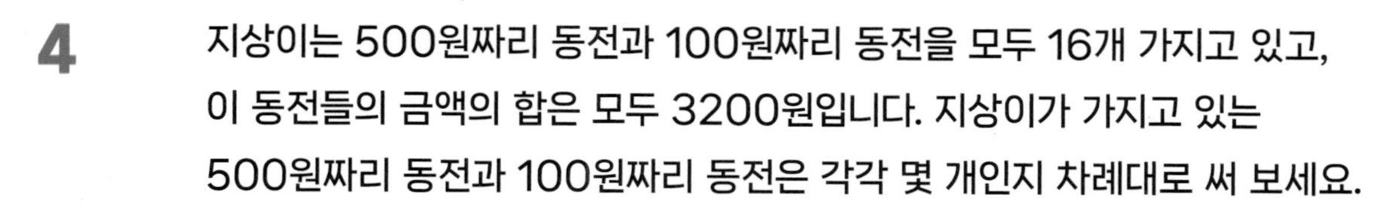

지상이는 500원짜리 동전과 100원짜리 동전을 모두 16개 가지고 있고, 이 동전들의 금액의 합은 모두 3200원입니다. 지상이가 가지고 있는 500원짜리 동전과 100원짜리 동전은 각각 몇 개인지 차례대로 써 보세요.

풀이

답 

5

두 개의 톱니바퀴 ㉠, ㉡이 맞물려 돌아가고 있습니다. ㉠의 톱니는 24개이고, ㉡의 톱니는 18개입니다. 처음에 맞물렸던 두 톱니가 다시 맞물리려면 ㉠은 적어도 몇 바퀴 돌아야 하나요?

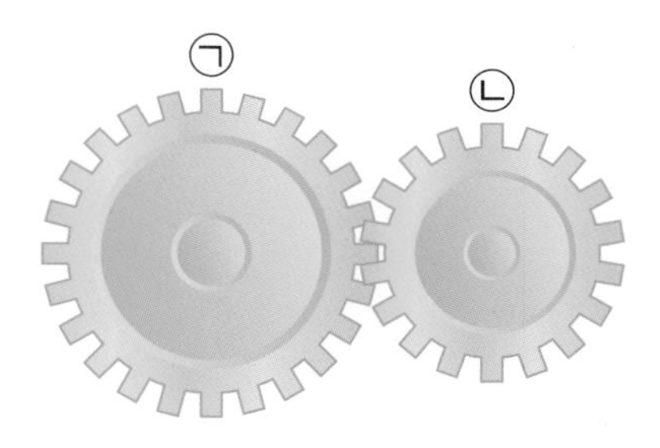

풀이

답 

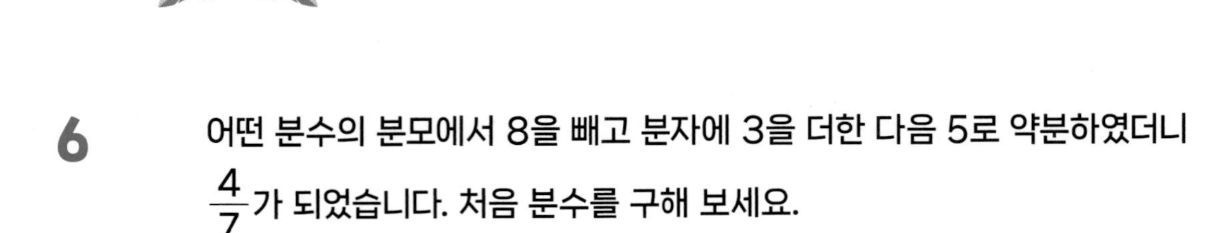

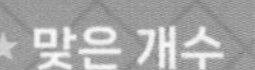

6 어떤 분수의 분모에서 8을 빼고 분자에 3을 더한 다음 5로 약분하였더니 $\frac{4}{7}$가 되었습니다. 처음 분수를 구해 보세요.

풀이

답 ____________

7 밭에서 고구마를 서언이는 $2\frac{3}{10}$ kg 캤고, 다빈이는 서언이보다 $\frac{5}{8}$ kg 더 많이 캤습니다. 두 사람이 캔 고구마는 모두 몇 kg인가요?

풀이

답 ____________

8 3장의 수 카드 2, 6, 9 를 각각 한 번씩만 사용하여 다음과 같은 식을 만들려고 합니다. 계산 결과가 가장 클 때의 값은 얼마인가요?

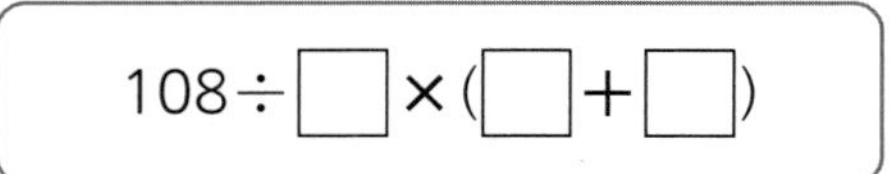

풀이

답 ____________

9

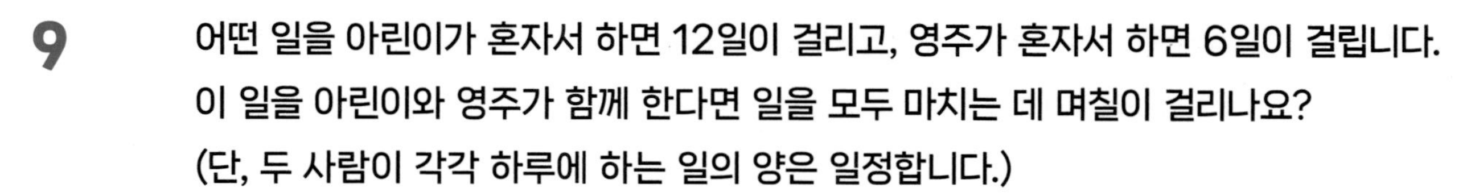

어떤 일을 아린이가 혼자서 하면 12일이 걸리고, 영주가 혼자서 하면 6일이 걸립니다. 이 일을 아린이와 영주가 함께 한다면 일을 모두 마치는 데 며칠이 걸리나요?
(단, 두 사람이 각각 하루에 하는 일의 양은 일정합니다.)

풀이

답

10

규칙에 따라 분수를 늘어놓았습니다. 7째 분수와 12째 분수의 차는 얼마인가요?

$\frac{2}{3}, \frac{4}{5}, \frac{6}{7}, \frac{8}{9}, \frac{10}{11}$......

풀이

답

1 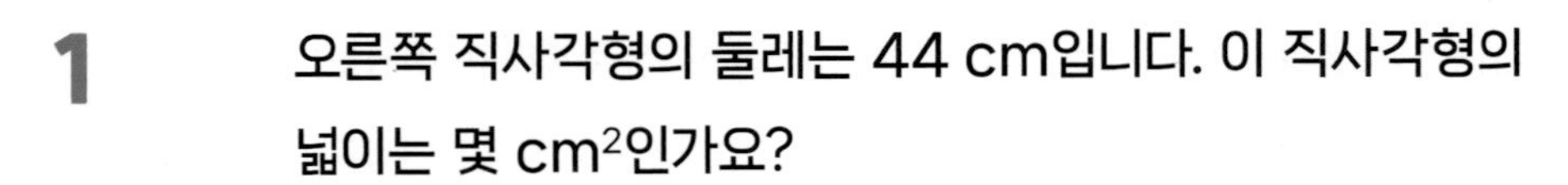
오른쪽 직사각형의 둘레는 44 cm입니다. 이 직사각형의 넓이는 몇 cm^2인가요?

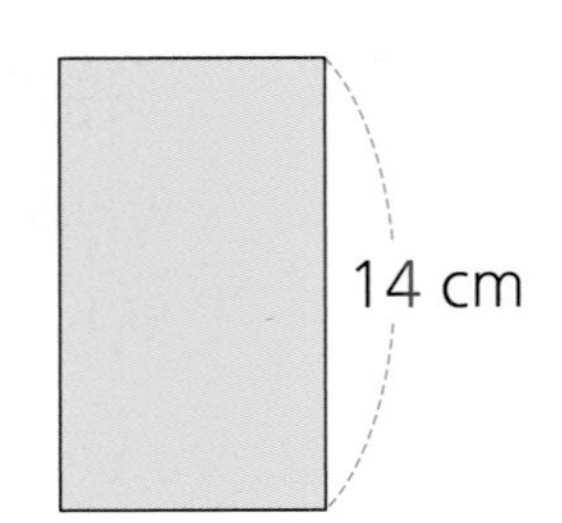

풀이

탑 ______________

2 허리띠의 길이는 $\frac{17}{20}$ m, 야구 방망이의 길이는 0.81 m입니다.
허리띠와 야구 방망이 중 어느 것이 더 긴가요?

풀이

탑 ______________

3 둘레가 같은 정육각형과 정삼각형이 있습니다. 정삼각형의 한 변의 길이가 20 cm일 때 정육각형의 한 변의 길이는 몇 cm인가요?

풀이

탑 ______________

4 그림과 같이 성냥개비로 정사각형을 만들고 있습니다. 정사각형을 13개 만들 때 필요한 성냥개비는 몇 개인가요?

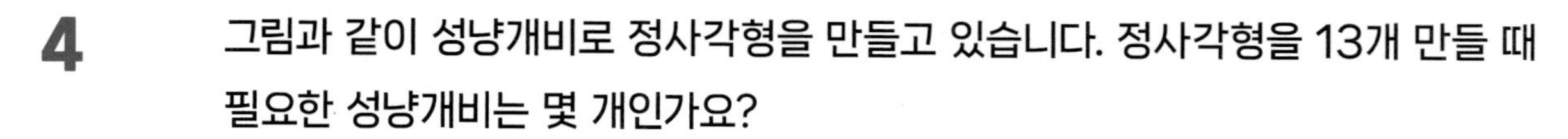

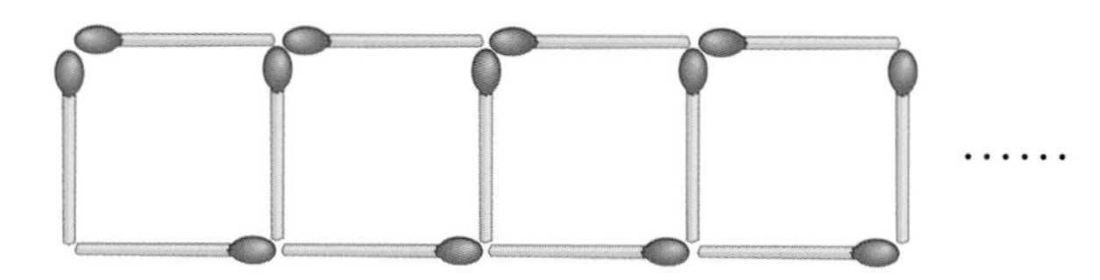

풀이

5 한석이는 오전 11시부터 음악을 들었습니다. $\frac{1}{5}$시간 동안 가요를 듣고, $\frac{3}{10}$시간 동안 동요를 들었습니다. 한석이가 음악 듣기를 마친 시각은 오전 몇 시 몇 분인가요?

풀이

6 52에서 어떤 수를 빼고 7을 곱해야 할 것을 잘못하여 52에 어떤 수를 더하고 7로 나누었더니 11이 되었습니다. 바르게 계산한 값은 얼마인가요?

풀이

답 ____________________

7 9로도 나누어떨어지고, 12로도 나누어떨어지는 어떤 수가 있습니다. 어떤 수 중에서 가장 작은 세 자리 수를 구해 보세요.

풀이

답 ____________________

8 재희와 찬우는 수 카드 3장을 각각 한 번씩만 사용하여 가장 큰 대분수를 만들었습니다. 두 사람이 만든 대분수의 합을 구해 보세요.

풀이

답 ____________________

9 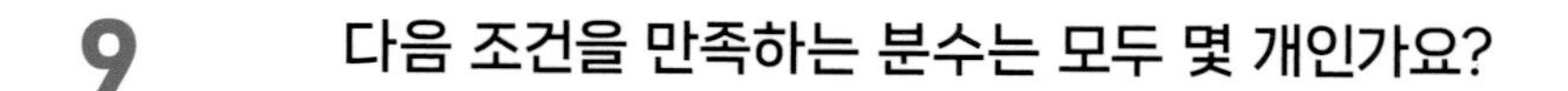

다음 조건을 만족하는 분수는 모두 몇 개인가요?

- $\frac{7}{10}$보다 크고 $\frac{21}{25}$보다 작습니다.
- 분모가 50입니다.

풀이

답

10 색칠한 부분의 넓이를 구해 보세요.

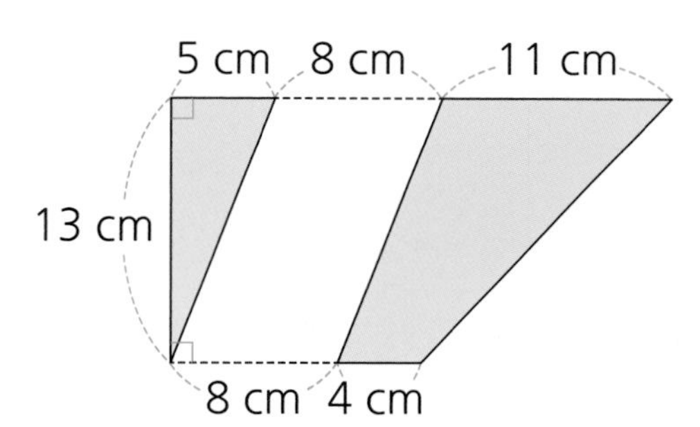

풀이

답

1 분모와 분자의 차가 25이고, 기약분수로 나타내면 $\frac{3}{8}$인 분수를 구해 보세요.

풀이

답 ____________________

2 제준이가 가지고 있는 전체 단추의 $\frac{2}{9}$는 빨간색이고, 전체 단추의 $\frac{1}{3}$은 파란색이고, 나머지 단추는 노란색입니다. 노란색 단추는 전체 단추의 얼마인지 분수로 나타내어 보세요.

풀이

답 ____________________

3 용주는 과일 가게에서 900원짜리 사과 7개와 1300원짜리 배 1개를 샀습니다. 용주가 8000원을 냈다면 거스름돈은 얼마인지 (   )가 있는 하나의 식으로 나타내어 구해 보세요.

풀이

식 ____________________ 답 ____________________

4

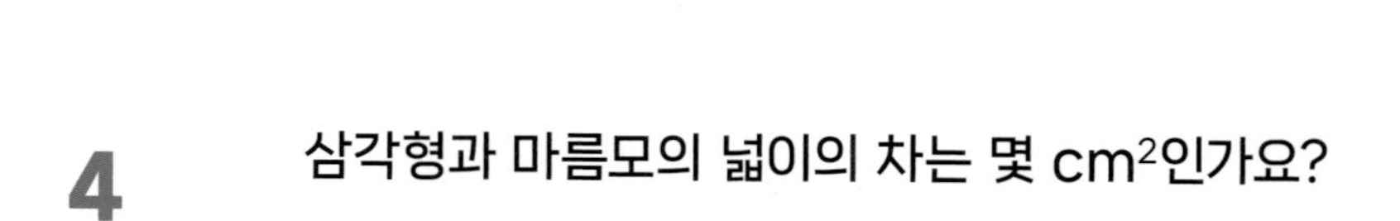

삼각형과 마름모의 넓이의 차는 몇 cm^2인가요?

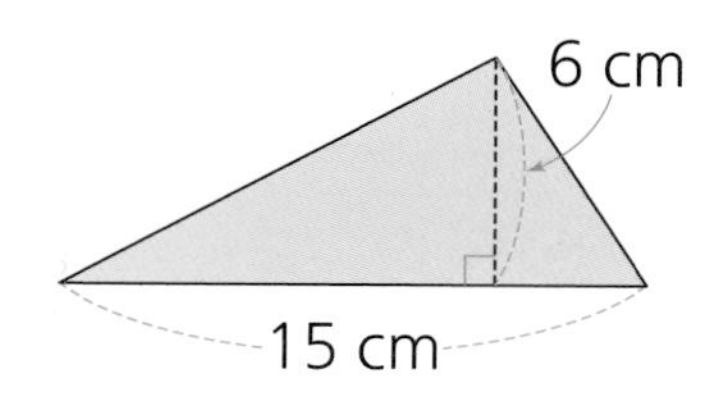

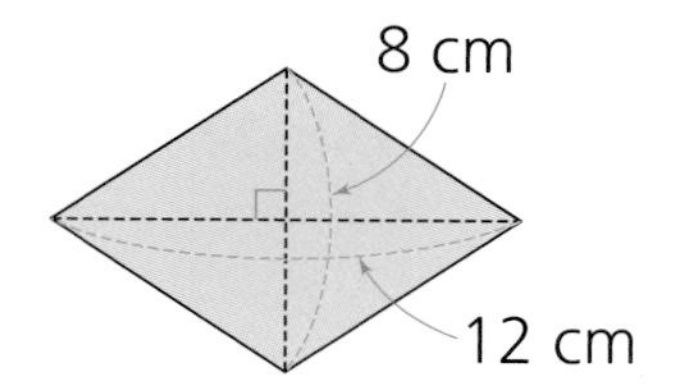

풀이

답 ____________________

5

그림과 같이 끈을 잘라 여러 도막으로 나누려고 합니다. 끈을 9번 자르면 몇 도막이 되나요?

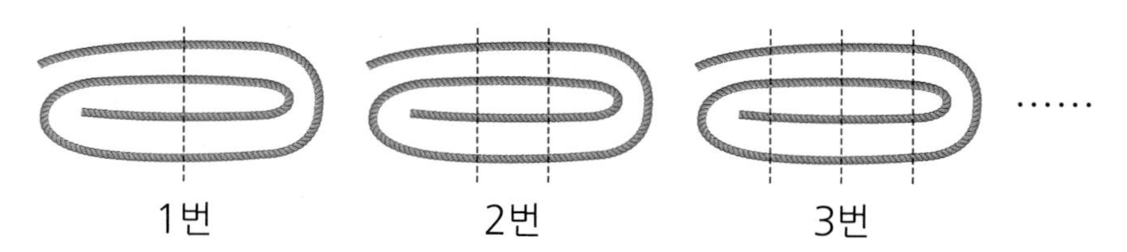

풀이

답

6 집에서 수영장을 거쳐 영화관까지 가는 거리는 바로 영화관까지 가는 거리보다 몇 km 더 먼가요?

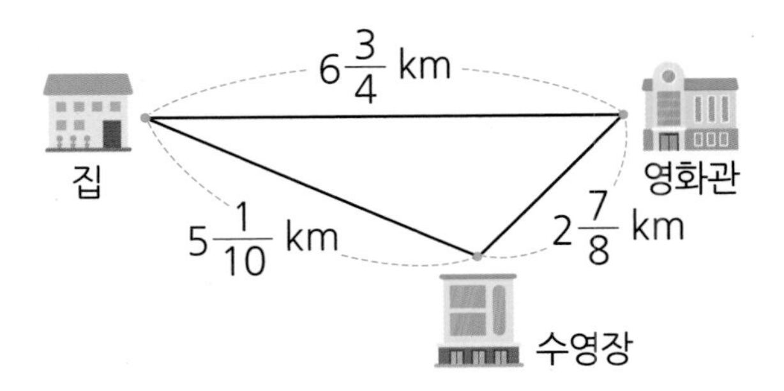

풀이

답 ______________

7 두 자연수 48과 ㉠의 최대공약수는 16이고, 최소공배수는 240입니다. 자연수 ㉠을 구해 보세요.

풀이

답 ______________

8 어떤 수에 $2\frac{4}{9}$를 더해야 할 것을 잘못하여 뺐더니 $3\frac{7}{12}$이 되었습니다. 바르게 계산한 값은 얼마인가요?

풀이

답 ______________

9

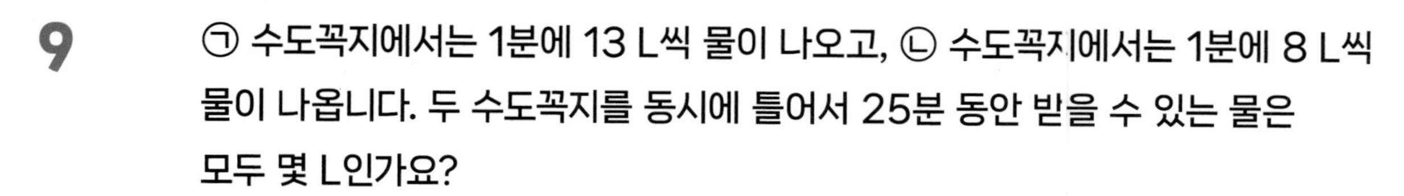
㉠ 수도꼭지에서는 1분에 13 L씩 물이 나오고, ㉡ 수도꼭지에서는 1분에 8 L씩 물이 나옵니다. 두 수도꼭지를 동시에 틀어서 25분 동안 받을 수 있는 물은 모두 몇 L인가요?

풀이

답 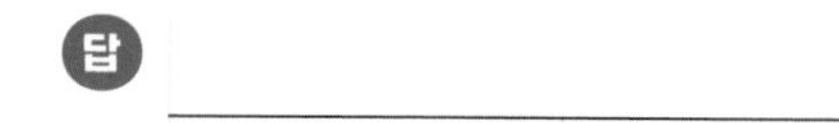

10

두 변의 길이가 각각 98 m, 70 m인 직사각형 모양 놀이터의 가장자리를 따라 일정한 간격으로 나무를 심으려고 합니다. 네 모퉁이에는 반드시 나무를 심어야 하고, 나무는 가장 적게 사용하려고 합니다. 필요한 나무는 모두 몇 그루인가요?
(단, 나무의 두께는 생각하지 않습니다.)

풀이

답 

memo

공부로 이끄는 힘

완자 공부력

5A
5학년
발전

정답과 해설

교과서 문해력
수학 문장제

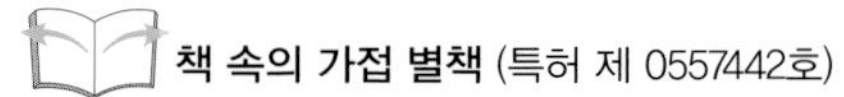

'정답과 해설'은 진도책에서 쉽게 분리할 수 있도록 제작되었으므로
유통 과정에서 분리될 수 있으나 파본이 아닌 정상 제품입니다.

완자 공부력

교과서 문해력 | 수학 문장제 발전 5A

정답과 해설

1. 자연수의 혼합 계산

10쪽 ~ 11쪽

문장제 준비하기
함께 풀어 봐요!
보석을 찾으며 빈칸에 알맞은 수나 기호를 써 보세요.
정답과 해설 2쪽
냉장고에 오렌지가 20개 있어.
15개를 더 사 오고 그중에서 17개를 먹으면
20 + 15 − 17 = 18 (개)가 남아.
마스크를 10개씩 6묶음 사서
5상자에 똑같이 나누어 담으면
한 상자에는
10 × 6 ÷ 5 = 12 (개)씩
담을 수 있어.
남학생 13명과 여학생 11명이
4명씩 짝을 지으면
(13 + 11) ÷ 4 = 6 (모둠)이 돼.

12쪽 ~ 13쪽

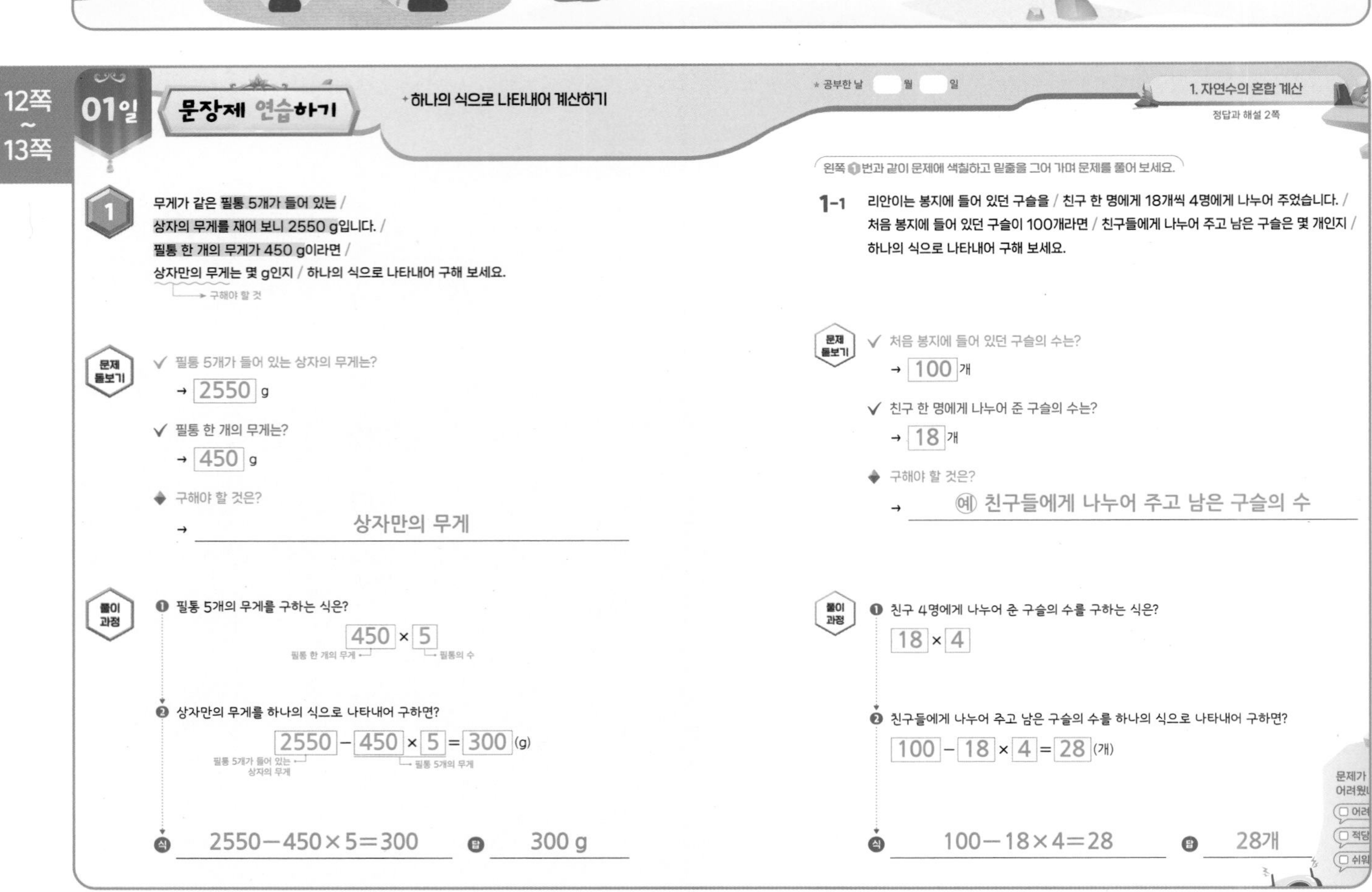

01일 문장제 연습하기
하나의 식으로 나타내어 계산하기
공부한 날 월 일
1. 자연수의 혼합 계산
정답과 해설 2쪽
1 무게가 같은 필통 5개가 들어 있는 / 상자의 무게를 재어 보니 2550 g입니다. / 필통 한 개의 무게가 450 g이라면 / 상자만의 무게는 몇 g인지 / 하나의 식으로 나타내어 구해 보세요.
구해야 할 것
문제 돌보기
필통 5개가 들어 있는 상자의 무게는? → 2550 g
필통 한 개의 무게는? → 450 g
구해야 할 것은? → 상자만의 무게
풀이 과정
❶ 필통 5개의 무게를 구하는 식은?
450 × 5
필통 한 개의 무게 필통의 수
❷ 상자만의 무게를 하나의 식으로 나타내어 구하면?
2550 − 450 × 5 = 300 (g)
필통 5개가 들어 있는 상자의 무게 필통 5개의 무게
식 2550−450×5=300 답 300 g
왼쪽 ❶번과 같이 문제에 색칠하고 밑줄을 그어 가며 문제를 풀어 보세요.
1-1 리안이는 봉지에 들어 있던 구슬을 / 친구 한 명에게 18개씩 4명에게 나누어 주었습니다. / 처음 봉지에 들어 있던 구슬이 100개라면 / 친구들에게 나누어 주고 남은 구슬은 몇 개인지 / 하나의 식으로 나타내어 구해 보세요.
문제 돌보기
처음 봉지에 들어 있던 구슬의 수는? → 100 개
친구 한 명에게 나누어 준 구슬의 수는? → 18 개
구해야 할 것은? → 예 친구들에게 나누어 주고 남은 구슬의 수
풀이 과정
❶ 친구 4명에게 나누어 준 구슬의 수를 구하는 식은?
18 × 4
❷ 친구들에게 나누어 주고 남은 구슬의 수를 하나의 식으로 나타내어 구하면?
100 − 18 × 4 = 28 (개)
식 100−18×4=28 답 28개

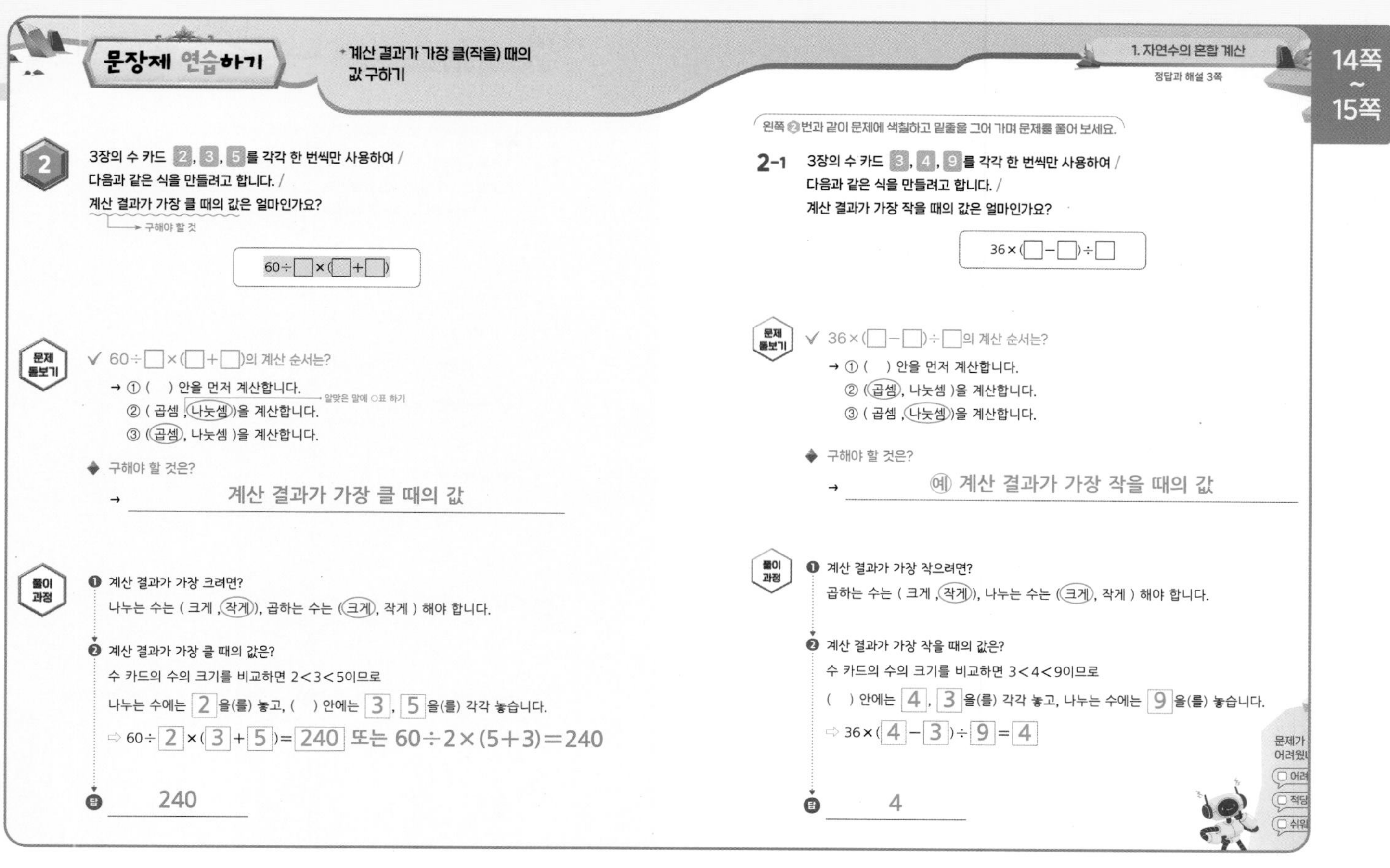

2 3장의 수 카드 2, 3, 5를 각각 한 번씩만 사용하여 / 다음과 같은 식을 만들려고 합니다. / 계산 결과가 가장 클 때의 값은 얼마인가요?
(구해야 할 것)

60÷□×(□+□)

문제 돋보기
✓ 60÷□×(□+□)의 계산 순서는?
→ ① ( ) 안을 먼저 계산합니다. (알맞은 말에 ○표 하기)
② (곱셈 , (나눗셈))을 계산합니다.
③ ((곱셈) , 나눗셈)을 계산합니다.

◆ 구해야 할 것은?
→ 계산 결과가 가장 클 때의 값

풀이 과정
❶ 계산 결과가 가장 크려면?
나누는 수는 (크게 , (작게)), 곱하는 수는 ((크게) , 작게) 해야 합니다.

❷ 계산 결과가 가장 클 때의 값은?
수 카드의 수의 크기를 비교하면 $2<3<5$이므로
나누는 수에는 2 을(를) 놓고, ( ) 안에는 3, 5 을(를) 각각 놓습니다.
⇨ $60\div 2\times(3+5)=240$ 또는 $60\div 2\times(5+3)=240$

답 240

왼쪽 ❷번과 같이 문제에 색칠하고 밑줄을 그어 가며 문제를 풀어 보세요.

2-1 3장의 수 카드 3, 4, 9를 각각 한 번씩만 사용하여 / 다음과 같은 식을 만들려고 합니다. / 계산 결과가 가장 작을 때의 값은 얼마인가요?

36×(□−□)÷□

문제 돋보기
✓ 36×(□−□)÷□의 계산 순서는?
→ ① ( ) 안을 먼저 계산합니다.
② ((곱셈), 나눗셈)을 계산합니다.
③ (곱셈 , (나눗셈))을 계산합니다.

◆ 구해야 할 것은?
→ 예 계산 결과가 가장 작을 때의 값

풀이 과정
❶ 계산 결과가 가장 작으려면?
곱하는 수는 (크게 , (작게)), 나누는 수는 ((크게) , 작게) 해야 합니다.

❷ 계산 결과가 가장 작을 때의 값은?
수 카드의 수의 크기를 비교하면 $3<4<9$이므로
( ) 안에는 4, 3 을(를) 각각 놓고, 나누는 수에는 9 을(를) 놓습니다.
⇨ $36\times(4-3)\div 9=4$

답 4

문제가 어려웠나요? □ 어려워요 □ 적당해요 □ 쉬워요

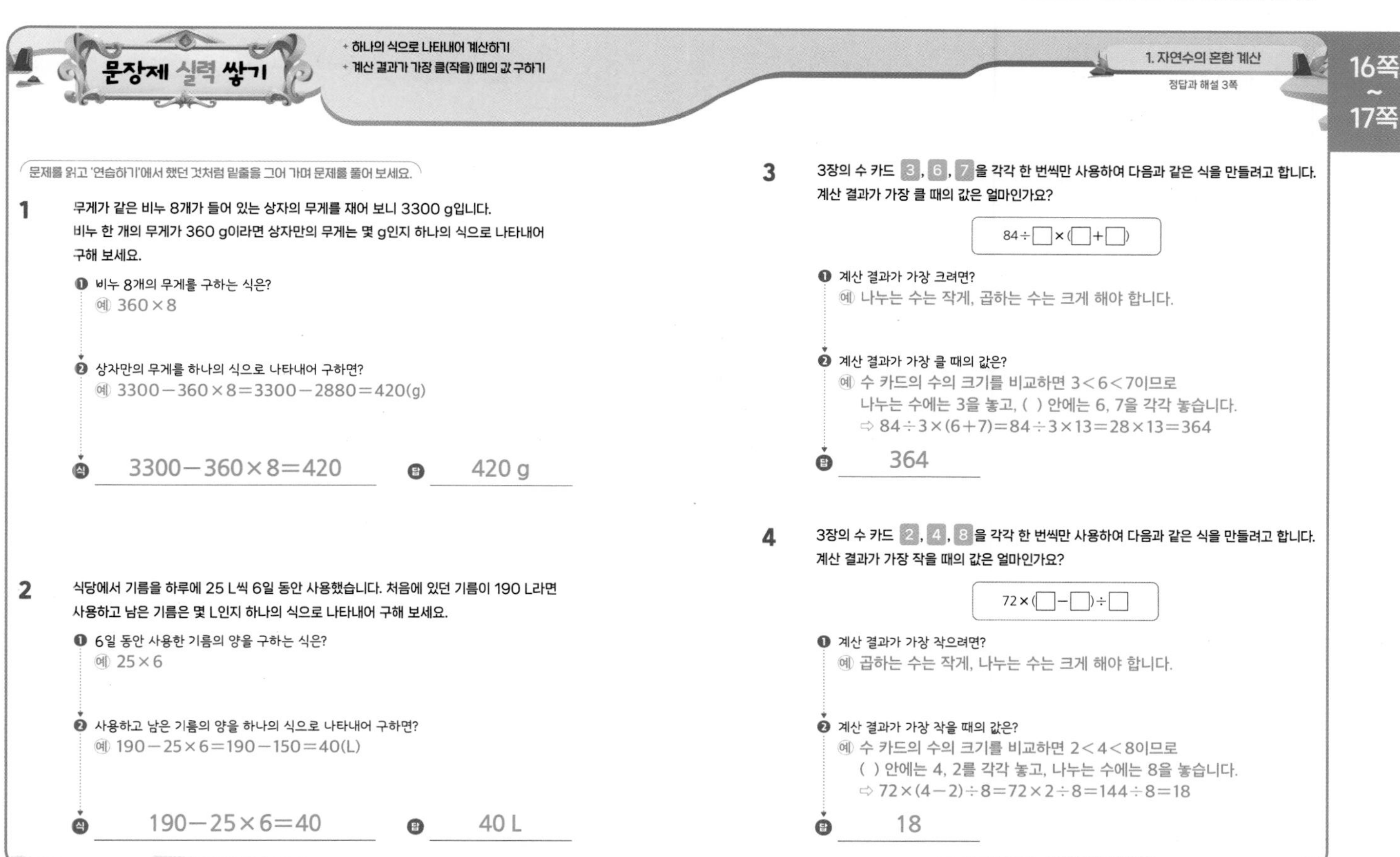

문제를 읽고 '연습하기'에서 했던 것처럼 밑줄을 그어 가며 문제를 풀어 보세요.

1 무게가 같은 비누 8개가 들어 있는 상자의 무게를 재어 보니 3300 g입니다. 비누 한 개의 무게가 360 g이라면 상자만의 무게는 몇 g인지 하나의 식으로 나타내어 구해 보세요.

❶ 비누 8개의 무게를 구하는 식은?
예 360×8

❷ 상자만의 무게를 하나의 식으로 나타내어 구하면?
예 $3300-360\times 8=3300-2880=420$(g)

식 $3300-360\times 8=420$ 답 420 g

2 식당에서 기름을 하루에 25 L씩 6일 동안 사용했습니다. 처음에 있던 기름이 190 L라면 사용하고 남은 기름은 몇 L인지 하나의 식으로 나타내어 구해 보세요.

❶ 6일 동안 사용한 기름의 양을 구하는 식은?
예 25×6

❷ 사용하고 남은 기름의 양을 하나의 식으로 나타내어 구하면?
예 $190-25\times 6=190-150=40$(L)

식 $190-25\times 6=40$ 답 40 L

3 3장의 수 카드 3, 6, 7을 각각 한 번씩만 사용하여 다음과 같은 식을 만들려고 합니다. 계산 결과가 가장 클 때의 값은 얼마인가요?

84÷□×(□+□)

❶ 계산 결과가 가장 크려면?
예 나누는 수는 작게, 곱하는 수는 크게 해야 합니다.

❷ 계산 결과가 가장 클 때의 값은?
예 수 카드의 수의 크기를 비교하면 $3<6<7$이므로
나누는 수에는 3을 놓고, ( ) 안에는 6, 7을 각각 놓습니다.
⇨ $84\div 3\times(6+7)=84\div 3\times 13=28\times 13=364$

답 364

4 3장의 수 카드 2, 4, 8을 각각 한 번씩만 사용하여 다음과 같은 식을 만들려고 합니다. 계산 결과가 가장 작을 때의 값은 얼마인가요?

72×(□−□)÷□

❶ 계산 결과가 가장 작으려면?
예 곱하는 수는 작게, 나누는 수는 크게 해야 합니다.

❷ 계산 결과가 가장 작을 때의 값은?
예 수 카드의 수의 크기를 비교하면 $2<4<8$이므로
( ) 안에는 4, 2를 각각 놓고, 나누는 수에는 8을 놓습니다.
⇨ $72\times(4-2)\div 8=72\times 2\div 8=144\div 8=18$

답 18

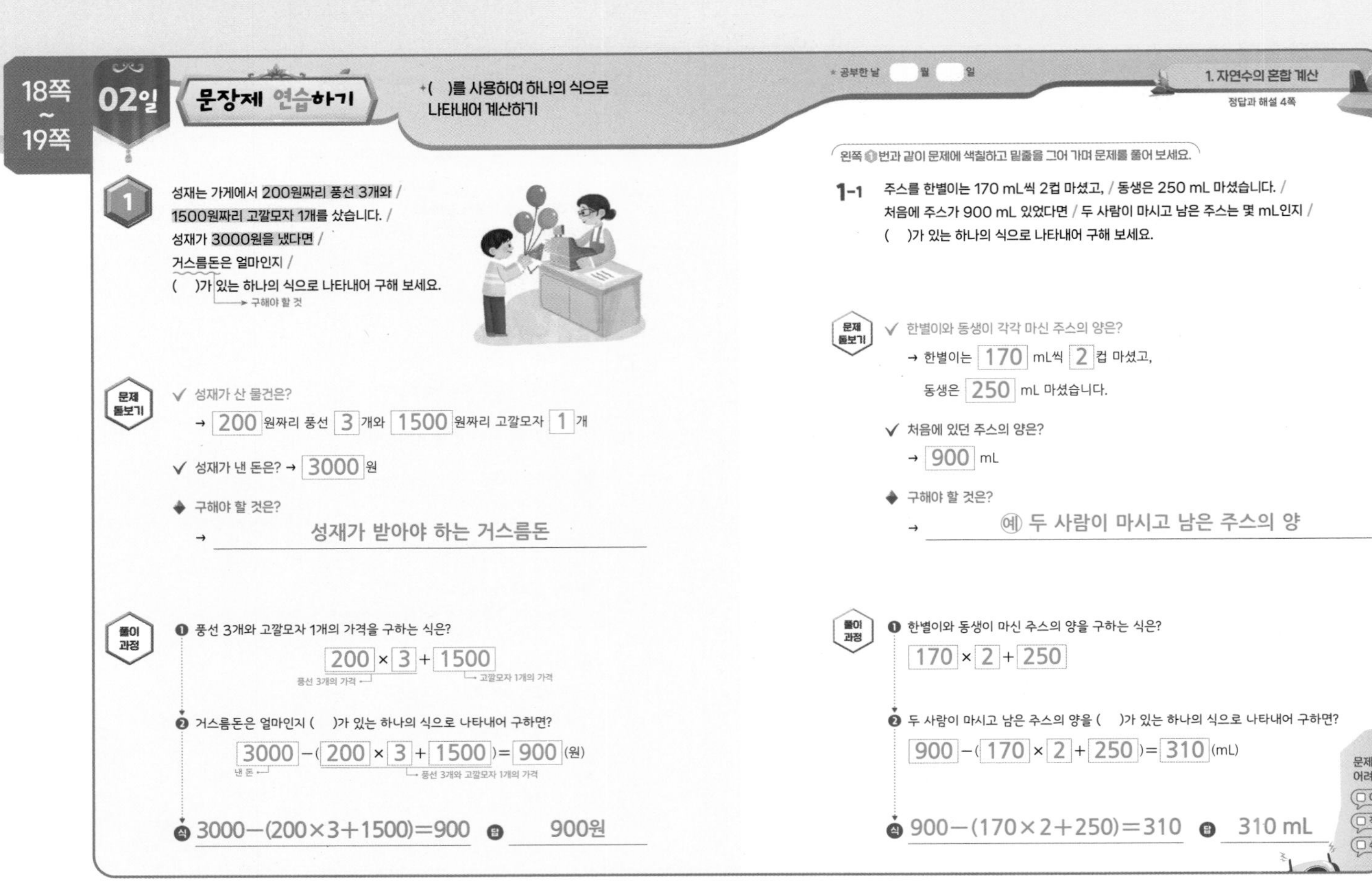

18쪽 ~ 19쪽

02일 **문장제 연습하기**

+( )를 사용하여 하나의 식으로 나타내어 계산하기

공부한 날 월 일

1. 자연수의 혼합 계산

정답과 해설 4쪽

1 성재는 가게에서 200원짜리 풍선 3개와 / 1500원짜리 고깔모자 1개를 샀습니다. / 성재가 3000원을 냈다면 / 거스름돈은 얼마인지 / ( )가 있는 하나의 식으로 나타내어 구해 보세요.

→ 구해야 할 것

문제 돋보기

✓ 성재가 산 물건은?

→ 200 원짜리 풍선 3 개와 1500 원짜리 고깔모자 1 개

✓ 성재가 낸 돈은? → 3000 원

◆ 구해야 할 것은?

→ 성재가 받아야 하는 거스름돈

풀이 과정

❶ 풍선 3개와 고깔모자 1개의 가격을 구하는 식은?

200 × 3 + 1500 (풍선 3개의 가격, 고깔모자 1개의 가격)

❷ 거스름돈은 얼마인지 ( )가 있는 하나의 식으로 나타내어 구하면?

3000 − (200 × 3 + 1500) = 900 (원) (낸 돈, 풍선 3개와 고깔모자 1개의 가격)

식 $3000-(200\times3+1500)=900$ 답 900원

왼쪽 ❶번과 같이 문제에 색칠하고 밑줄을 그어 가며 문제를 풀어 보세요.

1-1 주스를 한별이는 170 mL씩 2컵 마셨고, / 동생은 250 mL 마셨습니다. / 처음에 주스가 900 mL 있었다면 / 두 사람이 마시고 남은 주스는 몇 mL인지 / ( )가 있는 하나의 식으로 나타내어 구해 보세요.

문제 돋보기

✓ 한별이와 동생이 각각 마신 주스의 양은?

→ 한별이는 170 mL씩 2 컵 마셨고, 동생은 250 mL 마셨습니다.

✓ 처음에 있던 주스의 양은?

→ 900 mL

◆ 구해야 할 것은?

→ 예 두 사람이 마시고 남은 주스의 양

풀이 과정

❶ 한별이와 동생이 마신 주스의 양을 구하는 식은?

170 × 2 + 250

❷ 두 사람이 마시고 남은 주스의 양을 ( )가 있는 하나의 식으로 나타내어 구하면?

900 − (170 × 2 + 250) = 310 (mL)

식 $900-(170\times2+250)=310$ 답 310 mL

문제가 어려웠나요? □ 어려워요 □ 적당해요 □ 쉬워요

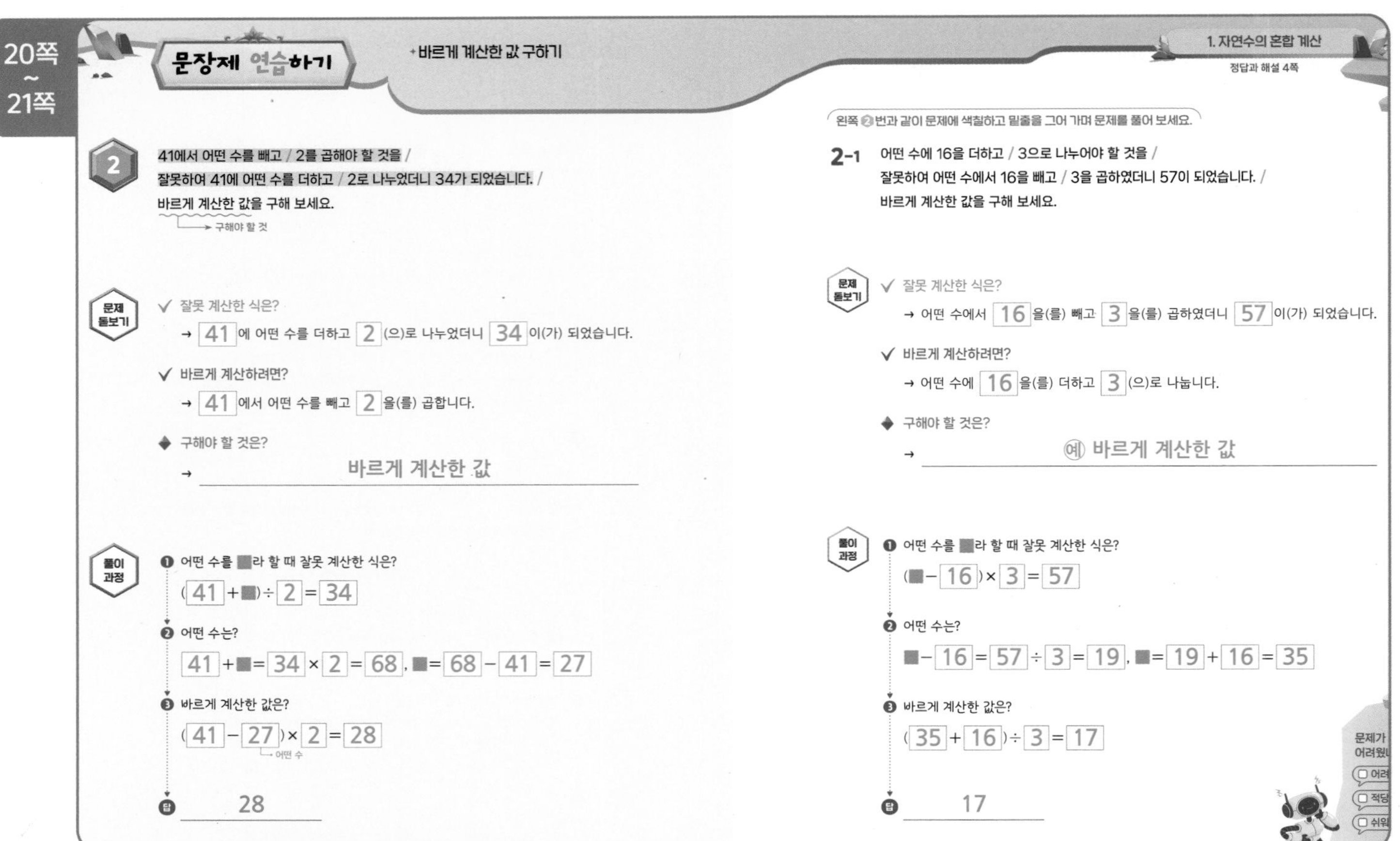

20쪽 ~ 21쪽

문장제 연습하기

+바르게 계산한 값 구하기

1. 자연수의 혼합 계산

정답과 해설 4쪽

2 41에서 어떤 수를 빼고 / 2를 곱해야 할 것을 / 잘못하여 41에 어떤 수를 더하고 / 2로 나누었더니 34가 되었습니다. / 바르게 계산한 값을 구해 보세요.

→ 구해야 할 것

문제 돋보기

✓ 잘못 계산한 식은?

→ 41 에 어떤 수를 더하고 2 (으)로 나누었더니 34 이(가) 되었습니다.

✓ 바르게 계산하려면?

→ 41 에서 어떤 수를 빼고 2 을(를) 곱합니다.

◆ 구해야 할 것은?

→ 바르게 계산한 값

풀이 과정

❶ 어떤 수를 ■라 할 때 잘못 계산한 식은?

(41 + ■) ÷ 2 = 34

❷ 어떤 수는?

41 + ■ = 34 × 2 = 68, ■ = 68 − 41 = 27

❸ 바르게 계산한 값은?

(41 − 27) × 2 = 28 (어떤 수)

답 28

왼쪽 ❷번과 같이 문제에 색칠하고 밑줄을 그어 가며 문제를 풀어 보세요.

2-1 어떤 수에 16을 더하고 / 3으로 나누어야 할 것을 / 잘못하여 어떤 수에서 16을 빼고 / 3을 곱하였더니 57이 되었습니다. / 바르게 계산한 값을 구해 보세요.

문제 돋보기

✓ 잘못 계산한 식은?

→ 어떤 수에서 16 을(를) 빼고 3 을(를) 곱하였더니 57 이(가) 되었습니다.

✓ 바르게 계산하려면?

→ 어떤 수에 16 을(를) 더하고 3 (으)로 나눕니다.

◆ 구해야 할 것은?

→ 예 바르게 계산한 값

풀이 과정

❶ 어떤 수를 ■라 할 때 잘못 계산한 식은?

(■ − 16) × 3 = 57

❷ 어떤 수는?

■ − 16 = 57 ÷ 3 = 19, ■ = 19 + 16 = 35

❸ 바르게 계산한 값은?

(35 + 16) ÷ 3 = 17

답 17

문제가 어려웠나요? □ 어려워요 □ 적당해요 □ 쉬워요

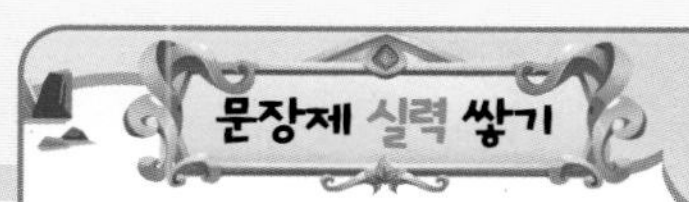

- ( )를 사용하여 하나의 식으로 나타내어 계산하기
- 바르게 계산한 값 구하기

문제를 읽고 '연습하기'에서 했던 것처럼 밑줄을 그어 가며 문제를 풀어 보세요.

1 영채는 편의점에서 900원짜리 빵 4개와 1700원짜리 우유 1개를 샀습니다. 영채가 6000원을 냈다면 거스름돈은 얼마인지 ( )가 있는 하나의 식으로 나타내어 구해 보세요.

❶ 빵 4개와 우유 1개의 가격을 구하는 식은?
예 $900\times4+1700$

❷ 거스름돈은 얼마인지 ( )가 있는 하나의 식으로 나타내어 구하면?
예 $6000-(900\times4+1700)=6000-(3600+1700)$
$=6000-5300=700$(원)

식 $6000-(900\times4+1700)=700$ 답 700원

2 꽃집에서 장미를 오전에는 80송이씩 3다발 팔고, 오후에는 52송이 팔았습니다. 처음에 장미가 400송이 있었다면 오늘 팔고 남은 장미는 몇 송이인지 ( )가 있는 하나의 식으로 나타내어 구해 보세요.

❶ 오늘 판 장미의 수를 구하는 식은?
예 $80\times3+52$

❷ 오늘 팔고 남은 장미의 수를 ( )가 있는 하나의 식으로 나타내어 구하면?
예 $400-(80\times3+52)=400-(240+52)$
$=400-292=108$(송이)

식 $400-(80\times3+52)=108$ 답 108송이

3 50에 어떤 수를 더하고 4로 나누어야 할 것을 잘못하여 50에서 어떤 수를 빼고 4를 곱하였더니 96이 되었습니다. 바르게 계산한 값을 구해 보세요.

❶ 어떤 수를 ■라 할 때 잘못 계산한 식은?
예 $(50-■)\times4=96$

❷ 어떤 수는?
예 $50-■=96\div4=24$, $■=50-24=26$

❸ 바르게 계산한 값은?
예 $(50+26)\div4=76\div4=19$

답 19

4 어떤 수에서 31을 빼고 7을 곱해야 할 것을 잘못하여 어떤 수에 31을 더하고 7로 나누었더니 15가 되었습니다. 바르게 계산한 값을 구해 보세요.

❶ 어떤 수를 ■라 할 때 잘못 계산한 식은?
예 $(■+31)\div7=15$

❷ 어떤 수는?
예 $■+31=15\times7=105$, $■=105-31=74$

❸ 바르게 계산한 값은?
예 $(74-31)\times7=43\times7=301$

답 301

03일 단원 마무리

공부한 날 월 일

1 12쪽 하나의 식으로 나타내어 계산하기

태희는 서랍장 한 칸에 옷을 12벌씩 5칸에 넣었습니다. 처음에 있던 옷이 70벌이라면 서랍장에 넣지 못한 옷은 몇 벌인지 하나의 식으로 나타내어 구해 보세요.

풀이 예 서랍장에 넣은 옷의 수를 구하는 식: 12×5
⇨ (서랍장에 넣지 못한 옷의 수)$=70-12\times5$
$=70-60=10$(벌)

식 $70-12\times5=10$ 답 10벌

2 18쪽 ( )를 사용하여 하나의 식으로 나타내어 계산하기

리본을 하민이는 65 cm씩 4번 사용하고, 언니는 110 cm 사용했습니다. 처음에 리본이 450 cm 있었다면 두 사람이 사용하고 남은 리본은 몇 cm인지 ( )가 있는 하나의 식으로 나타내어 구해 보세요.

풀이 예 두 사람이 사용한 리본의 길이를 구하는 식: $65\times4+110$
⇨ (두 사람이 사용하고 남은 리본의 길이
$=450-(65\times4+110)$
$=450-(260+110)$
$=450-370=80$(cm)

식 $450-(65\times4+110)=80$ 답 80 cm

3 12쪽 하나의 식으로 나타내어 계산하기

무게가 같은 공 4개가 들어 있는 주머니의 무게를 재어 보니 1350 g입니다. 공 한 개의 무게가 280 g이라면 주머니만의 무게는 몇 g인지 하나의 식으로 나타내어 구해 보세요.

풀이 예 공 4개의 무게를 구하는 식: 280×4
⇨ (주머니만의 무게)$=1350-280\times4$
$=1350-1120=230$(g)

식 $1350-280\times4=230$ 답 230 g

4 14쪽 계산 결과가 가장 클(작을) 때의 값 구하기

3장의 수 카드 2, 4, 7을 각각 한 번씩만 사용하여 다음과 같은 식을 만들려고 합니다. 계산 결과가 가장 클 때의 값은 얼마인가요?

$70\div\square\times(\square+\square)$

풀이 예 계산 결과가 가장 크려면 나누는 수는 작게, 곱하는 수는 크게 해야 합니다. 수 카드의 수의 크기를 비교하면 $2<4<7$이므로 나누는 수에는 2를 놓고, ( ) 안에는 4, 7을 각각 놓습니다.
⇨ $70\div2\times(4+7)$
$=70\div2\times11=35\times11=385$

답 385

5 14쪽 계산 결과가 가장 클(작을) 때의 값 구하기

3장의 수 카드 3, 5, 8을 각각 한 번씩만 사용하여 다음과 같은 식을 만들려고 합니다. 계산 결과가 가장 작을 때의 값은 얼마인가요?

$144\times(\square-\square)\div\square$

풀이 예 계산 결과가 가장 작으려면 곱하는 수는 작게, 나누는 수는 크게 해야 합니다. 수 카드의 수의 크기를 비교하면 $3<5<8$이므로 ( ) 안에는 5, 3을 각각 놓고, 나누는 수에는 8을 놓습니다.
⇨ $144\times(5-3)\div8$
$=144\times2\div8=288\div8=36$

답 36

18쪽 ( )를 사용하여 하나의 식으로 나타내어 계산하기

6 나래는 문구점에서 6권에 4800원 하는 공책 4권과 2900원짜리 스케치북 1권을 샀습니다. 나래가 7000원을 냈다면 거스름돈은 얼마인지 ( )가 있는 하나의 식으로 나타내어 구해 보세요.

풀이 예 공책 4권의 가격을 구하는 식: $4800\div6\times4$

⇨ (거스름돈)$=7000-(4800\div6\times4+2900)$

$=7000-(3200+2900)$

$=7000-6100=900$(원)

식 $7000-(4800\div6\times4+2900)=900$ 답 900원

20쪽 바르게 계산한 값 구하기

7 46에서 어떤 수를 빼고 5를 곱해야 할 것을 잘못하여 46에 어떤 수를 더하고 5로 나누었더니 14가 되었습니다. 바르게 계산한 값을 구해 보세요.

풀이 예 어떤 수를 ■라 할 때 잘못 계산한 식은 $(46+■)\div5=14$입니다.

$46+■=14\times5=70$, $■=70-46=24$이므로

어떤 수는 24입니다.

따라서 바르게 계산한 값은 $(46-24)\times5=22\times5=110$입니다.

답 110

20쪽 바르게 계산한 값 구하기

8 어떤 수에 53을 더하고 2로 나누어야 할 것을 잘못하여 어떤 수에서 53을 빼고 2를 곱하였더니 68이 되었습니다. 바르게 계산한 값을 구해 보세요.

풀이 예 어떤 수를 ■라 할 때 잘못 계산한 식은 $(■-53)\times2=68$입니다.

$■-53=68\div2=34$, $■=34+53=87$이므로

어떤 수는 87입니다.

따라서 바르게 계산한 값은 $(87+53)\div2=140\div2=70$입니다.

답 70

18쪽 ( )를 사용하여 하나의 식으로 나타내어 계산하기

9 예성이는 용돈으로 10000원을 받았습니다. 알뜰 시장에서 이 돈을 내고 2600원짜리 팽이 1개와 4개에 3400원 하는 구슬 7개를 샀습니다. 거스름돈은 얼마인지 ( )가 있는 하나의 식으로 나타내어 구해 보세요.

풀이 예 구슬 7개의 가격을 구하는 식: $3400\div4\times7$

⇨ (거스름돈)$=10000-(2600+3400\div4\times7)$

$=10000-(2600+5950)$

$=10000-8550=1450$(원)

식 $10000-(2600+3400\div4\times7)=1450$ 답 1450원

14쪽 계산 결과가 가장 클(작을) 때의 값 구하기

10 3장의 수 카드 4, 5, 9를 각각 한 번씩만 사용하여 다음과 같은 식을 만들려고 합니다. 계산 결과가 가장 클 때와 가장 작을 때의 값의 차는 얼마인가요?

❶ 계산 결과가 가장 클 때의 값은?

예 계산 결과가 가장 크려면 나누는 수는 작게, 더하는 수는 크게 합니다.

⇨ $900\div(4\times5)+9=900\div20+9=45+9=54$

❷ 계산 결과가 가장 작을 때의 값은?

예 계산 결과가 가장 작으려면 나누는 수는 크게, 더하는 수는 작게 합니다.

⇨ $900\div(9\times5)+4=900\div45+4=20+4=24$

❸ 계산 결과가 가장 클 때와 가장 작을 때의 값의 차는?

예 계산 결과가 가장 클 때의 값은 54, 가장 작을 때의 값은 24이므로 차는 $54-24=30$입니다.

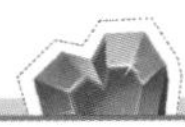

답 30

2. 약수와 배수

정답과 해설 7쪽

30쪽 ~ 31쪽

문장제 준비하기

함께 풀어 봐요!

보석을 찾으며 빈칸에 알맞은 수를 써 보세요.

6을 나누어떨어지게 할 수 있는 수는
1, 2, 3, 6 (이)야.
8의 배수를 작은 수부터 차례대로
4개 쓰면 8, 16, 24, 32 (이)야.
사탕 8개와 초콜릿 12개를
최대한 많은 친구들에게
똑같이 나누어 주려고 해.
8과 12의 최대공약수는 4 이니까
최대 4 명에게 나누어 줄 수 있어.

정답과 해설 7쪽

32쪽 ~ 33쪽

1 두 변의 길이가 각각 18 m, 30 m인 / 직사각형 모양 잔디밭의 가장자리를 따라 / 일정한 간격으로 나무를 심으려고 합니다. / 네 모퉁이에는 반드시 나무를 심어야 하고, / 나무는 가장 적게 사용하려고 합니다. / 필요한 나무는 모두 몇 그루인가요? / (단, 나무의 두께는 생각하지 않습니다.)

→ 구해야 할 것

문제 돌보기

✔ 직사각형 모양 잔디밭의 두 변의 길이는? → 18 m, 30 m

✔ 나무를 심는 방법은?
→ 네 모퉁이에 반드시 나무를 심고, 나무를 가장 (많이 , (적게)) 사용합니다.
(알맞은 말에 ○표 하기) (나무 사이의 거리를 최대한 멀게)

◆ 구해야 할 것은?
→ 필요한 나무의 수

풀이 과정

❶ 나무 사이의 간격은?
18과 30의 ((최대공약수), 최소공배수)를 구합니다.

```
2 ) 18   30
3 )  9   15
     3    5
```

⇨ 18과 30의 최대공약수: 2 × 3 = 6
나무는 6 m 간격으로 심어야 합니다.

❷ 필요한 나무의 수는?
짧은 변에 심어야 하는 나무는 18÷ 6 = 3 에서 3 +1= 4 (그루),
긴 변에 심어야 하는 나무는 30÷ 6 = 5 에서 5 +1= 6 (그루)입니다.
⇨ (필요한 나무의 수)=(4 + 6)×2− 4 = 16 (그루)
(네 모퉁이에 심는 나무의 수)

답 16그루

왼쪽 ❶번과 같이 문제에 색칠하고 밑줄을 그어 가며 문제를 풀어 보세요.

1-1 두 변의 길이가 각각 20 m, 24 m인 / 직사각형 모양 연못의 가장자리를 따라 / 일정한 간격으로 깃발을 세우려고 합니다. / 네 모퉁이에는 반드시 깃발을 세워야 하고, / 깃발은 가장 적게 사용하려고 합니다. / 필요한 깃발은 모두 몇 개인가요? / (단, 깃발의 두께는 생각하지 않습니다.)

문제 돌보기

✔ 직사각형 모양 연못의 두 변의 길이는? → 20 m, 24 m

✔ 깃발을 세우는 방법은?
→ 네 모퉁이에 반드시 깃발을 세우고, 깃발을 가장 (많이 , (적게)) 사용합니다.

◆ 구해야 할 것은?
→ 예 필요한 깃발의 수

풀이 과정

❶ 깃발 사이의 간격은?
20과 24의 ((최대공약수), 최소공배수)를 구합니다.

```
2 ) 20   24
2 ) 10   12
     5    6
```

⇨ 20과 24의 최대공약수: 2 × 2 = 4
깃발은 4 m 간격으로 세워야 합니다.

❷ 필요한 깃발의 수는?
짧은 변에 세워야 하는 깃발은 20÷ 4 = 5 에서 5 +1= 6 (개),
긴 변에 세워야 하는 깃발은 24÷ 4 = 6 에서 6 +1= 7 (개)입니다.
⇨ (필요한 깃발의 수)=(6 + 7)×2− 4 = 22 (개)

답 22개

문제가 어려웠나요? □ 어려워요 □ 적당해요 □ 쉬워요

34쪽 ~ 35쪽

문장제 연습하기

+ 톱니바퀴의 회전수 구하기

정답과 해설 8쪽

2 두 개의 톱니바퀴 ㉠, ㉡이 맞물려 돌아가고 있습니다. / ㉠의 톱니는 16개이고, / ㉡의 톱니는 28개입니다. / 처음에 맞물렸던 두 톱니가 다시 맞물리려면 / ㉠은 적어도 몇 바퀴 돌아야 하나요?

→ 구해야 할 것

문제 돋보기

✓ 톱니바퀴 ㉠, ㉡의 톱니 수는?

→ ㉠: 16 개, ㉡: 28 개

◆ 구해야 할 것은?

→ 톱니바퀴 ㉠의 최소 회전수

풀이 과정

❶ 처음에 맞물렸던 두 톱니가 다시 맞물릴 때까지 움직이는 톱니 수는?

16과 28의 (최대공약수 , (최소공배수))를 구합니다.

2) 16 28
2) 8 14
 4 7

⇨ 16과 28의 최소공배수: 2 × 2 × 4 × 7 = 112

두 톱니가 각각 112 개 움직였을 때 다시 맞물립니다.

❷ 톱니바퀴 ㉠의 최소 회전수는?

톱니바퀴 ㉠은 적어도 112 ÷ 16 = 7 (바퀴) 돌아야 합니다.

(❶에서 구한 톱니 수, ㉠의 톱니 수)

답 7바퀴

왼쪽 ❷번과 같이 문제에 색칠하고 밑줄을 그어 가며 문제를 풀어 보세요.

2-1 두 개의 톱니바퀴 ㉠, ㉡이 맞물려 돌아가고 있습니다. / ㉠의 톱니는 24개이고, / ㉡의 톱니는 42개입니다. / 처음에 맞물렸던 두 톱니가 다시 맞물리려면 / ㉡은 적어도 몇 바퀴 돌아야 하나요?

문제 돋보기

✓ 톱니바퀴 ㉠, ㉡의 톱니 수는?

→ ㉠: 24 개, ㉡: 42 개

◆ 구해야 할 것은?

→ 예) 톱니바퀴 ㉡의 최소 회전수

풀이 과정

❶ 처음에 맞물렸던 두 톱니가 다시 맞물릴 때까지 움직이는 톱니 수는?

24와 42의 (최대공약수 , (최소공배수))를 구합니다.

2) 24 42
3) 12 21
 4 7

⇨ 24와 42의 최소공배수: 2 × 3 × 4 × 7 = 168

두 톱니가 각각 168 개 움직였을 때 다시 맞물립니다.

❷ 톱니바퀴 ㉡의 최소 회전수는?

톱니바퀴 ㉡은 적어도 168 ÷ 42 = 4 (바퀴) 돌아야 합니다.

답 4바퀴

36쪽 ~ 37쪽

문장제 실력 쌓기

+ 일정한 간격으로 배열하기
+ 톱니바퀴의 회전수 구하기

정답과 해설 8쪽

문제를 읽고 '연습하기'에서 했던 것처럼 밑줄을 그어 가며 문제를 풀어 보세요.

1 두 변의 길이가 각각 42 m, 70 m인 직사각형 모양 땅의 가장자리를 따라 일정한 간격으로 말뚝을 박으려고 합니다. 네 모퉁이에는 반드시 말뚝을 박아야 하고, 말뚝은 가장 적게 사용하려고 합니다. 필요한 말뚝은 모두 몇 개인가요? (단, 말뚝의 두께는 생각하지 않습니다.)

❶ 말뚝 사이의 간격은?

예) 42와 70의 최대공약수를 구합니다.

2) 42 70
7) 21 35
 3 5

⇨ 42와 70의 최대공약수: 2×7=14

말뚝은 14 m 간격으로 박아야 합니다.

❷ 필요한 말뚝의 수는?

예) 짧은 변에 박아야 하는 말뚝은 42÷14=3에서 3+1=4(개), 긴 변에 박아야 하는 말뚝은 70÷14=5에서 5+1=6(개)입니다.

⇨ (필요한 말뚝의 수)=(4+6)×2−4=16(개)

답 16개

2 두 개의 톱니바퀴 ㉠, ㉡이 맞물려 돌아가고 있습니다. ㉠의 톱니는 12개이고, ㉡의 톱니는 40개입니다. 처음에 맞물렸던 두 톱니가 다시 맞물리려면 ㉠은 적어도 몇 바퀴 돌아야 하나요?

❶ 처음에 맞물렸던 두 톱니가 다시 맞물릴 때까지 움직이는 톱니 수는?

예) 12와 40의 최소공배수를 구합니다.

2) 12 40
2) 6 20
 3 10

⇨ 12와 40의 최소공배수: 2×2×3×10=120

두 톱니가 각각 120개 움직였을 때 다시 맞물립니다.

❷ 톱니바퀴 ㉠의 최소 회전수는?

예) 톱니바퀴 ㉠은 적어도 120÷12=10(바퀴) 돌아야 합니다.

답 10바퀴

3 두 변의 길이가 각각 60 m, 96 m인 직사각형 모양 공원의 가장자리를 따라 일정한 간격으로 가로등을 세우려고 합니다. 네 모퉁이에는 반드시 가로등을 세워야 하고, 가로등은 가장 적게 사용하려고 합니다. 필요한 가로등은 모두 몇 개인가요? (단, 가로등의 두께는 생각하지 않습니다.)

❶ 가로등 사이의 간격은?

예) 60과 96의 최대공약수를 구합니다.

2) 60 96
2) 30 48
3) 15 24
 5 8

⇨ 60과 96의 최대공약수: 2×2×3=12

가로등은 12 m 간격으로 세워야 합니다.

❷ 필요한 가로등의 수는?

예) 짧은 변에 세워야 하는 가로등은 60÷12=5에서 5+1=6(개), 긴 변에 세워야 하는 가로등은 96÷12=8에서 8+1=9(개)입니다.

⇨ (필요한 가로등의 수)=(6+9)×2−4=26(개)

답 26개

4 두 개의 톱니바퀴 ㉠, ㉡이 맞물려 돌아가고 있습니다. ㉠의 톱니는 30개이고, ㉡의 톱니는 54개입니다. 처음에 맞물렸던 두 톱니가 다시 맞물리려면 ㉡은 적어도 몇 바퀴 돌아야 하나요?

❶ 처음에 맞물렸던 두 톱니가 다시 맞물릴 때까지 움직이는 톱니 수는?

예) 30과 54의 최소공배수를 구합니다.

2) 30 54
3) 15 27
 5 9

⇨ 30과 54의 최소공배수: 2×3×5×9=270

두 톱니가 각각 270개 움직였을 때 다시 맞물립니다.

❷ 톱니바퀴 ㉡의 최소 회전수는?

예) 톱니바퀴 ㉡은 적어도 270÷54=5(바퀴) 돌아야 합니다.

답 5바퀴

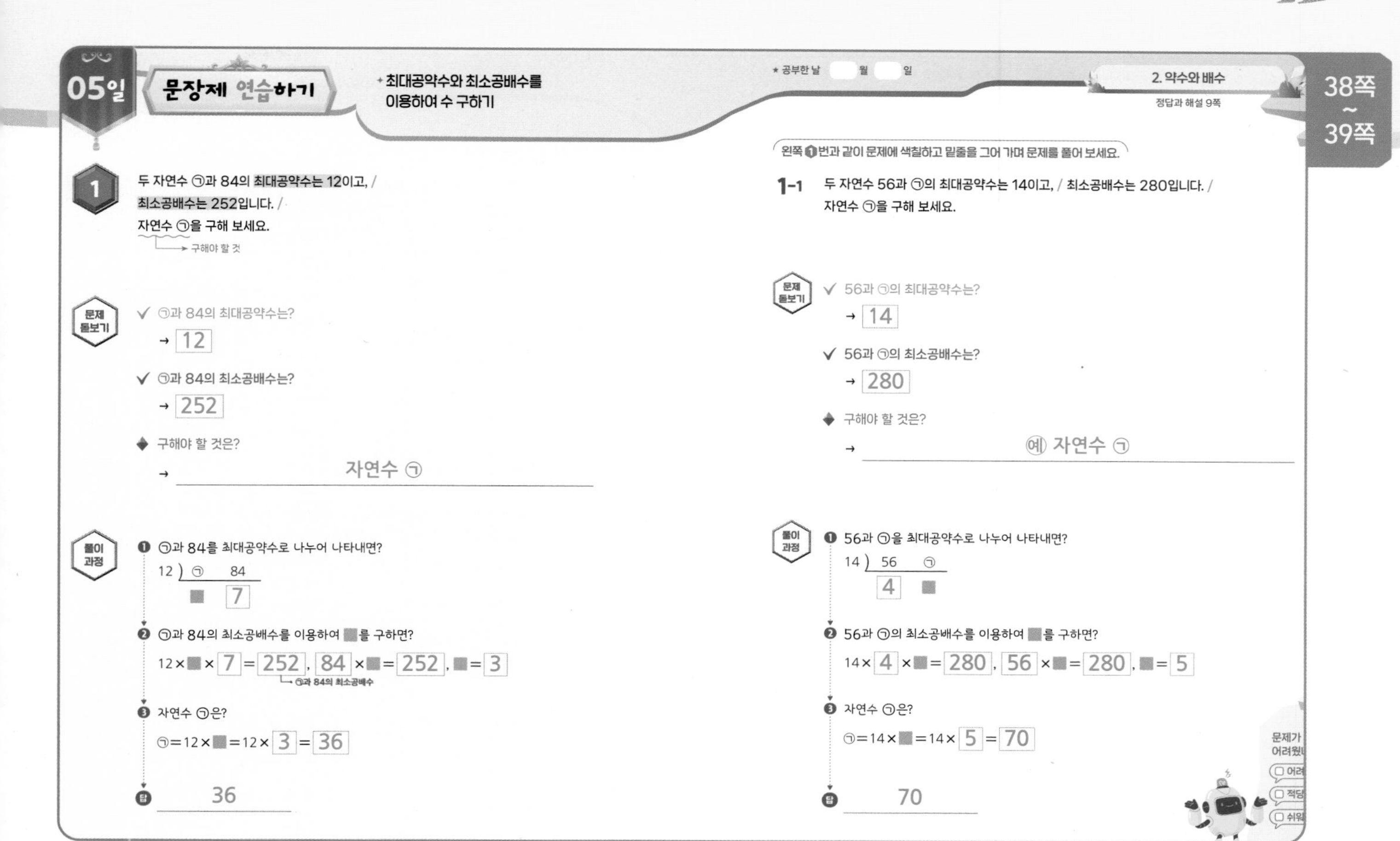

05일 문장제 연습하기

+ 최대공약수와 최소공배수를 이용하여 수 구하기

★ 공부한 날 월 일

정답과 해설 9쪽

38쪽 ~ 39쪽

1 두 자연수 ㉠과 84의 **최대공약수는 12**이고, / **최소공배수는 252**입니다. / 자연수 ㉠을 구해 보세요. (→ 구해야 할 것)

문제 돌보기

✓ ㉠과 84의 최대공약수는? → 12

✓ ㉠과 84의 최소공배수는? → 252

◆ 구해야 할 것은? → 자연수 ㉠

풀이 과정

❶ ㉠과 84를 최대공약수로 나누어 나타내면?

12) ㉠ 84
■ 7

❷ ㉠과 84의 최소공배수를 이용하여 ■를 구하면?

12×■×7=252, 84×■=252, ■=3 (→ ㉠과 84의 최소공배수)

❸ 자연수 ㉠은?

㉠=12×■=12×3=36

답 36

왼쪽 ❶번과 같이 문제에 색칠하고 밑줄을 그어 가며 문제를 풀어 보세요.

1-1 두 자연수 56과 ㉠의 최대공약수는 14이고, / 최소공배수는 280입니다. / 자연수 ㉠을 구해 보세요.

문제 돌보기

✓ 56과 ㉠의 최대공약수는? → 14

✓ 56과 ㉠의 최소공배수는? → 280

◆ 구해야 할 것은? → 예 자연수 ㉠

풀이 과정

❶ 56과 ㉠을 최대공약수로 나누어 나타내면?

14) 56 ㉠
4 ■

❷ 56과 ㉠의 최소공배수를 이용하여 ■를 구하면?

14×4×■=280, 56×■=280, ■=5

❸ 자연수 ㉠은?

㉠=14×■=14×5=70

답 70

문제가 어려웠나요? □ 어려워요 □ 적당해요 □ 쉬워요

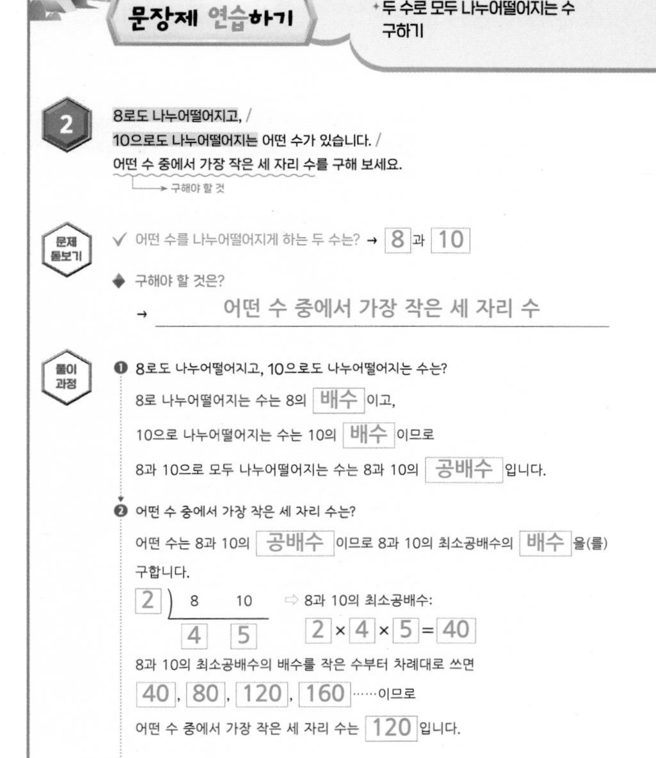

문장제 연습하기

+ 두 수로 모두 나누어떨어지는 수 구하기

2 **8로도 나누어떨어지고,** / **10으로도 나누어떨어지는** 어떤 수가 있습니다. / 어떤 수 중에서 가장 작은 세 자리 수를 구해 보세요. (→ 구해야 할 것)

문제 돌보기

✓ 어떤 수를 나누어떨어지게 하는 두 수는? → 8과 10

◆ 구해야 할 것은? → 어떤 수 중에서 가장 작은 세 자리 수

풀이 과정

❶ 8로도 나누어떨어지고, 10으로도 나누어떨어지는 수는?

8로 나누어떨어지는 수는 8의 배수이고,

10으로 나누어떨어지는 수는 10의 배수이므로

8과 10으로 모두 나누어떨어지는 수는 8과 10의 공배수입니다.

❷ 어떤 수 중에서 가장 작은 세 자리 수는?

어떤 수는 8과 10의 공배수이므로 8과 10의 최소공배수의 배수을(를) 구합니다.

2) 8 10 ⇨ 8과 10의 최소공배수:
4 5 2×4×5=40

8과 10의 최소공배수의 배수를 작은 수부터 차례대로 쓰면

40, 80, 120, 160 ……이므로

어떤 수 중에서 가장 작은 세 자리 수는 120입니다.

답 120

정답과 해설 9쪽

40쪽 ~ 41쪽

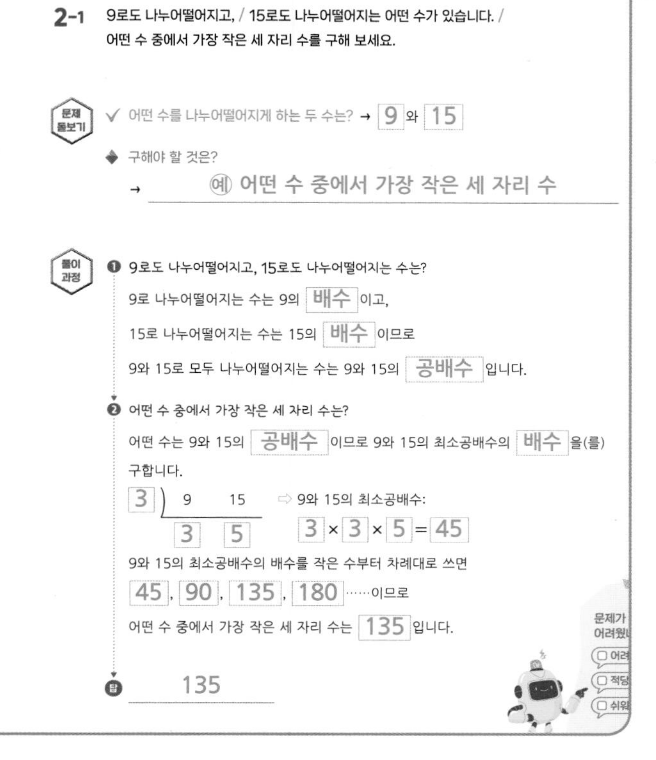

왼쪽 ❷번과 같이 문제에 색칠하고 밑줄을 그어 가며 문제를 풀어 보세요.

2-1 9로도 나누어떨어지고, / 15로도 나누어떨어지는 어떤 수가 있습니다. / 어떤 수 중에서 가장 작은 세 자리 수를 구해 보세요.

문제 돌보기

✓ 어떤 수를 나누어떨어지게 하는 두 수는? → 9와 15

◆ 구해야 할 것은? → 예 어떤 수 중에서 가장 작은 세 자리 수

풀이 과정

❶ 9로도 나누어떨어지고, 15로도 나누어떨어지는 수는?

9로 나누어떨어지는 수는 9의 배수이고,

15로 나누어떨어지는 수는 15의 배수이므로

9와 15로 모두 나누어떨어지는 수는 9와 15의 공배수입니다.

❷ 어떤 수 중에서 가장 작은 세 자리 수는?

어떤 수는 9와 15의 공배수이므로 9와 15의 최소공배수의 배수을(를) 구합니다.

3) 9 15 ⇨ 9와 15의 최소공배수:
3 5 3×3×5=45

9와 15의 최소공배수의 배수를 작은 수부터 차례대로 쓰면

45, 90, 135, 180 ……이므로

어떤 수 중에서 가장 작은 세 자리 수는 135입니다.

답 135

문제가 어려웠나요? □ 어려워요 □ 적당해요 □ 쉬워요

42쪽 ~ 43쪽

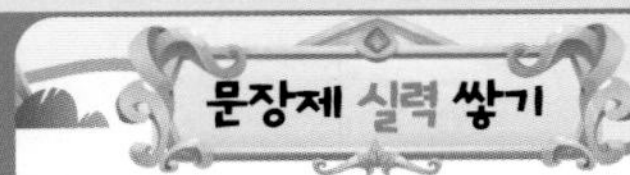

- 최대공약수와 최소공배수를 이용하여 수 구하기
- 두 수로 모두 나누어떨어지는 수 구하기

문제를 읽고 '연습하기'에서 했던 것처럼 밑줄을 그어 가며 문제를 풀어 보세요.

1 두 자연수 ㉠과 72의 최대공약수는 18이고, 최소공배수는 216입니다. 자연수 ㉠을 구해 보세요.

❶ ㉠과 72를 최대공약수로 나누어 나타내면?
예) 18) ㉠ 72 / ■ 4

❷ ㉠과 72의 최소공배수를 이용하여 ■를 구하면?
예) 18×■×4=216, 72×■=216, ■=3

❸ 자연수 ㉠은?
예) ㉠=18×■=18×3=54

답 54

2 두 자연수 200과 ㉠의 최대공약수는 25이고, 최소공배수는 600입니다. 자연수 ㉠을 구해 보세요.

❶ 200과 ㉠을 최대공약수로 나누어 나타내면?
예) 25) 200 ㉠ / 8 ■

❷ 200과 ㉠의 최소공배수를 이용하여 ■를 구하면?
예) 25×8×■=600, 200×■=600, ■=3

❸ 자연수 ㉠은?
예) ㉠=25×■=25×3=75

답 75

3 14로도 나누어떨어지고, 6으로도 나누어떨어지는 어떤 수가 있습니다. 어떤 수 중에서 가장 작은 세 자리 수를 구해 보세요.

❶ 14로도 나누어떨어지고, 6으로도 나누어떨어지는 수는?
예) 14로 나누어떨어지는 수는 14의 배수이고,
6으로 나누어떨어지는 수는 6의 배수이므로
14와 6으로 모두 나누어떨어지는 수는 14와 6의 공배수입니다.

❷ 어떤 수 중에서 가장 작은 세 자리 수는?
예) 어떤 수는 14와 6의 공배수이므로 14와 6의 최소공배수의 배수를 구합니다.
2) 14 6 / 7 3 ⇨ 14와 6의 최소공배수: 2×7×3=42
14와 6의 최소공배수의 배수를 작은 수부터 차례대로 쓰면
42, 84, 126, 168……이므로 어떤 수 중에서
가장 작은 세 자리 수는 126입니다.

답 126

4 12로도 나누어떨어지고, 16으로도 나누어떨어지는 어떤 수가 있습니다. 어떤 수 중에서 가장 작은 세 자리 수를 구해 보세요.

❶ 12로도 나누어떨어지고, 16으로도 나누어떨어지는 수는?
예) 12로 나누어떨어지는 수는 12의 배수이고,
16으로 나누어떨어지는 수는 16의 배수이므로
12와 16으로 모두 나누어떨어지는 수는 12와 16의 공배수입니다.

❷ 어떤 수 중에서 가장 작은 세 자리 수는?
예) 어떤 수는 12와 16의 공배수이므로 12와 16의 최소공배수의 배수를 구합니다.
2) 12 16 / 2) 6 8 / 3 4 ⇨ 12와 16의 최소공배수: 2×2×3×4=48
12와 16의 최소공배수의 배수를 작은 수부터 차례대로 쓰면
48, 96, 144, 192……이므로 어떤 수 중에서
가장 작은 세 자리 수는 144입니다.

답 144

44쪽 ~ 45쪽

06일 단원 마무리

★ 공부한 날 월 일

32쪽 일정한 간격으로 배열하기

1 두 변의 길이가 각각 9 m, 27 m인 직사각형 모양 수영장의 가장자리를 따라 일정한 간격으로 깃발을 세우려고 합니다. 네 모퉁이에는 반드시 깃발을 세워야 하고, 깃발은 가장 적게 사용하려고 합니다. 필요한 깃발은 모두 몇 개인가요? (단, 깃발의 두께는 생각하지 않습니다.)

풀이 예) 깃발 사이의 간격을 구하려면 9와 27의 최대공약수를 구합니다.
3) 9 27 / 3) 3 9 / 1 3 ⇨ 9와 27의 최대공약수: 3×3=9
깃발은 9 m 간격으로 세워야 합니다.
짧은 변에 세워야 하는 깃발은 9÷9=1에서 1+1=2(개),
긴 변에 세워야 하는 깃발은 27÷9=3에서 3+1=4(개)입니다.
⇨ (필요한 깃발의 수)
=(2+4)×2−4=8(개)

답 8개

34쪽 톱니바퀴의 회전수 구하기

2 두 개의 톱니바퀴 ㉠, ㉡이 맞물려 돌아가고 있습니다. ㉠의 톱니는 30개이고, ㉡의 톱니는 20개입니다. 처음에 맞물렸던 두 톱니가 다시 맞물리려면 ㉠은 적어도 몇 바퀴 돌아야 하나요?

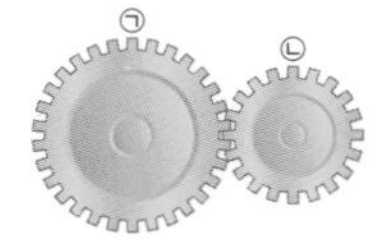

풀이 예) 처음에 맞물렸던 두 톱니가 다시 맞물릴 때까지 움직이는 톱니 수를 구하려면 30과 20의 최소공배수를 구합니다.
2) 30 20 / 5) 15 10 / 3 2 ⇨ 30과 20의 최소공배수: 2×5×3×2=60
두 톱니가 각각 60개 움직였을 때 다시 맞물립니다.
따라서 톱니바퀴 ㉠은 적어도
60÷30=2(바퀴) 돌아야 합니다.

답 2바퀴

32쪽 일정한 간격으로 배열하기

3 두 변의 길이가 각각 84 m, 63 m인 직사각형 모양 주차장의 가장자리를 따라 일정한 간격으로 나무를 심으려고 합니다. 네 모퉁이에는 반드시 나무를 심어야 하고, 나무는 가장 적게 사용하려고 합니다. 필요한 나무는 모두 몇 그루인가요? (단, 나무의 두께는 생각하지 않습니다.)

풀이 예) 나무 사이의 간격을 구하려면 84와 63의 최대공약수를 구합니다.
3) 84 63 / 7) 28 21 / 4 3 ⇨ 84와 63의 최대공약수: 3×7=21
나무는 21 m 간격으로 심어야 합니다.
긴 변에 심어야 하는 나무는 84÷21=4에서 4+1=5(그루),
짧은 변에 심어야 하는 나무는
63÷21=3에서 3+1=4(그루)입니다.
⇨ (필요한 나무의 수)=(5+4)×2−4=14(그루)

답 14그루

34쪽 톱니바퀴의 회전수 구하기

4 두 개의 톱니바퀴 ㉠, ㉡이 맞물려 돌아가고 있습니다. ㉠의 톱니는 16개이고, ㉡의 톱니는 36개입니다. 처음에 맞물렸던 두 톱니가 다시 맞물리려면 ㉡은 적어도 몇 바퀴 돌아야 하나요?

풀이 예) 처음에 맞물렸던 두 톱니가 다시 맞물릴 때까지 움직이는 톱니 수를 구하려면 16과 36의 최소공배수를 구합니다.
2) 16 36 / 2) 8 18 / 4 9 ⇨ 16과 36의 최소공배수: 2×2×4×9=144
두 톱니가 각각 144개 움직였을 때 다시 맞물립니다.
따라서 톱니바퀴 ㉡은 적어도 144÷36=4(바퀴) 돌아야 합니다.

답 4바퀴

38쪽 최대공약수와 최소공배수를 이용하여 수 구하기

5 두 자연수 ㉠과 64의 최대공약수는 8이고, 최소공배수는 320입니다. 자연수 ㉠을 구해 보세요.

8) ㉠ 64 / ■ 8

풀이 예) ㉠과 64의 최소공배수가 320이므로
8×■×8=320, 64×■=320, ■=5입니다.
⇨ ㉠=8×■=8×5=40

답 40

40쪽 두 수로 모두 나누어떨어지는 수 구하기

6 10으로도 나누어떨어지고, 4로도 나누어떨어지는 어떤 수가 있습니다. 어떤 수 중에서 가장 큰 두 자리 수를 구해 보세요.

풀이 예 10으로도 나누어떨어지고, 4로도 나누어떨어지는 수는 10과 4의 공배수입니다.
어떤 수는 10과 4의 공배수이므로 10과 4의 최소공배수의 배수를 구합니다.
2) 10 4 ⇨ 10과 4의 최소공배수:
5 2 $2\times5\times2=20$
10과 4의 최소공배수의 배수를 작은 수부터 차례대로 쓰면 20, 40, 60, 80, 100……이므로 어떤 수 중에서 가장 큰 두 자리 수는 80입니다.

답 80

38쪽 최대공약수와 최소공배수를 이용하여 수 구하기

7 두 자연수 81과 ㉠의 최대공약수는 27이고, 최소공배수는 162입니다. 자연수 ㉠을 구해 보세요.

풀이 예 27) 81 ㉠
3 ■
81과 ㉠의 최소공배수가 162이므로
$27\times3\times$■$=162$, $81\times$■$=162$, ■$=2$입니다.
⇨ ㉠$=27\times$■$=27\times2=54$

답 54

40쪽 두 수로 모두 나누어떨어지는 수 구하기

8 15로도 나누어떨어지고, 12로도 나누어떨어지는 어떤 수가 있습니다. 어떤 수 중에서 가장 작은 세 자리 수를 구해 보세요.

풀이 예 15로도 나누어떨어지고, 12로도 나누어떨어지는 수는 15와 12의 공배수입니다.
어떤 수는 15와 12의 공배수이므로 15와 12의 최소공배수의 배수를 구합니다.
3) 15 12 ⇨ 15와 12의 최소공배수:
5 4 $3\times5\times4=60$
15와 12의 최소공배수의 배수를 작은 수부터 차례대로 쓰면 60, 120, 180……이므로 어떤 수 중에서 가장 작은 세 자리 수는 120입니다.

답 120

40쪽 두 수로 모두 나누어떨어지는 수 구하기

9 18로도 나누어떨어지고, 24로도 나누어떨어지는 어떤 수가 있습니다. 어떤 수 중에서 250에 가장 가까운 세 자리 수를 구해 보세요.

풀이 예 18로도 나누어떨어지고, 24로도 나누어떨어지는 수는 18과 24의 공배수입니다.
어떤 수는 18과 24의 공배수이므로 18과 24의 최소공배수의 배수를 구합니다.
2) 18 24 ⇨ 18과 24의 최소공배수:
3) 9 12 $2\times3\times3\times4=72$
3 4
18과 24의 최소공배수의 배수를 작은 수부터 차례대로 쓰면 72, 144, 216, 288……이므로 어떤 수 중에서 250에 가장 가까운 세 자리 수는 216입니다.

답 216

34쪽 톱니바퀴의 회전수 구하기

10 도전 문제

두 개의 톱니바퀴 ㉠, ㉡이 맞물려 돌아가고 있습니다. ㉠의 톱니는 45개이고, ㉡의 톱니는 75개입니다. ㉠이 한 바퀴 도는 데 3분이 걸린다면 처음에 맞물렸던 두 톱니가 다시 맞물릴 때까지 적어도 몇 분이 걸리나요?

❶ 처음에 맞물렸던 두 톱니가 다시 맞물릴 때까지 움직이는 톱니 수는?
예 45와 75의 최소공배수를 구합니다.
3) 45 75 ⇨ 45와 75의 최소공배수:
5) 15 25 $3\times5\times3\times5=225$
3 5
두 톱니가 각각 225개 움직였을 때 다시 맞물립니다.

❷ 톱니바퀴 ㉠의 최소 회전수는?
예 톱니바퀴 ㉠은 적어도 $225\div45=5$(바퀴) 돌아야 합니다.

❸ 두 톱니가 다시 맞물릴 때까지 걸리는 최소 시간은?
예 두 톱니가 다시 맞물리려면 적어도 $3\times5=15$(분)이 걸립니다.

답 15분

3. 대응 관계

50쪽 ~ 51쪽

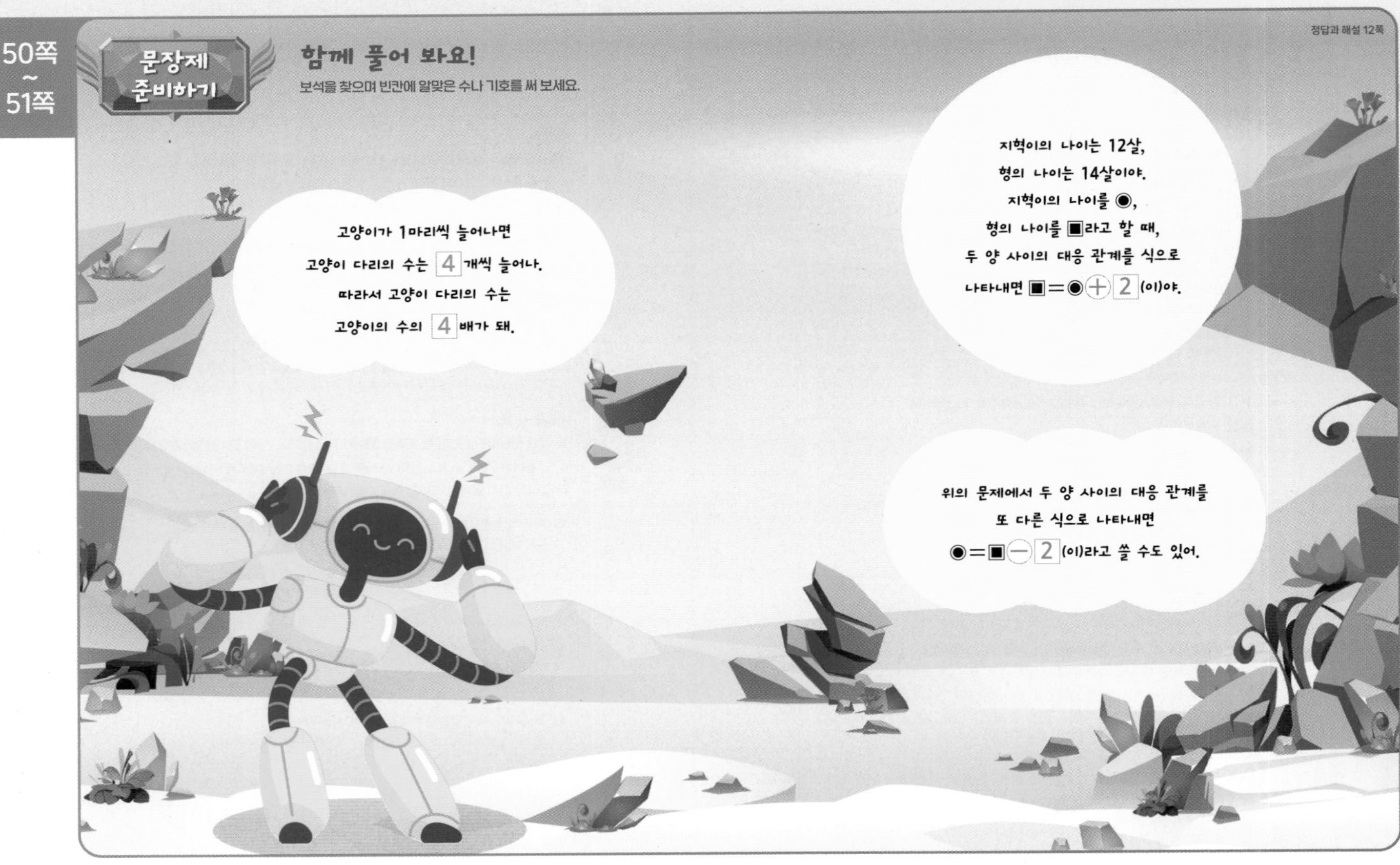

문장제 준비하기
함께 풀어 봐요!
보석을 찾으며 빈칸에 알맞은 수나 기호를 써 보세요.
정답과 해설 12쪽
고양이가 1마리씩 늘어나면 고양이 다리의 수는 4 개씩 늘어나. 따라서 고양이 다리의 수는 고양이의 수의 4 배가 돼.
지혁이의 나이는 12살, 형의 나이는 14살이야. 지혁이의 나이를 ◉, 형의 나이를 ■라고 할 때, 두 양 사이의 대응 관계를 식으로 나타내면 ■=◉+2(이)야.
위의 문제에서 두 양 사이의 대응 관계를 또 다른 식으로 나타내면 ◉=■−2(이)라고 쓸 수도 있어.

52쪽 ~ 53쪽

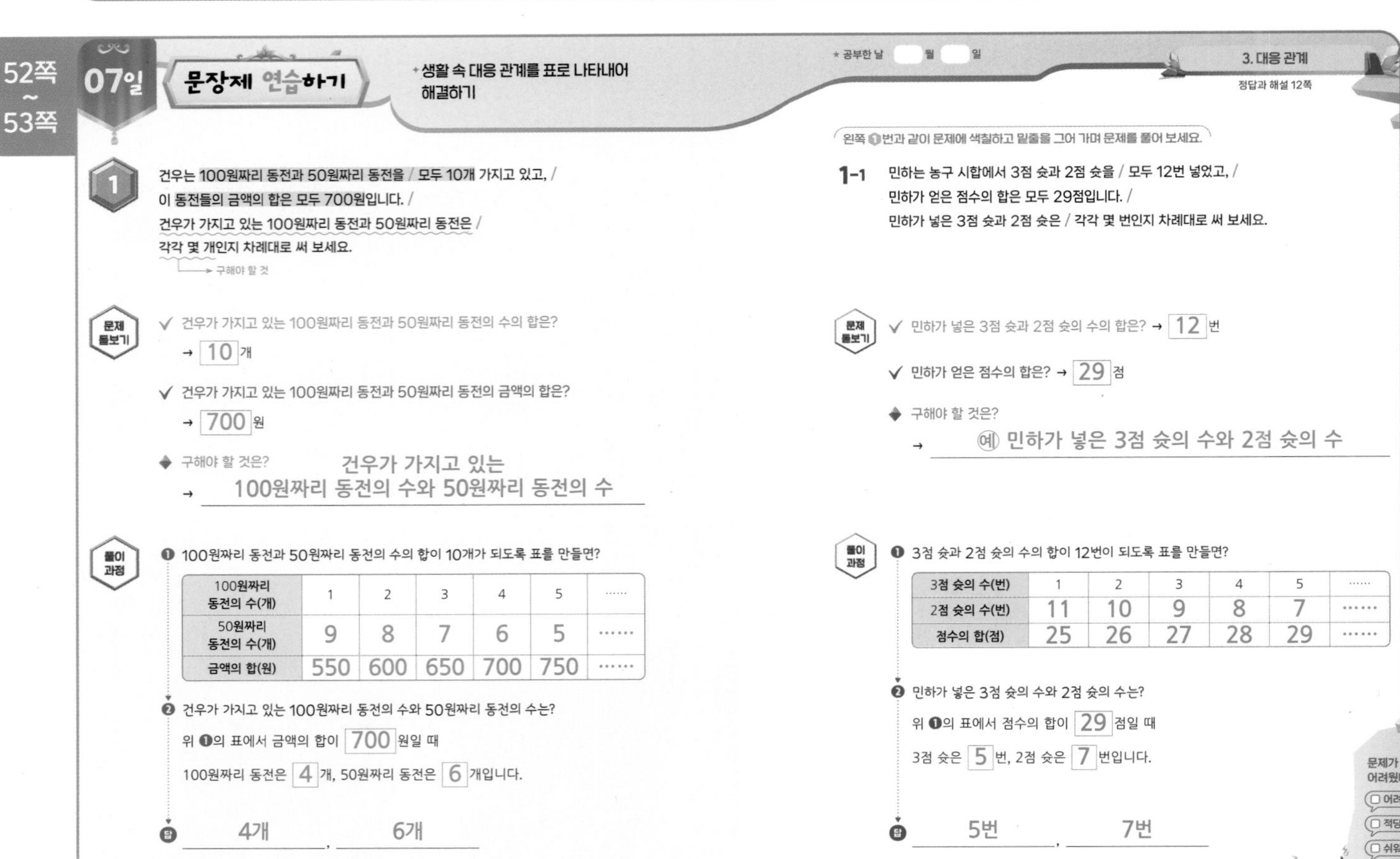

07일 문장제 연습하기

+생활 속 대응 관계를 표로 나타내어 해결하기

* 공부한 날 월 일

3. 대응 관계

정답과 해설 12쪽

1 건우는 100원짜리 동전과 50원짜리 동전을 / 모두 10개 가지고 있고, / 이 동전들의 금액의 합은 모두 700원입니다. / 건우가 가지고 있는 100원짜리 동전과 50원짜리 동전은 / 각각 몇 개인지 차례대로 써 보세요.

→ 구해야 할 것

문제 돋보기

✓ 건우가 가지고 있는 100원짜리 동전과 50원짜리 동전의 수의 합은? → 10 개

✓ 건우가 가지고 있는 100원짜리 동전과 50원짜리 동전의 금액의 합은? → 700 원

◆ 구해야 할 것은? → 건우가 가지고 있는 100원짜리 동전의 수와 50원짜리 동전의 수

풀이 과정

❶ 100원짜리 동전과 50원짜리 동전의 수의 합이 10개가 되도록 표를 만들면?

100원짜리 동전의 수(개)	1	2	3	4	5	……
50원짜리 동전의 수(개)	9	8	7	6	5	……
금액의 합(원)	550	600	650	700	750	……

❷ 건우가 가지고 있는 100원짜리 동전의 수와 50원짜리 동전의 수는?

위 ❶의 표에서 금액의 합이 700 원일 때

100원짜리 동전은 4 개, 50원짜리 동전은 6 개입니다.

답 4개, 6개

왼쪽 ❶번과 같이 문제에 색칠하고 밑줄을 그어 가며 문제를 풀어 보세요.

1-1 민하는 농구 시합에서 3점 슛과 2점 슛을 / 모두 12번 넣었고, / 민하가 얻은 점수의 합은 모두 29점입니다. / 민하가 넣은 3점 슛과 2점 슛은 / 각각 몇 번인지 차례대로 써 보세요.

문제 돋보기

✓ 민하가 넣은 3점 슛과 2점 슛의 수의 합은? → 12 번

✓ 민하가 얻은 점수의 합은? → 29 점

◆ 구해야 할 것은? → 예 민하가 넣은 3점 슛의 수와 2점 슛의 수

풀이 과정

❶ 3점 슛과 2점 슛의 수의 합이 12번이 되도록 표를 만들면?

3점 슛의 수(번)	1	2	3	4	5	……
2점 슛의 수(번)	11	10	9	8	7	……
점수의 합(점)	25	26	27	28	29	……

❷ 민하가 넣은 3점 슛의 수와 2점 슛의 수는?

위 ❶의 표에서 점수의 합이 29 점일 때

3점 슛은 5 번, 2점 슛은 7 번입니다.

답 5번, 7번

문장제 연습하기

+늘어나는 도형에서 규칙 찾기

2 그림과 같이 성냥개비로 정사각형을 만들고 있습니다. / 정사각형을 15개 만들 때 / 필요한 성냥개비는 몇 개인가요?

→ 구해야 할 것

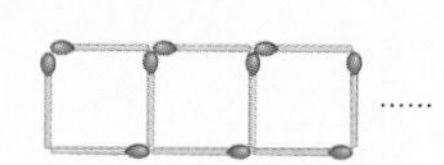

✔ 정사각형을 1개, 2개, 3개 만들 때 각각 필요한 성냥개비의 수는?
→ 정사각형 1개: 4개, 정사각형 2개: 7개, 정사각형 3개: 10개

✔ 만들려고 하는 정사각형의 수는? → 15개

◆ 구해야 할 것은?
→ 정사각형을 15개 만들 때 필요한 성냥개비의 수

❶ 정사각형의 수가 1개씩 늘어나면 성냥개비의 수가 어떻게 변하는지 표로 나타내면?

정사각형의 수(개)	1	2	3	4	5	……
성냥개비의 수(개)	4	7	10	13	16	……

❷ 정사각형의 수와 성냥개비의 수 사이의 대응 관계를 식으로 나타내면?
(정사각형의 수)×3+1=(성냥개비의 수)

❸ 정사각형을 15개 만들 때 필요한 성냥개비의 수는?
15×3+1=46(개)

답 46개

왼쪽 ❷번과 같이 문제에 색칠하고 밑줄을 그어 가며 문제를 풀어 보세요.

2-1 그림과 같이 면봉으로 정삼각형을 만들고 있습니다. / 정삼각형을 20개 만들 때 / 필요한 면봉은 몇 개인가요?

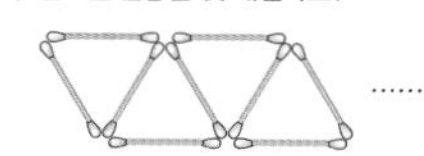

✔ 정삼각형을 1개, 2개, 3개, 4개 만들 때 각각 필요한 면봉의 수는?
→ 정삼각형 1개: 3개, 정삼각형 2개: 5개,
정삼각형 3개: 7개, 정삼각형 4개: 9개

✔ 만들려고 하는 정삼각형의 수는? → 20개

◆ 구해야 할 것은?
→ 예 정삼각형을 20개 만들 때 필요한 면봉의 수

❶ 정삼각형의 수가 1개씩 늘어나면 면봉의 수가 어떻게 변하는지 표로 나타내면?

정삼각형의 수(개)	1	2	3	4	5	……
면봉의 수(개)	3	5	7	9	11	……

❷ 정삼각형의 수와 면봉의 수 사이의 대응 관계를 식으로 나타내면?
(정삼각형의 수)×2+1=(면봉의 수)

❸ 정삼각형을 20개 만들 때 필요한 면봉의 수는?
20×2+1=41(개)

답 41개

문제가 어려웠나요? □ 어려워요 □ 적당해요 □ 쉬워요

문장제 실력 쌓기

+생활 속 대응 관계를 표로 나타내어 해결하기
+늘어나는 도형에서 규칙 찾기

문제를 읽고 '연습하기'에서 했던 것처럼 밑줄을 그어 가며 문제를 풀어 보세요.

1 시혁이는 100원짜리 동전과 50원짜리 동전을 모두 14개 가지고 있고, 이 동전들의 금액의 합은 모두 950원입니다. 시혁이가 가지고 있는 100원짜리 동전과 50원짜리 동전은 각각 몇 개인지 차례대로 써 보세요.

❶ 100원짜리 동전과 50원짜리 동전의 수의 합이 14개가 되도록 표를 만들면?

예

100원짜리 동전의 수(개)	1	2	3	4	5	……
50원짜리 동전의 수(개)	13	12	11	10	9	……
금액의 합(원)	750	800	850	900	950	……

❷ 시혁이가 가지고 있는 100원짜리 동전의 수와 50원짜리 동전의 수는?
예 위 ❶의 표에서 금액의 합이 950원일 때
100원짜리 동전은 5개, 50원짜리 동전은 9개입니다.

답 5개, 9개

2 오른쪽 그림과 같이 성냥개비로 정삼각형을 만들고 있습니다. 정삼각형을 11개 만들 때 필요한 성냥개비는 몇 개인가요?

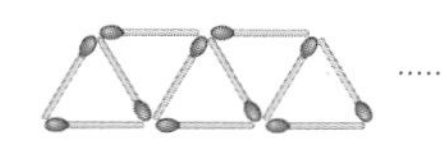

❶ 정삼각형의 수가 1개씩 늘어나면 성냥개비의 수가 어떻게 변하는지 표로 나타내면?

예

정삼각형의 수(개)	1	2	3	4	5	……
성냥개비의 수(개)	3	5	7	9	11	……

❷ 정삼각형의 수와 성냥개비의 수 사이의 대응 관계를 식으로 나타내면?
예 (정삼각형의 수)×2+1=(성냥개비의 수)

❸ 정삼각형을 11개 만들 때 필요한 성냥개비의 수는?
예 11×2+1=23(개)

답 23개

3 체육관에 6 kg짜리 아령과 4 kg짜리 아령이 모두 17개 있고, 이 아령들의 무게의 합은 모두 80 kg입니다. 체육관에 있는 6 kg짜리 아령과 4 kg짜리 아령은 각각 몇 개인지 차례대로 써 보세요.

❶ 6 kg짜리 아령과 4 kg짜리 아령의 수의 합이 17개가 되도록 표를 만들면?

예

6 kg짜리 아령의 수(개)	1	2	3	4	5	6	……
4 kg짜리 아령의 수(개)	16	15	14	13	12	11	……
무게의 합(kg)	70	72	74	76	78	80	……

❷ 체육관에 있는 6 kg짜리 아령의 수와 4 kg짜리 아령의 수는?
예 위 ❶의 표에서 무게의 합이 80 kg일 때
6 kg짜리 아령은 6개, 4 kg짜리 아령은 11개입니다.

답 6개, 11개

4 그림과 같이 이쑤시개로 정오각형을 만들고 있습니다. 정오각형을 23개 만들 때 필요한 이쑤시개는 몇 개인가요?

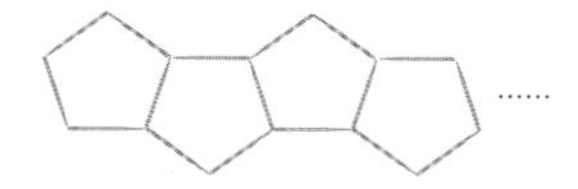

❶ 정오각형의 수가 1개씩 늘어나면 이쑤시개의 수가 어떻게 변하는지 표로 나타내면?

예

정오각형의 수(개)	1	2	3	4	5	……
이쑤시개의 수(개)	5	9	13	17	21	……

❷ 정오각형의 수와 이쑤시개의 수 사이의 대응 관계를 식으로 나타내면?
예 (정오각형의 수)×4+1=(이쑤시개의 수)

❸ 정오각형을 23개 만들 때 필요한 이쑤시개의 수는?
예 23×4+1=93(개)

답 93개

58쪽 ~ 59쪽

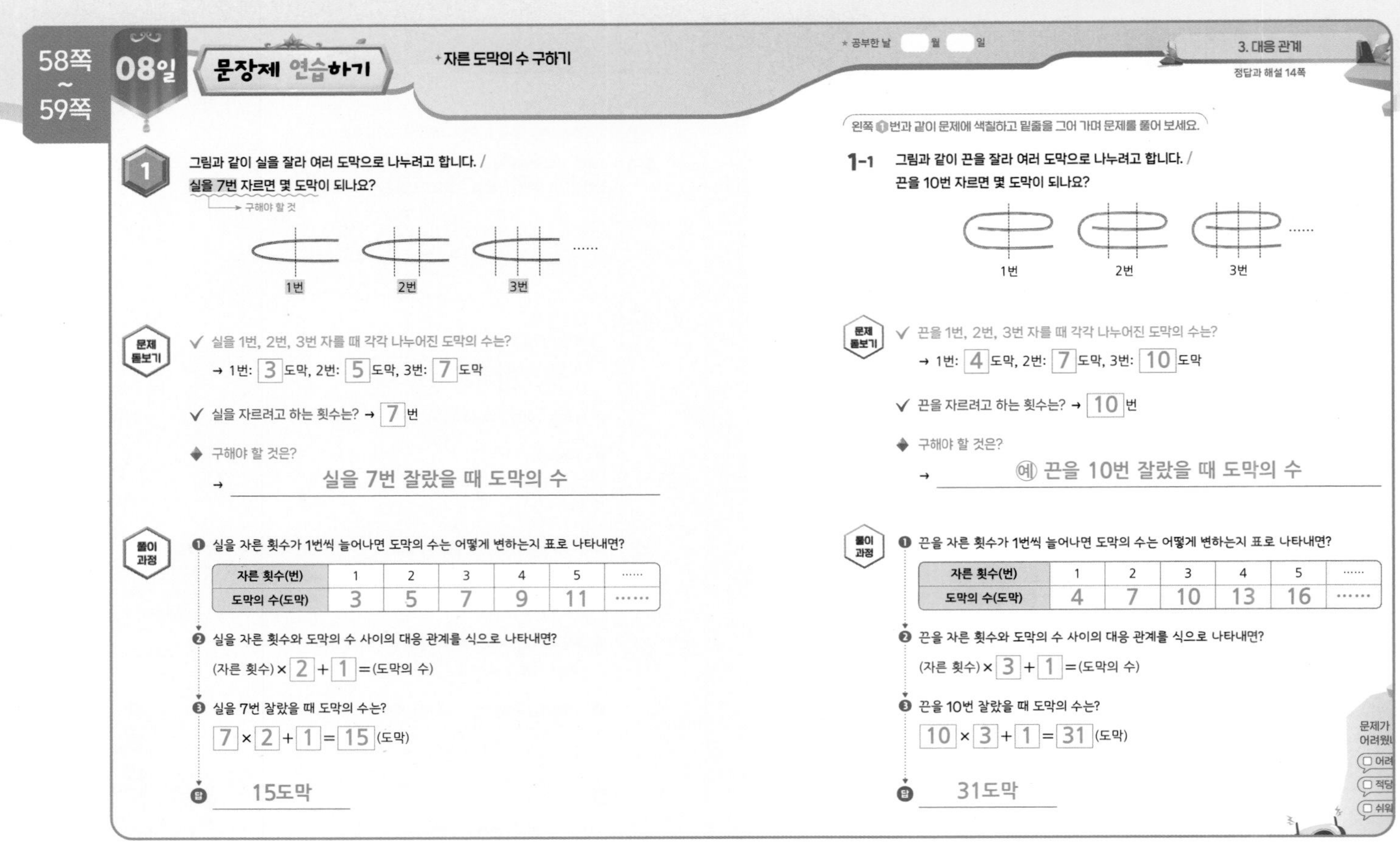

08일 문장제 연습하기 · 자른 도막의 수 구하기

공부한 날 월 일 · 3. 대응 관계 · 정답과 해설 14쪽

1 그림과 같이 실을 잘라 여러 도막으로 나누려고 합니다. / 실을 7번 자르면 몇 도막이 되나요?

→ 구해야 할 것

1번 2번 3번 ……

문제 돌보기

✓ 실을 1번, 2번, 3번 자를 때 각각 나누어진 도막의 수는?

→ 1번: 3 도막, 2번: 5 도막, 3번: 7 도막

✓ 실을 자르려고 하는 횟수는? → 7 번

◆ 구해야 할 것은?

→ 실을 7번 잘랐을 때 도막의 수

풀이 과정

❶ 실을 자른 횟수가 1번씩 늘어나면 도막의 수는 어떻게 변하는지 표로 나타내면?

자른 횟수(번)	1	2	3	4	5	……
도막의 수(도막)	3	5	7	9	11	……

❷ 실을 자른 횟수와 도막의 수 사이의 대응 관계를 식으로 나타내면?

(자른 횟수) × 2 + 1 = (도막의 수)

❸ 실을 7번 잘랐을 때 도막의 수는?

7 × 2 + 1 = 15 (도막)

답 15도막

왼쪽 ❶번과 같이 문제에 색칠하고 밑줄을 그어 가며 문제를 풀어 보세요.

1-1 그림과 같이 끈을 잘라 여러 도막으로 나누려고 합니다. / 끈을 10번 자르면 몇 도막이 되나요?

1번 2번 3번 ……

문제 돌보기

✓ 끈을 1번, 2번, 3번 자를 때 각각 나누어진 도막의 수는?

→ 1번: 4 도막, 2번: 7 도막, 3번: 10 도막

✓ 끈을 자르려고 하는 횟수는? → 10 번

◆ 구해야 할 것은?

→ 예 끈을 10번 잘랐을 때 도막의 수

풀이 과정

❶ 끈을 자른 횟수가 1번씩 늘어나면 도막의 수는 어떻게 변하는지 표로 나타내면?

자른 횟수(번)	1	2	3	4	5	……
도막의 수(도막)	4	7	10	13	16	……

❷ 끈을 자른 횟수와 도막의 수 사이의 대응 관계를 식으로 나타내면?

(자른 횟수) × 3 + 1 = (도막의 수)

❸ 끈을 10번 잘랐을 때 도막의 수는?

10 × 3 + 1 = 31 (도막)

답 31도막

60쪽 ~ 61쪽

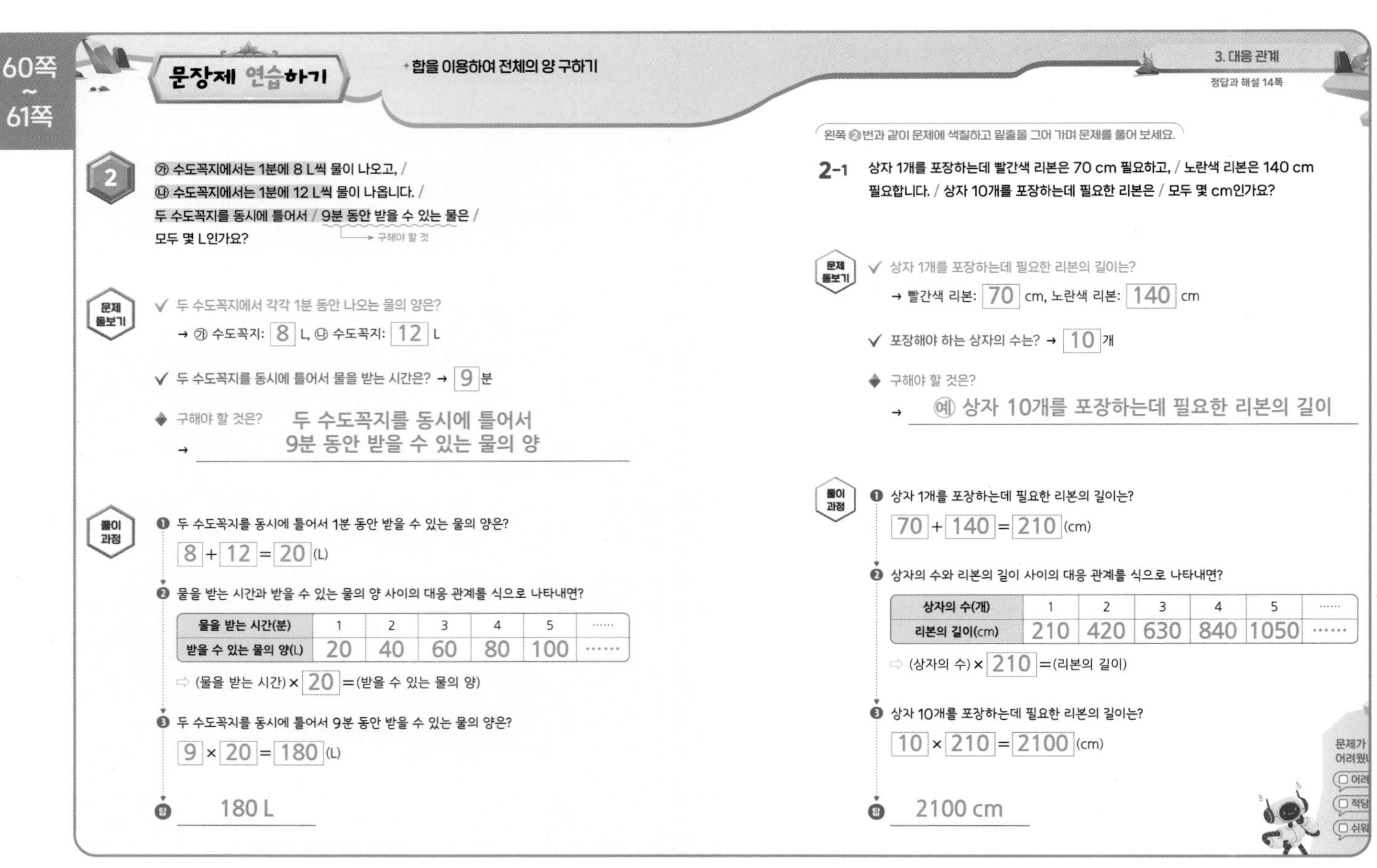

문장제 연습하기 · 합을 이용하여 전체의 양 구하기

3. 대응 관계 · 정답과 해설 14쪽

2 ㉮ 수도꼭지에서는 1분에 8 L씩 물이 나오고, / ㉯ 수도꼭지에서는 1분에 12 L씩 물이 나옵니다. / 두 수도꼭지를 동시에 틀어서 / 9분 동안 받을 수 있는 물은 / 모두 몇 L인가요?

→ 구해야 할 것

문제 돌보기

✓ 두 수도꼭지에서 각각 1분 동안 나오는 물의 양은?

→ ㉮ 수도꼭지: 8 L, ㉯ 수도꼭지: 12 L

✓ 두 수도꼭지를 동시에 틀어서 물을 받는 시간은? → 9 분

◆ 구해야 할 것은?

→ 두 수도꼭지를 동시에 틀어서 9분 동안 받을 수 있는 물의 양

풀이 과정

❶ 두 수도꼭지를 동시에 틀어서 1분 동안 받을 수 있는 물의 양은?

8 + 12 = 20 (L)

❷ 물을 받는 시간과 받을 수 있는 물의 양 사이의 대응 관계를 식으로 나타내면?

물을 받는 시간(분)	1	2	3	4	5	……
받을 수 있는 물의 양(L)	20	40	60	80	100	……

⇨ (물을 받는 시간) × 20 = (받을 수 있는 물의 양)

❸ 두 수도꼭지를 동시에 틀어서 9분 동안 받을 수 있는 물의 양은?

9 × 20 = 180 (L)

답 180 L

왼쪽 ❷번과 같이 문제에 색칠하고 밑줄을 그어 가며 문제를 풀어 보세요.

2-1 상자 1개를 포장하는데 빨간색 리본은 70 cm 필요하고, / 노란색 리본은 140 cm 필요합니다. / 상자 10개를 포장하는데 필요한 리본은 / 모두 몇 cm인가요?

문제 돌보기

✓ 상자 1개를 포장하는데 필요한 리본의 길이는?

→ 빨간색 리본: 70 cm, 노란색 리본: 140 cm

✓ 포장해야 하는 상자의 수는? → 10 개

◆ 구해야 할 것은?

→ 예 상자 10개를 포장하는데 필요한 리본의 길이

풀이 과정

❶ 상자 1개를 포장하는데 필요한 리본의 길이는?

70 + 140 = 210 (cm)

❷ 상자의 수와 리본의 길이 사이의 대응 관계를 식으로 나타내면?

상자의 수(개)	1	2	3	4	5	……
리본의 길이(cm)	210	420	630	840	1050	……

⇨ (상자의 수) × 210 = (리본의 길이)

❸ 상자 10개를 포장하는데 필요한 리본의 길이는?

10 × 210 = 2100 (cm)

답 2100 cm

- 자른 도막의 수 구하기
- 합을 이용하여 전체의 양 구하기

문제를 읽고 '연습하기'에서 했던 것처럼 밑줄을 그어 가며 문제를 풀어 보세요.

1 오른쪽 그림과 같이 고무줄을 잘라 여러 도막으로 나누려고 합니다. 고무줄을 8번 자르면 몇 도막이 되나요?

1번 2번 3번 ……

❶ 고무줄을 자른 횟수가 1번씩 늘어나면 도막의 수는 어떻게 변하는지 표로 나타내면?

예

자른 횟수(번)	1	2	3	4	5	……
도막의 수(도막)	2	4	6	8	10	……

❷ 고무줄을 자른 횟수와 도막의 수 사이의 대응 관계를 식으로 나타내면?

예 (자른 횟수)×2=(도막의 수)

❸ 고무줄을 8번 잘랐을 때 도막의 수는?

예 8×2=16(도막)

답 16도막

2 보트 한 대에 어른은 5명, 어린이는 10명 타려고 합니다. 보트 14대에 탈 수 있는 사람은 모두 몇 명인가요?

❶ 보트 한 대에 탈 수 있는 사람 수는?

예 5+10=15(명)

❷ 보트의 수와 사람 수 사이의 대응 관계를 식으로 나타내면?

예

보트의 수(대)	1	2	3	4	5	……
사람 수(명)	15	30	45	60	75	……

⇨ (보트의 수)×15=(사람 수)

❸ 보트 14대에 탈 수 있는 사람 수는?

예 14×15=210(명)

답 210명

3 그림과 같이 철사를 잘라 여러 도막으로 나누려고 합니다. 철사를 11번 자르면 몇 도막이 되나요?

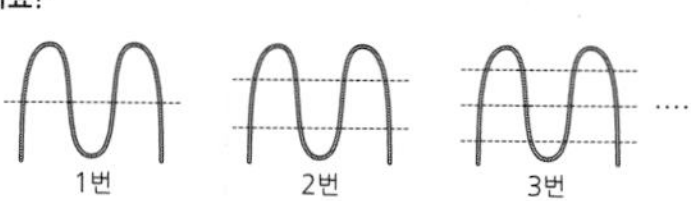

❶ 철사를 자른 횟수가 1번씩 늘어나면 도막의 수는 어떻게 변하는지 표로 나타내면?

예

자른 횟수(번)	1	2	3	4	5	……
도막의 수(도막)	5	9	13	17	21	……

❷ 철사를 자른 횟수와 도막의 수 사이의 대응 관계를 식으로 나타내면?

예 (자른 횟수)×4+1=(도막의 수)

❸ 철사를 11번 잘랐을 때 도막의 수는?

예 11×4+1=45(도막)

답 45도막

4 ㉠ 수도꼭지에서는 1분에 9 L씩 물이 나오고, ㉡ 수도꼭지에서는 1분에 15 L씩 물이 나옵니다. 두 수도꼭지를 동시에 틀어서 22분 동안 받을 수 있는 물은 모두 몇 L인가요?

❶ 두 수도꼭지를 동시에 틀어서 1분 동안 받을 수 있는 물의 양은?

예 9+15=24(L)

❷ 물을 받는 시간과 받을 수 있는 물의 양 사이의 대응 관계를 식으로 나타내면?

예

물을 받는 시간(분)	1	2	3	4	5	……
받을 수 있는 물의 양(L)	24	48	72	96	120	……

⇨ (물을 받는 시간)×24=(받을 수 있는 물의 양)

❸ 두 수도꼭지를 동시에 틀어서 22분 동안 받을 수 있는 물의 양은?

예 22×24=528(L)

답 528 L

공부한 날 월 일

1 52쪽 생활 속 대응 관계를 표로 나타내어 해결하기

준모는 100원짜리 동전과 50원짜리 동전을 모두 13개 가지고 있고, 이 동전들의 금액의 합은 모두 850원입니다. 준모가 가지고 있는 100원짜리 동전과 50원짜리 동전은 각각 몇 개인지 차례대로 써 보세요.

풀이 예

100원짜리 동전의 수(개)	1	2	3	4	5	……
50원짜리 동전의 수(개)	12	11	10	9	8	……
금액의 합(원)	700	750	800	850	900	……

위의 표에서 금액의 합이 850원일 때 100원짜리 동전은 4개, 50원짜리 동전은 9개입니다.

답 4개, 9개

2 54쪽 늘어나는 도형에서 규칙 찾기

오른쪽 그림과 같이 성냥개비로 정사각형을 만들고 있습니다. 정사각형을 10개 만들 때 필요한 성냥개비는 몇 개인가요?

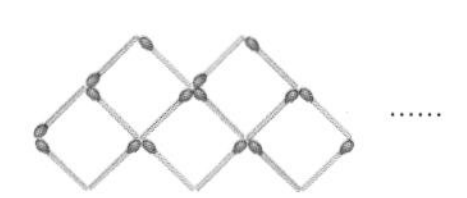

풀이 예

정사각형의 수(개)	1	2	3	4	5	……
성냥개비의 수(개)	4	7	10	13	16	……

⇨ (정사각형의 수)×3+1=(성냥개비의 수)

따라서 정사각형을 10개 만들 때 필요한 성냥개비는 10×3+1=31(개)입니다.

답 31개

3 52쪽 생활 속 대응 관계를 표로 나타내어 해결하기

꽃잎이 5장인 꽃과 꽃잎이 3장인 꽃이 모두 18송이 있고, 이 꽃들의 꽃잎의 수의 합은 모두 64장입니다. 꽃잎이 5장인 꽃과 꽃잎이 3장인 꽃은 각각 몇 송이인지 차례대로 써 보세요.

풀이 예

꽃잎이 5장인 꽃의 수(송이)	1	2	3	4	5	……
꽃잎이 3장인 꽃의 수(송이)	17	16	15	14	13	……
꽃잎의 수의 합(장)	56	58	60	62	64	……

위의 표에서 꽃잎의 수의 합이 64장일 때 꽃잎이 5장인 꽃은 5송이, 꽃잎이 3장인 꽃은 13송이입니다.

답 5송이, 13송이

4 54쪽 늘어나는 도형에서 규칙 찾기

그림과 같이 면봉으로 정육각형을 만들고 있습니다. 정육각형을 14개 만들 때 필요한 면봉은 몇 개인가요?

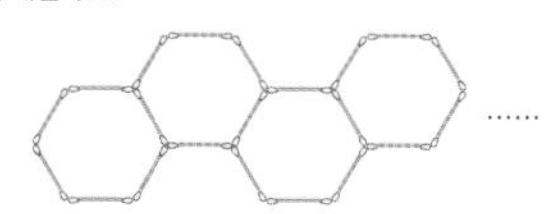

풀이 예

정육각형의 수(개)	1	2	3	4	5	……
면봉의 수(개)	6	11	16	21	26	……

⇨ (정육각형의 수)×5+1=(면봉의 수)

따라서 정육각형을 14개 만들 때 필요한 면봉은 14×5+1=71(개)입니다.

답 71개

5 58쪽 자른 도막의 수 구하기

그림과 같이 털실을 잘라 여러 도막으로 나누려고 합니다. 털실을 9번 자르면 몇 도막이 되나요?

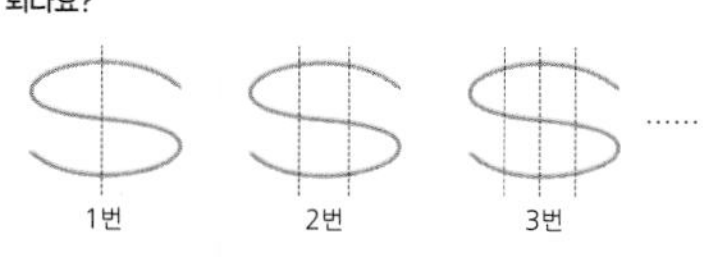

풀이 예

자른 횟수(번)	1	2	3	4	5	……
도막의 수(도막)	4	7	10	13	16	……

⇨ (자른 횟수)×3+1=(도막의 수)

따라서 털실을 9번 자르면 9×3+1=28(도막)이 됩니다.

답 28도막

60쪽 합을 이용하여 전체의 양 구하기

6 팔찌 1개를 만드는데 별 모양 구슬이 4개 필요하고, 달 모양 구슬이 12개 필요합니다. 팔찌 15개를 만드는데 필요한 구슬은 모두 몇 개인가요?

풀이 예) 팔찌 1개를 만드는데 필요한 구슬은 4+12=16(개)입니다.

팔찌의 수(개)	1	2	3	4	5	……
구슬의 수(개)	16	32	48	64	80	……

⇨ (팔찌의 수)×16=(구슬의 수)
따라서 팔찌 15개를 만드는데 필요한 구슬은 모두 15×16=240(개)입니다.

답 240개

60쪽 합을 이용하여 전체의 양 구하기

7 ㉠ 수도꼭지에서는 1분에 11 L씩 물이 나오고, ㉡ 수도꼭지에서는 1분에 17 L씩 물이 나옵니다. 두 수도꼭지를 동시에 틀어서 23분 동안 받을 수 있는 물은 모두 몇 L인가요?

풀이 예) 두 수도꼭지를 동시에 틀어서 1분 동안 받을 수 있는 물은 11+17=28(L)입니다.

물을 받는 시간(분)	1	2	3	4	5	……
받을 수 있는 물의 양(L)	28	56	84	112	140	……

⇨ (물을 받는 시간)×28=(받을 수 있는 물의 양)
따라서 두 수도꼭지를 동시에 틀어서 23분 동안 받을 수 있는 물은 모두 23×28=644(L)입니다.

답 644 L

52쪽 생활 속 대응 관계를 표로 나타내어 해결하기

8 500원짜리 동전과 100원짜리 동전이 모두 20개 있고, 이 동전들의 금액의 합은 모두 4400원입니다. 500원짜리 동전과 100원짜리 동전 중 어느 것이 몇 개 더 많은지 차례대로 써 보세요.

풀이 예)

500원짜리 동전의 수(개)	1	2	3	4	5	6	……
100원짜리 동전의 수(개)	19	18	17	16	15	14	……
금액의 합(원)	2400	2800	3200	3600	4000	4400	……

위의 표에서 금액의 합이 4400원일 때 500원짜리 동전은 6개, 100원짜리 동전은 14개입니다.
따라서 6<14이므로 100원짜리 동전이 14−6=8(개) 더 많습니다.

답 100원짜리 동전, 8개

58쪽 자른 도막의 수 구하기

9 다음과 같이 끈을 잘라 여러 도막으로 나누려고 합니다. 끈을 13번 자르면 몇 도막이 되나요?

풀이 예)

자른 횟수(번)	1	2	3	4	5	……
도막의 수(도막)	5	9	13	17	21	……

⇨ (자른 횟수)×4+1=(도막의 수)
따라서 끈을 13번 자르면 13×4+1=53(도막)이 됩니다.

답 53도막

60쪽 합을 이용하여 전체의 양 구하기

10 도전 문제

㉮ 수도꼭지에서는 7분에 14 L의 물이 나오고, ㉯ 수도꼭지에서는 5분에 20 L의 물이 나옵니다. 두 수도꼭지를 동시에 틀어서 30분 동안 받을 수 있는 물은 모두 몇 L인가요? (단, 두 수도꼭지는 각각 일정한 빠르기로 물이 나옵니다.)

❶ 두 수도꼭지에서 각각 1분 동안 나오는 물의 양은?
예) ㉮ 수도꼭지에서 1분 동안 나오는 물은 14÷7=2(L),
㉯ 수도꼭지에서 1분 동안 나오는 물은 20÷5=4(L)입니다.

❷ 두 수도꼭지를 동시에 틀어서 1분 동안 받을 수 있는 물의 양은?
예) 2+4=6(L)

❸ 물을 받는 시간과 받을 수 있는 물의 양 사이의 대응 관계를 식으로 나타내면?
예)

물을 받는 시간(분)	1	2	3	4	5	……
받을 수 있는 물의 양(L)	6	12	18	24	30	……

⇨ (물을 받는 시간)×6=(받을 수 있는 물의 양)

❹ 두 수도꼭지를 동시에 틀어서 30분 동안 받을 수 있는 물의 양은?
예) 30×6=180(L)

답 180 L

70쪽 ~ 71쪽

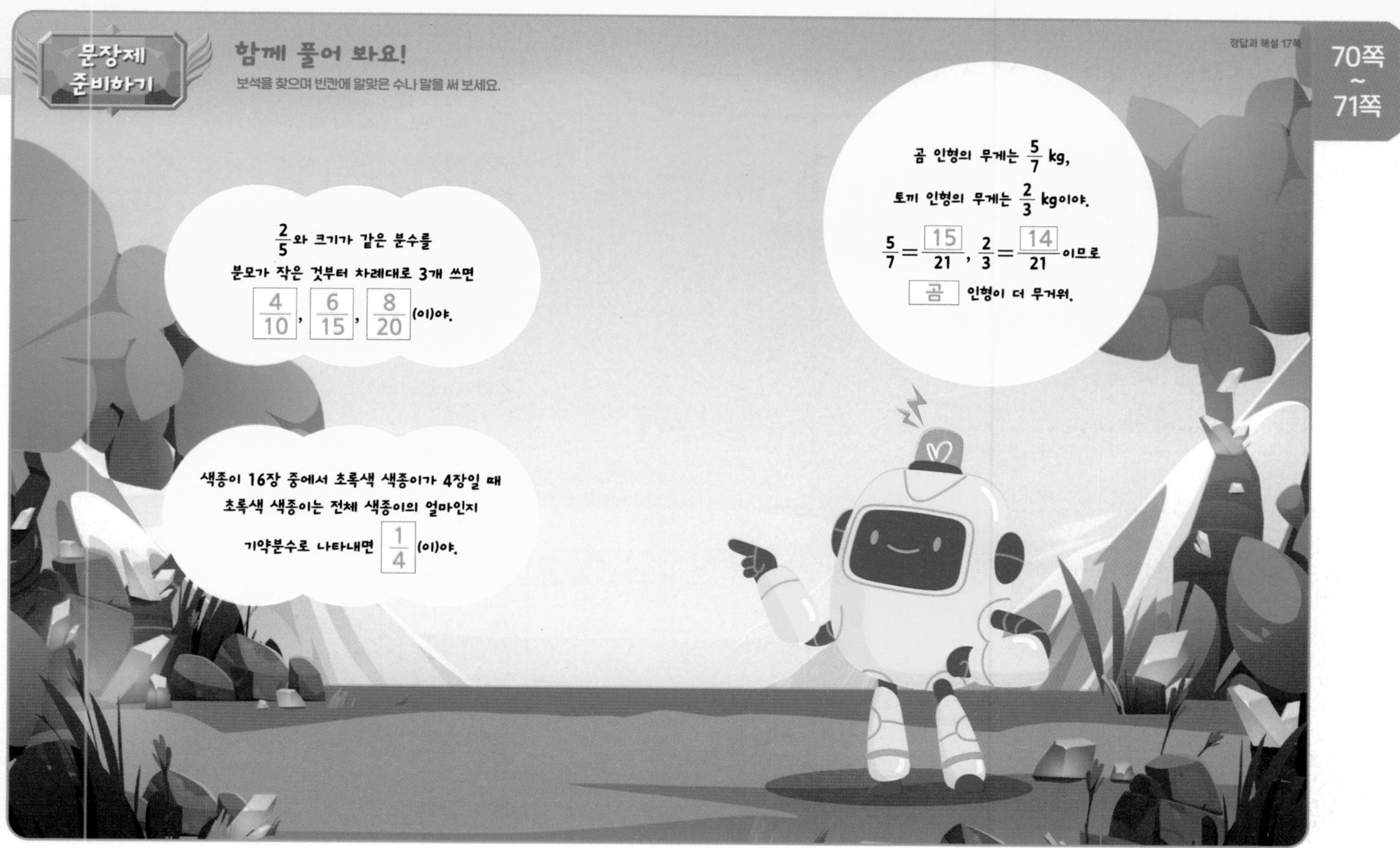

문장제 준비하기
함께 풀어 봐요!
보석을 찾으며 빈칸에 알맞은 수나 말을 써 보세요.
정답과 해설 17쪽
$\frac{2}{5}$와 크기가 같은 분수를 분모가 작은 것부터 차례대로 3개 쓰면 $\frac{4}{10}$, $\frac{6}{15}$, $\frac{8}{20}$(이)야.
곰 인형의 무게는 $\frac{5}{7}$ kg, 토끼 인형의 무게는 $\frac{2}{3}$ kg이야.
$\frac{5}{7}=\frac{15}{21}$, $\frac{2}{3}=\frac{14}{21}$이므로 곰 인형이 더 무거워.
색종이 16장 중에서 초록색 색종이가 4장일 때 초록색 색종이는 전체 색종이의 얼마인지 기약분수로 나타내면 $\frac{1}{4}$(이)야.

72쪽 ~ 73쪽

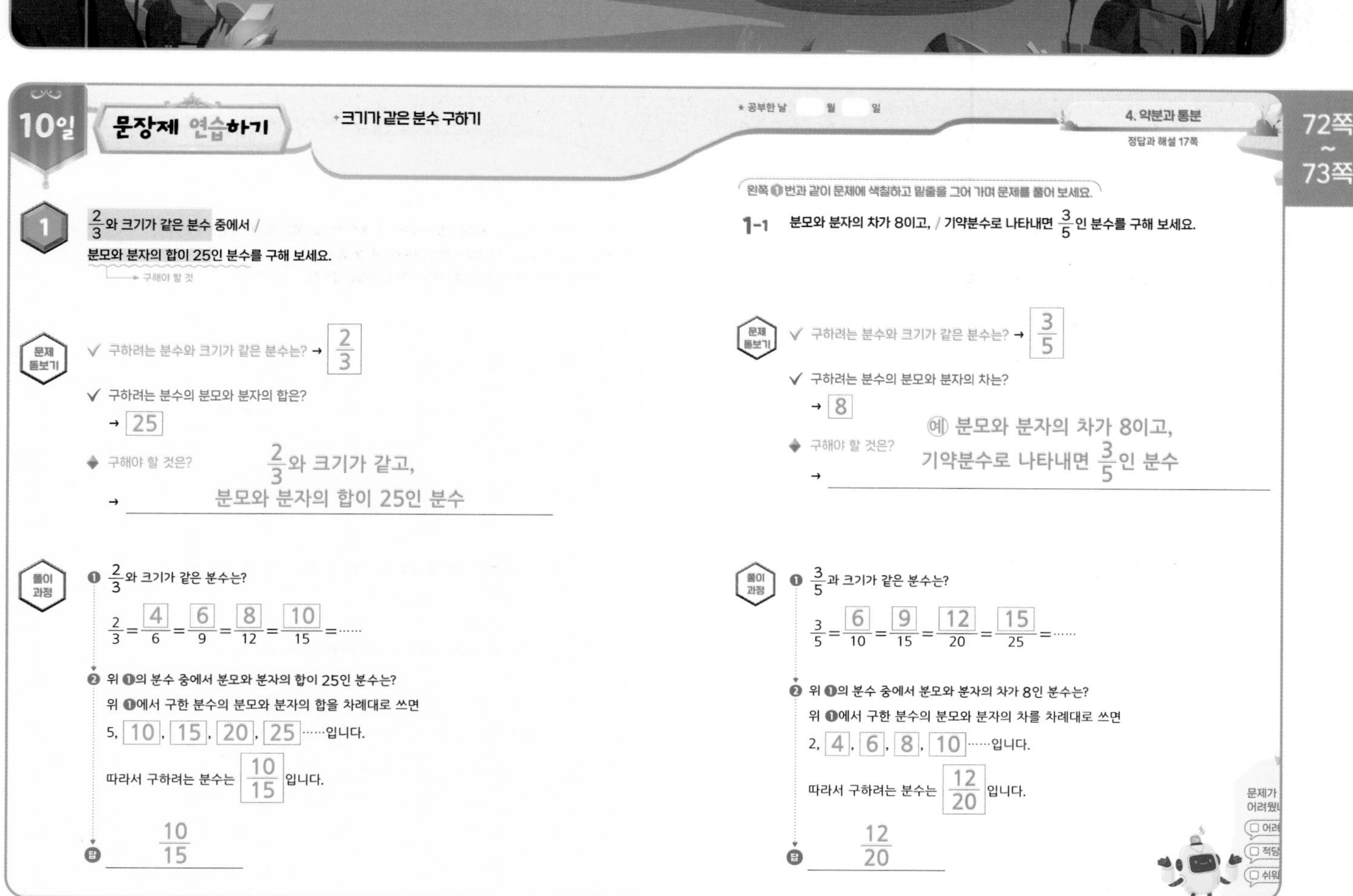

10일 문장제 연습하기 · 크기가 같은 분수 구하기

공부한 날 월 일

4. 약분과 통분

정답과 해설 17쪽

1 $\frac{2}{3}$와 크기가 같은 분수 중에서 / 분모와 분자의 합이 25인 분수를 구해 보세요.

→ 구해야 할 것

문제 돋보기

✓ 구하려는 분수와 크기가 같은 분수는? → $\frac{2}{3}$

✓ 구하려는 분수의 분모와 분자의 합은? → 25

◆ 구해야 할 것은? → $\frac{2}{3}$와 크기가 같고, 분모와 분자의 합이 25인 분수

풀이 과정

❶ $\frac{2}{3}$와 크기가 같은 분수는?

$\frac{2}{3}=\frac{4}{6}=\frac{6}{9}=\frac{8}{12}=\frac{10}{15}=\cdots\cdots$

❷ 위 ❶의 분수 중에서 분모와 분자의 합이 25인 분수는?

위 ❶에서 구한 분수의 분모와 분자의 합을 차례대로 쓰면 5, 10, 15, 20, 25 ……입니다.

따라서 구하려는 분수는 $\frac{10}{15}$ 입니다.

답 $\frac{10}{15}$

왼쪽 ❶번과 같이 문제에 색칠하고 밑줄을 그어 가며 문제를 풀어 보세요.

1-1 분모와 분자의 차가 8이고, / 기약분수로 나타내면 $\frac{3}{5}$인 분수를 구해 보세요.

문제 돋보기

✓ 구하려는 분수와 크기가 같은 분수는? → $\frac{3}{5}$

✓ 구하려는 분수의 분모와 분자의 차는? → 8

◆ 구해야 할 것은? → 예 분모와 분자의 차가 8이고, 기약분수로 나타내면 $\frac{3}{5}$인 분수

풀이 과정

❶ $\frac{3}{5}$과 크기가 같은 분수는?

$\frac{3}{5}=\frac{6}{10}=\frac{9}{15}=\frac{12}{20}=\frac{15}{25}=\cdots\cdots$

❷ 위 ❶의 분수 중에서 분모와 분자의 차가 8인 분수는?

위 ❶에서 구한 분수의 분모와 분자의 차를 차례대로 쓰면 2, 4, 6, 8, 10 ……입니다.

따라서 구하려는 분수는 $\frac{12}{20}$ 입니다.

답 $\frac{12}{20}$

74쪽 ~ 75쪽

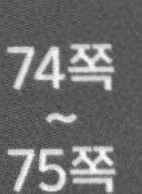

문장제 연습하기

+소수를 분수로 나타내어 크기 비교하기

2 은별이는 오늘 수학을 0.6시간, / 국어를 $\frac{13}{20}$시간 동안 공부했습니다. / 수학과 국어 중 어느 과목을 더 오래 공부했나요?

구해야 할 것

문제 돌보기

✓ 수학을 공부한 시간은?

→ 0.6 시간

✓ 국어를 공부한 시간은?

→ $\frac{13}{20}$ 시간

◆ 구해야 할 것은?

→ 수학과 국어 중 더 오래 공부한 과목

풀이 과정

❶ 수학을 공부한 시간을 분수로 나타내면?

$0.6=\frac{6}{10}$이므로 수학을 $\frac{6}{10}$시간 동안 공부했습니다.

❷ 수학과 국어 중 더 오래 공부한 과목은?

$\frac{6}{10}=\frac{12}{20}$이므로 $\frac{12}{20} < \frac{13}{20}$입니다.

>, < 중 알맞은 것 쓰기

따라서 더 오래 공부한 과목은 국어 입니다.

답 국어

왼쪽 ❷번과 같이 문제에 색칠하고 밑줄을 그어 가며 문제를 풀어 보세요.

2-1 시혁이는 물을 오전에 $\frac{11}{25}$ L, / 오후에 0.32 L 마셨습니다. / 오전과 오후 중 물을 언제 더 많이 마셨나요?

문제 돌보기

✓ 오전에 마신 물의 양은?

→ $\frac{11}{25}$ L

✓ 오후에 마신 물의 양은?

→ 0.32 L

◆ 구해야 할 것은?

→ 예 오전과 오후 중 물을 더 많이 마신 때

풀이 과정

❶ 오후에 마신 물의 양을 분수로 나타내면?

$0.32=\frac{32}{100}$이므로 오후에 물을 $\frac{32}{100}$ L 마셨습니다.

❷ 오전과 오후 중 물을 더 많이 마신 때는?

$\frac{32}{100}=\frac{8}{25}$이므로 $\frac{11}{25} > \frac{8}{25}$입니다.

따라서 물을 오전 에 더 많이 마셨습니다.

답 오전

76쪽 ~ 77쪽

문장제 실력 쌓기

+ 크기가 같은 분수 구하기
+ 소수를 분수로 나타내어 크기 비교하기

4. 약분과 통분
정답과 해설 18쪽

문제를 읽고 '연습하기'에서 했던 것처럼 밑줄을 그어 가며 문제를 풀어 보세요.

1 $\frac{3}{4}$과 크기가 같은 분수 중에서 분모와 분자의 합이 28인 분수를 구해 보세요.

❶ $\frac{3}{4}$과 크기가 같은 분수는?

예 $\frac{3}{4}=\frac{6}{8}=\frac{9}{12}=\frac{12}{16}=\frac{15}{20}=\cdots\cdots$

❷ 위 ❶의 분수 중에서 분모와 분자의 합이 28인 분수는?

예 위 ❶에서 구한 분수의 분모와 분자의 합을 차례대로 쓰면 7, 14, 21, 28, 35……입니다.

따라서 구하려는 분수는 $\frac{12}{16}$입니다.

답 $\frac{12}{16}$

2 분모와 분자의 차가 10이고, 기약분수로 나타내면 $\frac{5}{7}$인 분수를 구해 보세요.

❶ $\frac{5}{7}$와 크기가 같은 분수는?

예 $\frac{5}{7}=\frac{10}{14}=\frac{15}{21}=\frac{20}{28}=\frac{25}{35}=\cdots\cdots$

❷ 위 ❶의 분수 중에서 분모와 분자의 차가 10인 분수는?

예 위 ❶에서 구한 분수의 분모와 분자의 차를 차례대로 쓰면 2, 4, 6, 8, 10……입니다.

따라서 구하려는 분수는 $\frac{25}{35}$입니다.

답 $\frac{25}{35}$

3 쿠키를 만드는 데 사용한 밀가루는 0.8컵, 설탕은 $\frac{39}{50}$컵입니다. 밀가루와 설탕 중 더 많이 사용한 것은 무엇인가요?

❶ 사용한 밀가루의 양을 분수로 나타내면?

예 $0.8=\frac{8}{10}$이므로 밀가루는 $\frac{8}{10}$컵 사용했습니다.

❷ 밀가루와 설탕 중 더 많이 사용한 것은?

예 $\frac{8}{10}=\frac{40}{50}$이므로 $\frac{40}{50} > \frac{39}{50}$입니다.

따라서 더 많이 사용한 것은 밀가루입니다.

답 밀가루

4 은수네 집에서 학교까지의 거리는 $1\frac{1}{2}$ km, 서점까지의 거리는 1.46 km입니다. 학교와 서점 중 은수네 집에서 더 먼 곳은 어디인가요?

❶ 은수네 집에서 서점까지의 거리를 분수로 나타내면?

예 $1.46=1\frac{46}{100}$이므로 은수네 집에서 서점까지의 거리는 $1\frac{46}{100}$ km입니다.

❷ 학교와 서점 중 은수네 집에서 더 먼 곳은?

예 $1\frac{1}{2}=1\frac{50}{100}$이므로 $1\frac{50}{100} > 1\frac{46}{100}$입니다.

따라서 은수네 집에서 더 먼 곳은 학교입니다.

답 학교

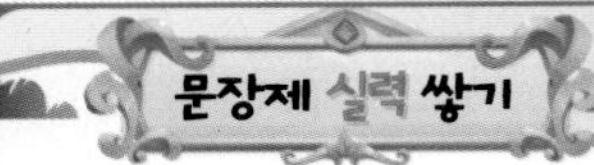

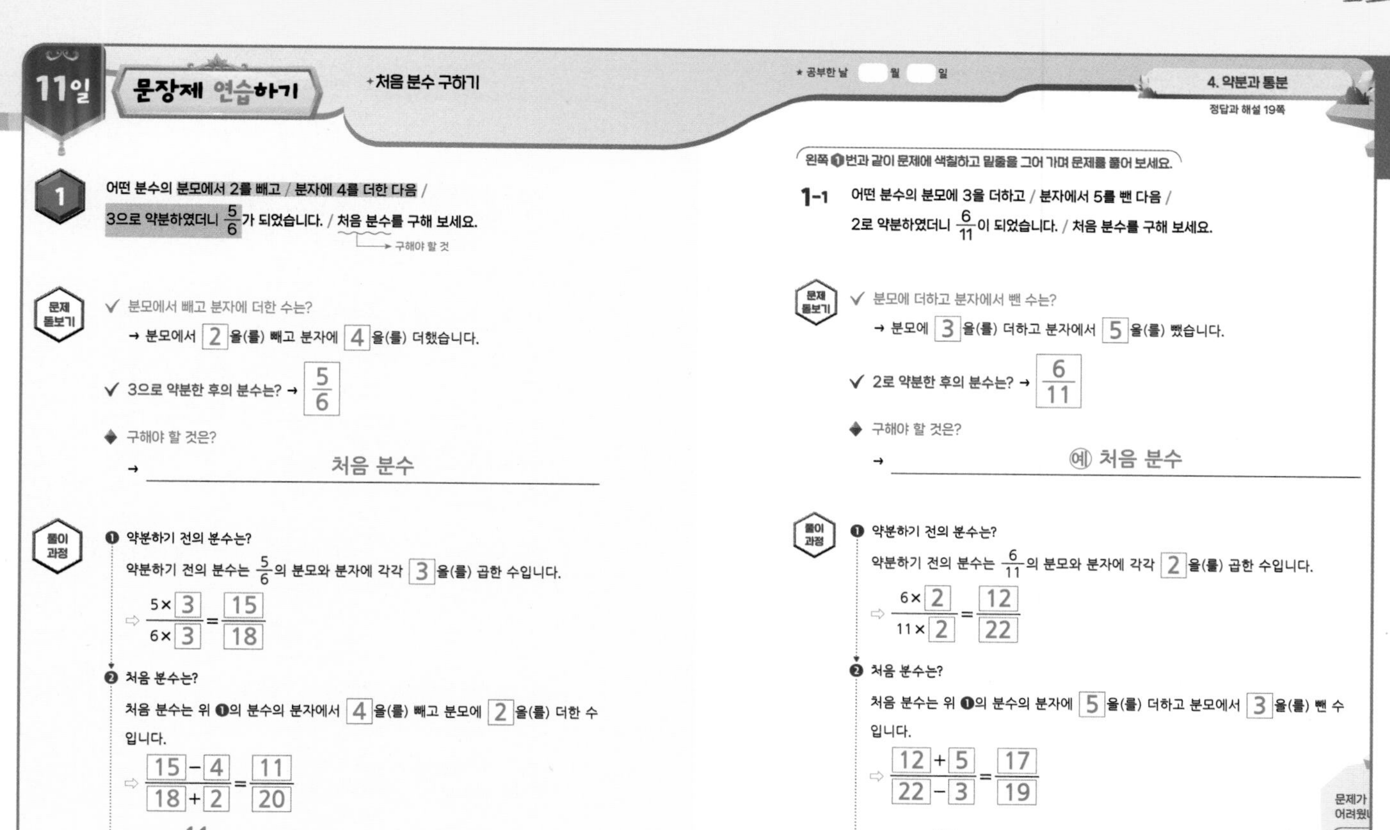

11일 **문장제 연습하기** ✦처음 분수 구하기

★ 공부한 날 월 일

4. 약분과 통분

정답과 해설 19쪽

78쪽 ~ 79쪽

1 어떤 분수의 분모에서 2를 빼고 / 분자에 4를 더한 다음 / 3으로 약분하였더니 $\frac{5}{6}$가 되었습니다. / 처음 분수를 구해 보세요.

→ 구해야 할 것

문제 돋보기

✓ 분모에서 빼고 분자에 더한 수는?

→ 분모에서 2을(를) 빼고 분자에 4을(를) 더했습니다.

✓ 3으로 약분한 후의 분수는? → $\frac{5}{6}$

◆ 구해야 할 것은?

→ 처음 분수

풀이 과정

❶ 약분하기 전의 분수는?

약분하기 전의 분수는 $\frac{5}{6}$의 분모와 분자에 각각 3을(를) 곱한 수입니다.

⇨ $\frac{5\times 3}{6\times 3}=\frac{15}{18}$

❷ 처음 분수는?

처음 분수는 위 ❶의 분수의 분자에서 4을(를) 빼고 분모에 2을(를) 더한 수입니다.

⇨ $\frac{15-4}{18+2}=\frac{11}{20}$

답 $\frac{11}{20}$

왼쪽 ❶번과 같이 문제에 색칠하고 밑줄을 그어 가며 문제를 풀어 보세요.

1-1 어떤 분수의 분모에 3을 더하고 / 분자에서 5를 뺀 다음 / 2로 약분하였더니 $\frac{6}{11}$이 되었습니다. / 처음 분수를 구해 보세요.

문제 돋보기

✓ 분모에 더하고 분자에서 뺀 수는?

→ 분모에 3을(를) 더하고 분자에서 5을(를) 뺐습니다.

✓ 2로 약분한 후의 분수는? → $\frac{6}{11}$

◆ 구해야 할 것은?

→ 예) 처음 분수

풀이 과정

❶ 약분하기 전의 분수는?

약분하기 전의 분수는 $\frac{6}{11}$의 분모와 분자에 각각 2을(를) 곱한 수입니다.

⇨ $\frac{6\times 2}{11\times 2}=\frac{12}{22}$

❷ 처음 분수는?

처음 분수는 위 ❶의 분수의 분자에 5을(를) 더하고 분모에서 3을(를) 뺀 수입니다.

⇨ $\frac{12+5}{22-3}=\frac{17}{19}$

답 $\frac{17}{19}$

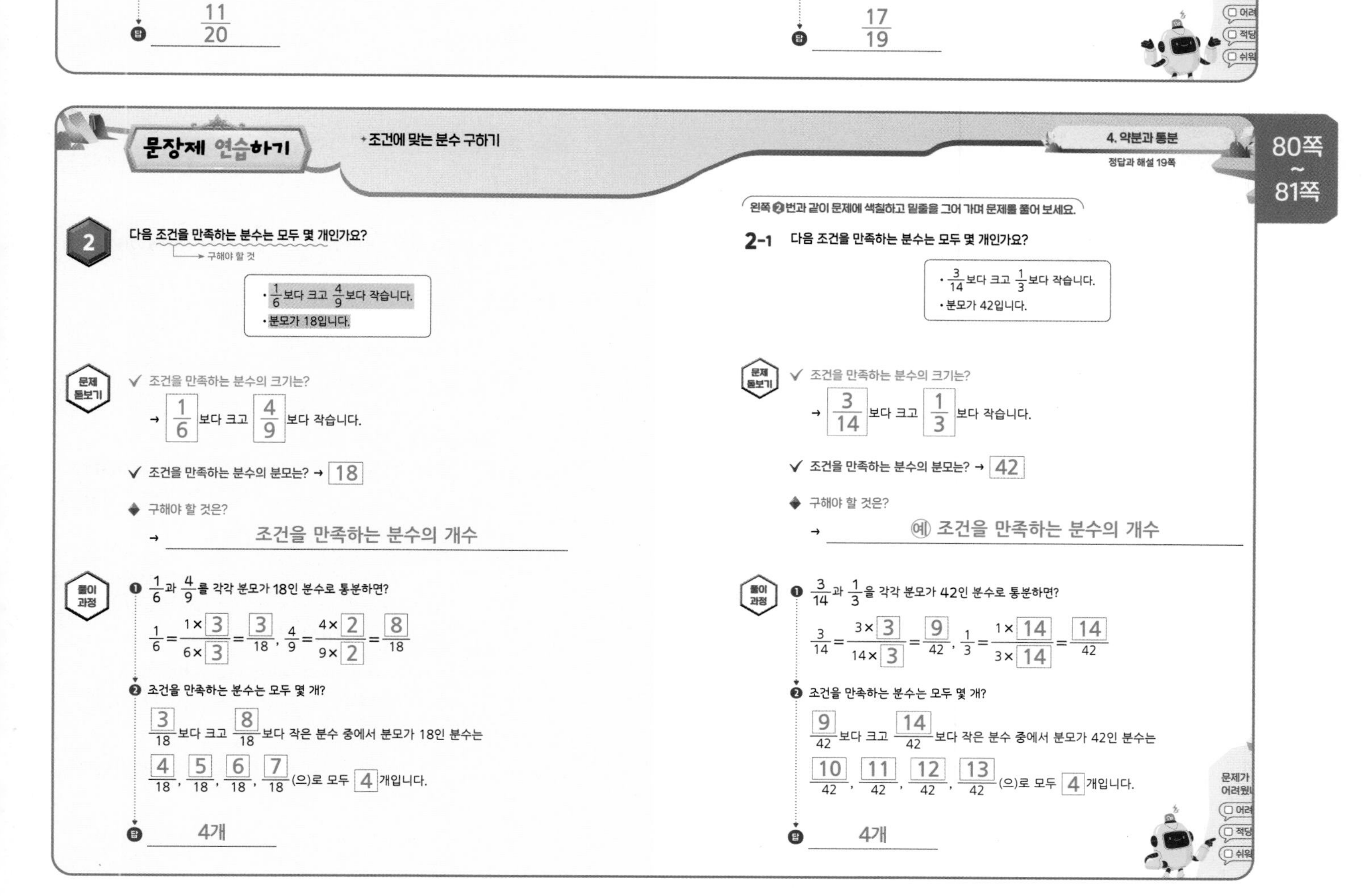

문장제 연습하기 ✦조건에 맞는 분수 구하기

4. 약분과 통분

정답과 해설 19쪽

80쪽 ~ 81쪽

2 다음 조건을 만족하는 분수는 모두 몇 개인가요?

→ 구해야 할 것

- $\frac{1}{6}$보다 크고 $\frac{4}{9}$보다 작습니다.
- 분모가 18입니다.

문제 돋보기

✓ 조건을 만족하는 분수의 크기는?

→ $\frac{1}{6}$보다 크고 $\frac{4}{9}$보다 작습니다.

✓ 조건을 만족하는 분수의 분모는? → 18

◆ 구해야 할 것은?

→ 조건을 만족하는 분수의 개수

풀이 과정

❶ $\frac{1}{6}$과 $\frac{4}{9}$를 각각 분모가 18인 분수로 통분하면?

$\frac{1}{6}=\frac{1\times 3}{6\times 3}=\frac{3}{18}$, $\frac{4}{9}=\frac{4\times 2}{9\times 2}=\frac{8}{18}$

❷ 조건을 만족하는 분수는 모두 몇 개?

$\frac{3}{18}$보다 크고 $\frac{8}{18}$보다 작은 분수 중에서 분모가 18인 분수는

$\frac{4}{18}$, $\frac{5}{18}$, $\frac{6}{18}$, $\frac{7}{18}$(으)로 모두 4개입니다.

답 4개

왼쪽 ❷번과 같이 문제에 색칠하고 밑줄을 그어 가며 문제를 풀어 보세요.

2-1 다음 조건을 만족하는 분수는 모두 몇 개인가요?

- $\frac{3}{14}$보다 크고 $\frac{1}{3}$보다 작습니다.
- 분모가 42입니다.

문제 돋보기

✓ 조건을 만족하는 분수의 크기는?

→ $\frac{3}{14}$보다 크고 $\frac{1}{3}$보다 작습니다.

✓ 조건을 만족하는 분수의 분모는? → 42

◆ 구해야 할 것은?

→ 예) 조건을 만족하는 분수의 개수

풀이 과정

❶ $\frac{3}{14}$과 $\frac{1}{3}$을 각각 분모가 42인 분수로 통분하면?

$\frac{3}{14}=\frac{3\times 3}{14\times 3}=\frac{9}{42}$, $\frac{1}{3}=\frac{1\times 14}{3\times 14}=\frac{14}{42}$

❷ 조건을 만족하는 분수는 모두 몇 개?

$\frac{9}{42}$보다 크고 $\frac{14}{42}$보다 작은 분수 중에서 분모가 42인 분수는

$\frac{10}{42}$, $\frac{11}{42}$, $\frac{12}{42}$, $\frac{13}{42}$(으)로 모두 4개입니다.

답 4개

+ 처음 분수 구하기
+ 조건에 맞는 분수 구하기

문제를 읽고 '연습하기'에서 했던 것처럼 밑줄을 그어 가며 문제를 풀어 보세요.

1 어떤 분수의 분모에서 7을 빼고 분자에 3을 더한 다음 4로 약분하였더니 $\frac{3}{8}$이 되었습니다. 처음 분수를 구해 보세요.

❶ 약분하기 전의 분수는?

예) 약분하기 전의 분수는 $\frac{3}{8}$의 분모와 분자에 각각 4를 곱한 수입니다.

$\Rightarrow \frac{3\times4}{8\times4}=\frac{12}{32}$

❷ 처음 분수는?

예) 처음 분수는 위 ❶의 분수의 분자에서 3을 빼고 분모에 7을 더한 수입니다.

$\Rightarrow \frac{12-3}{32+7}=\frac{9}{39}$

답 $\frac{9}{39}$

2 어떤 분수의 분모에 6을 더하고 분자에서 2를 뺀 다음 5로 약분하였더니 $\frac{7}{13}$이 되었습니다. 처음 분수를 구해 보세요.

❶ 약분하기 전의 분수는?

예) 약분하기 전의 분수는 $\frac{7}{13}$의 분모와 분자에 각각 5를 곱한 수입니다.

$\Rightarrow \frac{7\times5}{13\times5}=\frac{35}{65}$

❷ 처음 분수는?

예) 처음 분수는 위 ❶의 분수의 분자에 2를 더하고 분모에서 6을 뺀 수입니다.

$\Rightarrow \frac{35+2}{65-6}=\frac{37}{59}$

답 $\frac{37}{59}$

3 다음 조건을 만족하는 분수는 모두 몇 개인가요?

- $\frac{4}{5}$보다 크고 $\frac{8}{9}$보다 작습니다.
- 분모가 45입니다.

❶ $\frac{4}{5}$와 $\frac{8}{9}$을 각각 분모가 45인 분수로 통분하면?

예) $\frac{4}{5}=\frac{4\times9}{5\times9}=\frac{36}{45}$, $\frac{8}{9}=\frac{8\times5}{9\times5}=\frac{40}{45}$

❷ 조건을 만족하는 분수는 모두 몇 개?

예) $\frac{36}{45}$보다 크고 $\frac{40}{45}$보다 작은 분수 중에서 분모가 45인 분수는 $\frac{37}{45}$, $\frac{38}{45}$, $\frac{39}{45}$로 모두 3개입니다.

답 3개

4 다음 조건을 만족하는 분수는 모두 몇 개인가요?

- $\frac{7}{12}$보다 크고 $\frac{5}{6}$보다 작습니다.
- 분모가 24입니다.

❶ $\frac{7}{12}$과 $\frac{5}{6}$를 각각 분모가 24인 분수로 통분하면?

예) $\frac{7}{12}=\frac{7\times2}{12\times2}=\frac{14}{24}$, $\frac{5}{6}=\frac{5\times4}{6\times4}=\frac{20}{24}$

❷ 조건을 만족하는 분수는 모두 몇 개?

예) $\frac{14}{24}$보다 크고 $\frac{20}{24}$보다 작은 분수 중에서 분모가 24인 분수는 $\frac{15}{24}$, $\frac{16}{24}$, $\frac{17}{24}$, $\frac{18}{24}$, $\frac{19}{24}$로 모두 5개입니다.

답 5개

12일 단원 마무리

★ 공부한 날 월 일

72쪽 크기가 같은 분수 구하기

1 $\frac{2}{7}$와 크기가 같은 분수 중에서 분모와 분자의 합이 36인 분수를 구해 보세요.

풀이 예) $\frac{2}{7}$와 크기가 같은 분수는 $\frac{2}{7}=\frac{4}{14}=\frac{6}{21}=\frac{8}{28}=\frac{10}{35}=$……입니다.
위에서 구한 분수의 분모와 분자의 합을 차례대로 쓰면 9, 18, 27, 36, 45……입니다.
따라서 구하려는 분수는 $\frac{8}{28}$입니다.

답 $\frac{8}{28}$

74쪽 소수를 분수로 나타내어 크기 비교하기

2 승준이는 과일 가게에서 방울토마토를 0.5 kg, 체리를 $\frac{17}{40}$ kg 샀습니다. 방울토마토와 체리 중 더 많이 산 것은 무엇인가요?

풀이 예) 산 방울토마토의 양을 분수로 나타내면 $0.5=\frac{5}{10}$이므로 $\frac{5}{10}$ kg입니다.
$\frac{5}{10}=\frac{20}{40}$이므로 $\frac{20}{40}>\frac{17}{40}$입니다.
따라서 방울토마토를 더 많이 샀습니다.

답 방울토마토

72쪽 크기가 같은 분수 구하기

3 분모와 분자의 차가 16이고, 기약분수로 나타내면 $\frac{5}{9}$인 분수를 구해 보세요.

풀이 예) $\frac{5}{9}$와 크기가 같은 분수는 $\frac{5}{9}=\frac{10}{18}=\frac{15}{27}=\frac{20}{36}=\frac{25}{45}=$……입니다.
위에서 구한 분수의 분모와 분자의 차를 차례대로 쓰면 4, 8, 12, 16, 20……입니다.
따라서 구하려는 분수는 $\frac{20}{36}$입니다.

답 $\frac{20}{36}$

72쪽 크기가 같은 분수 구하기

4 $\frac{3}{11}$과 크기가 같은 분수 중에서 분모와 분자의 합이 70인 분수를 구해 보세요.

풀이 예) $\frac{3}{11}$과 크기가 같은 분수는 $\frac{3}{11}=\frac{6}{22}=\frac{9}{33}=\frac{12}{44}=\frac{15}{55}=$……입니다. 위에서 구한 분수의 분모와 분자의 합을 차례대로 쓰면 14, 28, 42, 56, 70……입니다.
따라서 구하려는 분수는 $\frac{15}{55}$입니다.

답 $\frac{15}{55}$

74쪽 소수를 분수로 나타내어 크기 비교하기

5 우유가 $\frac{12}{25}$ L, 주스가 0.63 L 있습니다. 우유와 주스 중 더 적은 것은 무엇인가요?

풀이 예) 주스의 양을 분수로 나타내면 $0.63=\frac{63}{100}$이므로 $\frac{63}{100}$ L입니다.
$\frac{12}{25}=\frac{48}{100}$이므로 $\frac{48}{100}<\frac{63}{100}$입니다.
따라서 우유가 더 적습니다.

답 우유

78쪽 처음 분수 구하기

6 어떤 분수의 분모에서 4를 빼고 분자에 2를 더한 다음 6으로 약분하였더니 $\frac{4}{5}$가 되었습니다. 처음 분수를 구해 보세요.

풀이 예) 6으로 약분하기 전의 분수는 $\frac{4\times6}{5\times6}=\frac{24}{30}$입니다.
따라서 처음 분수는 $\frac{24}{30}$의 분자에서 2를 빼고 분모에 4를 더한 수이므로 $\frac{24-2}{30+4}=\frac{22}{34}$입니다.

답 $\frac{22}{34}$

78쪽 처음 분수 구하기

7 어떤 분수의 분모에 5를 더하고 분자에서 3을 뺀 다음 9로 약분하였더니 $\frac{7}{10}$이 되었습니다. 처음 분수를 구해 보세요.

풀이 예 9로 약분하기 전의 분수는 $\frac{7\times9}{10\times9}=\frac{63}{90}$입니다.
따라서 처음 분수는 $\frac{63}{90}$의 분자에 3을 더하고 분모에서 5를 뺀 수이므로 $\frac{63+3}{90-5}=\frac{66}{85}$입니다.

답 $\frac{66}{85}$

80쪽 조건에 맞는 분수 구하기

8 다음 조건을 만족하는 분수는 모두 몇 개인가요?

- $\frac{1}{4}$보다 크고 $\frac{5}{6}$보다 작습니다.
- 분모가 12입니다.

풀이 예 $\frac{1}{4}$과 $\frac{5}{6}$를 각각 분모가 12인 분수로 나타내면
$\frac{1}{4}=\frac{1\times3}{4\times3}=\frac{3}{12}$, $\frac{5}{6}=\frac{5\times2}{6\times2}=\frac{10}{12}$입니다.
따라서 $\frac{3}{12}$보다 크고 $\frac{10}{12}$보다 작은 분수 중에서 분모가 12인 분수는 $\frac{4}{12}$, $\frac{5}{12}$, $\frac{6}{12}$, $\frac{7}{12}$, $\frac{8}{12}$, $\frac{9}{12}$로 모두 6개입니다.

답 6개

80쪽 조건에 맞는 분수 구하기

9 다음 조건을 만족하는 분수는 모두 몇 개인가요?

- $\frac{3}{8}$보다 크고 $\frac{9}{20}$보다 작습니다.
- 분모가 40입니다.

풀이 예 $\frac{3}{8}$과 $\frac{9}{20}$를 각각 분모가 40인 분수로 나타내면
$\frac{3}{8}=\frac{3\times5}{8\times5}=\frac{15}{40}$, $\frac{9}{20}=\frac{9\times2}{20\times2}=\frac{18}{40}$입니다.
따라서 $\frac{15}{40}$보다 크고 $\frac{18}{40}$보다 작은 분수 중에서 분모가 40인 분수는 $\frac{16}{40}$, $\frac{17}{40}$로 모두 2개입니다.

답 2개

74쪽 소수를 분수로 나타내어 크기 비교하기

10 도전 문제

상자를 포장하는 데 리본을 효주는 $1\frac{2}{3}$ m, 민기는 1.75 m, 찬우는 $1\frac{11}{24}$ m 사용했습니다. 리본을 많이 사용한 사람부터 차례대로 이름을 써 보세요.

❶ 민기가 사용한 리본의 길이를 분수로 나타내면?
예 $1.75=1\frac{75}{100}$이므로 민기가 사용한 리본의 길이는 $1\frac{75}{100}$ m입니다.

❷ 효주와 민기가 사용한 리본의 길이를 각각 분모가 24인 분수로 나타내면?
예 $1\frac{2}{3}=1\frac{16}{24}$이므로 효주가 사용한 리본의 길이는 $1\frac{16}{24}$ m,
$1\frac{75}{100}=1\frac{3}{4}=1\frac{18}{24}$이므로 민기가 사용한 리본의 길이는 $1\frac{18}{24}$ m입니다.

❸ 세 사람이 사용한 리본의 길이를 비교하면?
예 $1\frac{18}{24}>1\frac{16}{24}>1\frac{11}{24}$이므로 리본을 많이 사용한 사람부터 차례대로 이름을 쓰면 민기, 효주, 찬우입니다.

답 민기, 효주, 찬우

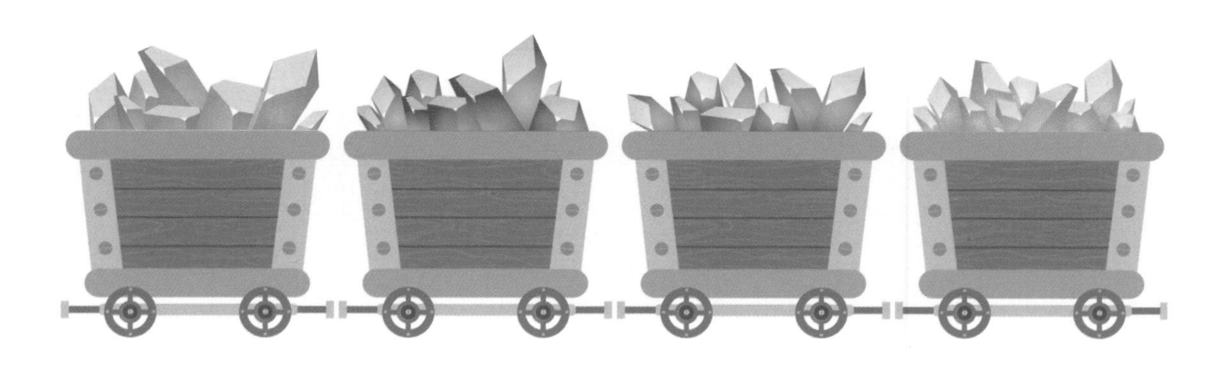

5. 분수의 덧셈과 뺄셈

❗계산 결과를 기약분수나 대분수로 나타내지 않아도 정답으로 인정합니다.

90쪽 ~ 91쪽

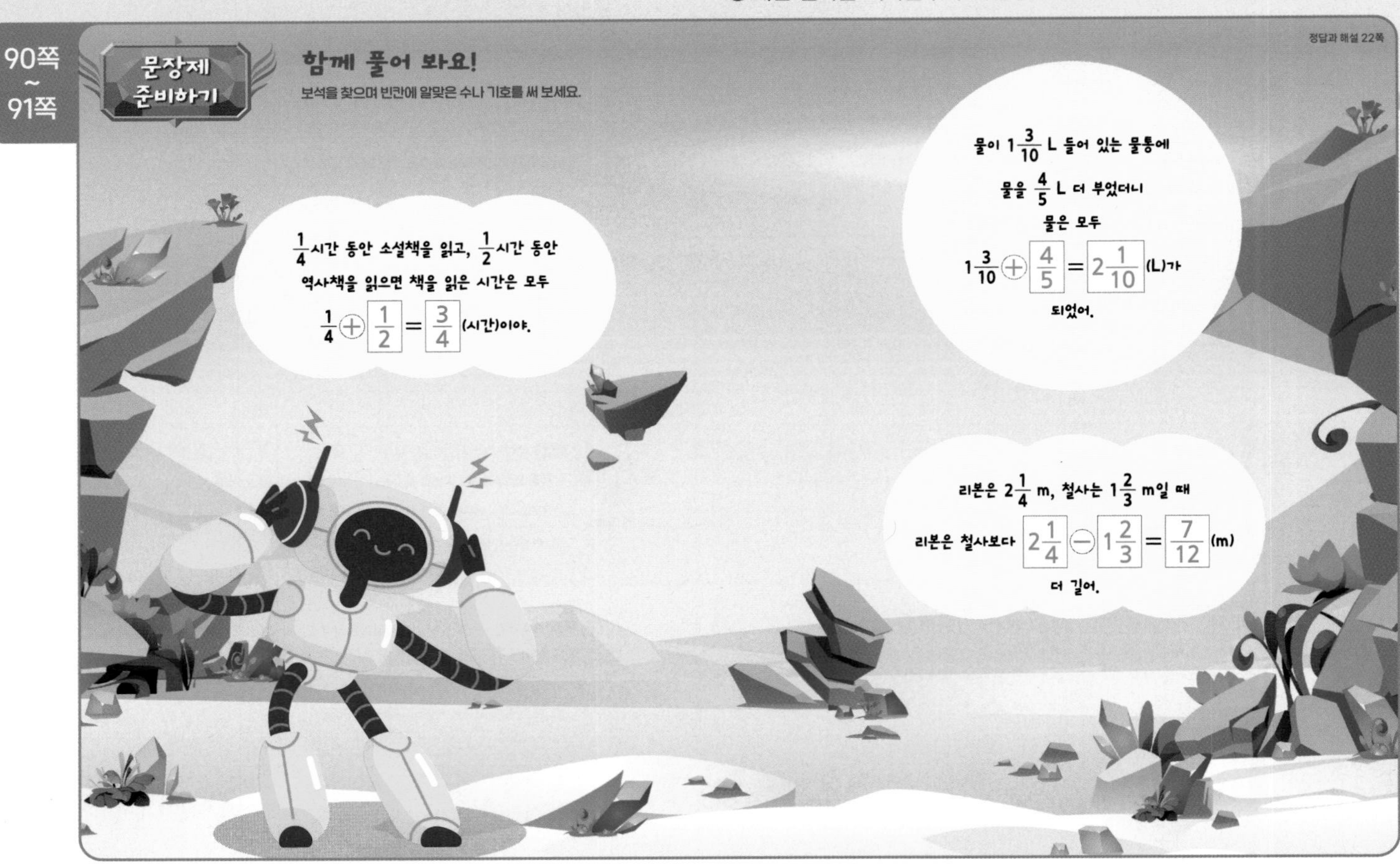

정답과 해설 22쪽
문장제 준비하기
함께 풀어 봐요!
보석을 찾으며 빈칸에 알맞은 수나 기호를 써 보세요.
$\frac{1}{4}$시간 동안 소설책을 읽고, $\frac{1}{2}$시간 동안 역사책을 읽으면 책을 읽은 시간은 모두 $\frac{1}{4} + \frac{1}{2} = \frac{3}{4}$(시간)이야.
물이 $1\frac{3}{10}$ L 들어 있는 물통에 물을 $\frac{4}{5}$ L 더 부었더니 물은 모두 $1\frac{3}{10} + \frac{4}{5} = 2\frac{1}{10}$(L)가 되었어.
리본은 $2\frac{1}{4}$ m, 철사는 $1\frac{2}{3}$ m일 때 리본은 철사보다 $2\frac{1}{4} - 1\frac{2}{3} = \frac{7}{12}$(m) 더 길어.

92쪽 ~ 93쪽

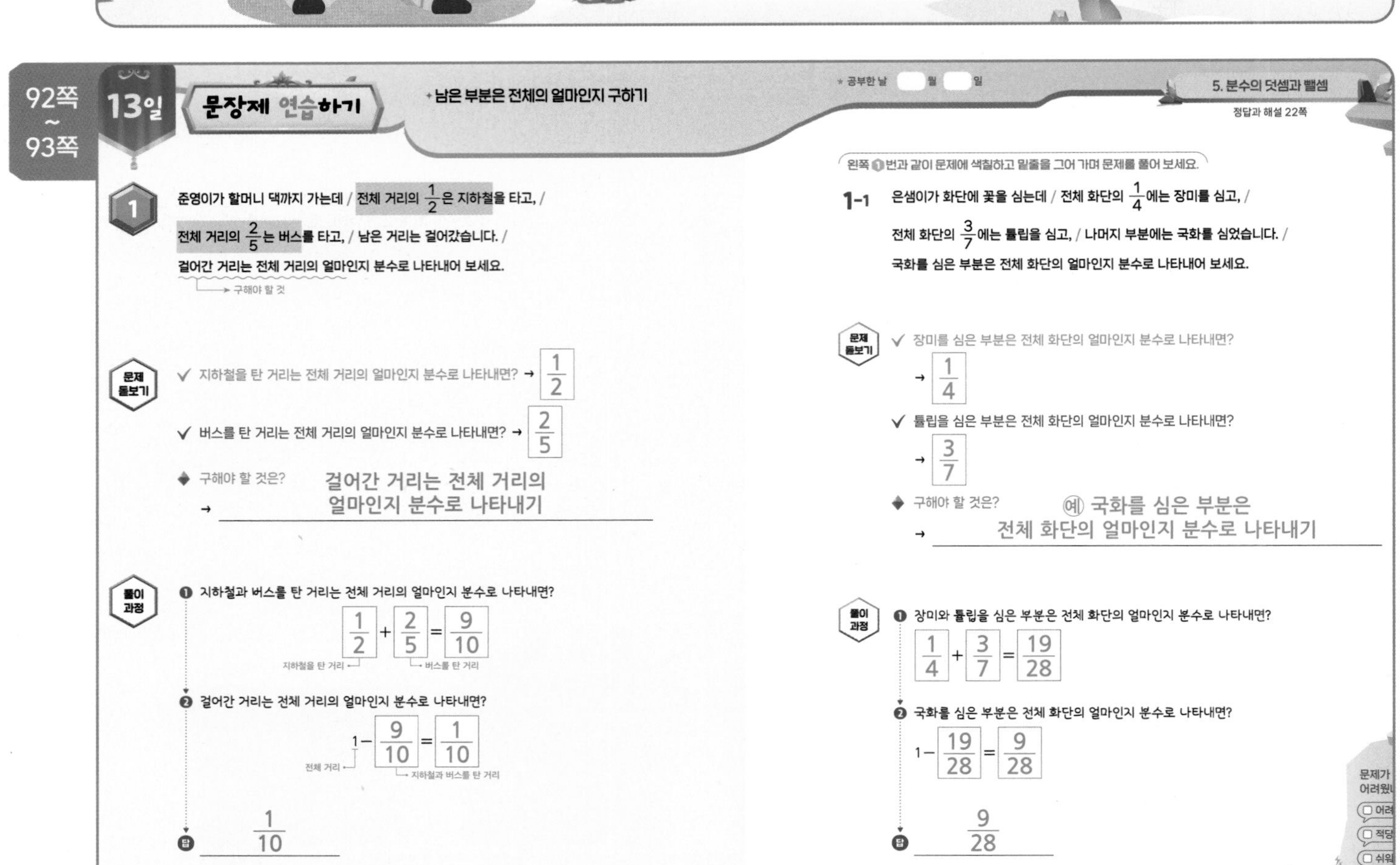

13일 문장제 연습하기
남은 부분은 전체의 얼마인지 구하기
공부한 날 월 일
5. 분수의 덧셈과 뺄셈
정답과 해설 22쪽
1 준영이가 할머니 댁까지 가는데 / 전체 거리의 $\frac{1}{2}$은 지하철을 타고, / 전체 거리의 $\frac{2}{5}$는 버스를 타고, / 남은 거리는 걸어갔습니다. / 걸어간 거리는 전체 거리의 얼마인지 분수로 나타내어 보세요.
구해야 할 것
문제 돋보기
✓ 지하철을 탄 거리는 전체 거리의 얼마인지 분수로 나타내면? → $\frac{1}{2}$
✓ 버스를 탄 거리는 전체 거리의 얼마인지 분수로 나타내면? → $\frac{2}{5}$
◆ 구해야 할 것은? → 걸어간 거리는 전체 거리의 얼마인지 분수로 나타내기
풀이 과정
❶ 지하철과 버스를 탄 거리는 전체 거리의 얼마인지 분수로 나타내면?
$\frac{1}{2} + \frac{2}{5} = \frac{9}{10}$
지하철을 탄 거리 / 버스를 탄 거리
❷ 걸어간 거리는 전체 거리의 얼마인지 분수로 나타내면?
$1 - \frac{9}{10} = \frac{1}{10}$
전체 거리 / 지하철과 버스를 탄 거리
답 $\frac{1}{10}$
왼쪽 1번과 같이 문제에 색칠하고 밑줄을 그어 가며 문제를 풀어 보세요.
1-1 은샘이가 화단에 꽃을 심는데 / 전체 화단의 $\frac{1}{4}$에는 장미를 심고, / 전체 화단의 $\frac{3}{7}$에는 튤립을 심고, / 나머지 부분에는 국화를 심었습니다. / 국화를 심은 부분은 전체 화단의 얼마인지 분수로 나타내어 보세요.
문제 돋보기
✓ 장미를 심은 부분은 전체 화단의 얼마인지 분수로 나타내면? → $\frac{1}{4}$
✓ 튤립을 심은 부분은 전체 화단의 얼마인지 분수로 나타내면? → $\frac{3}{7}$
◆ 구해야 할 것은? → 예 국화를 심은 부분은 전체 화단의 얼마인지 분수로 나타내기
풀이 과정
❶ 장미와 튤립을 심은 부분은 전체 화단의 얼마인지 분수로 나타내면?
$\frac{1}{4} + \frac{3}{7} = \frac{19}{28}$
❷ 국화를 심은 부분은 전체 화단의 얼마인지 분수로 나타내면?
$1 - \frac{19}{28} = \frac{9}{28}$
답 $\frac{9}{28}$

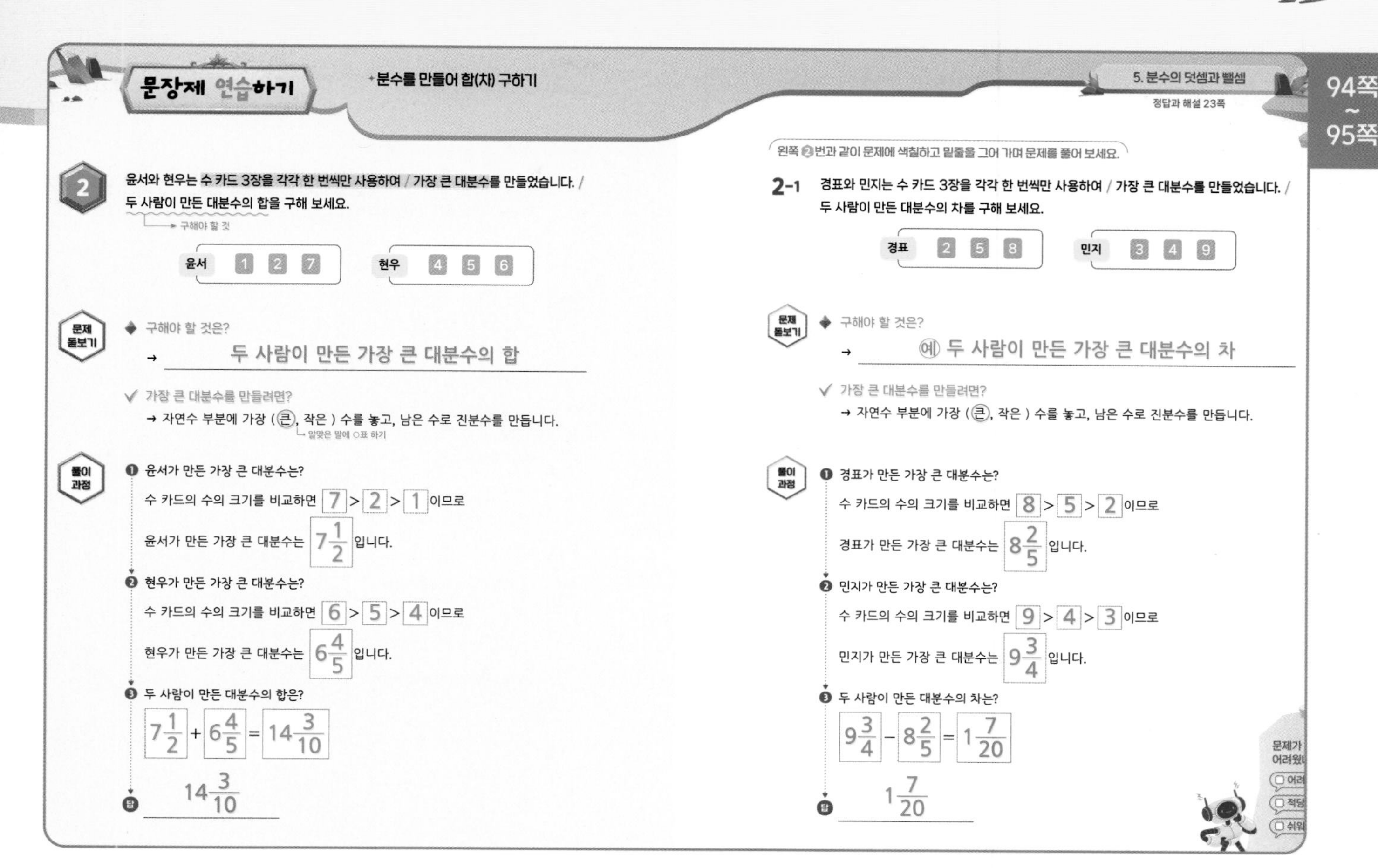

문장제 연습하기

+ 분수를 만들어 합(차) 구하기

5. 분수의 덧셈과 뺄셈

정답과 해설 23쪽

94쪽 ~ 95쪽

2 윤서와 현우는 수 카드 3장을 각각 한 번씩만 사용하여 / 가장 큰 대분수를 만들었습니다. / 두 사람이 만든 대분수의 합을 구해 보세요.

→ 구해야 할 것

윤서 1 2 7　　현우 4 5 6

문제 돌보기

◆ 구해야 할 것은?

→ 두 사람이 만든 가장 큰 대분수의 합

✓ 가장 큰 대분수를 만들려면?

→ 자연수 부분에 가장 (큰, 작은) 수를 놓고, 남은 수로 진분수를 만듭니다.

→ 알맞은 말에 ○표 하기

풀이 과정

❶ 윤서가 만든 가장 큰 대분수는?

수 카드의 수의 크기를 비교하면 7 > 2 > 1 이므로

윤서가 만든 가장 큰 대분수는 $7\frac{1}{2}$ 입니다.

❷ 현우가 만든 가장 큰 대분수는?

수 카드의 수의 크기를 비교하면 6 > 5 > 4 이므로

현우가 만든 가장 큰 대분수는 $6\frac{4}{5}$ 입니다.

❸ 두 사람이 만든 대분수의 합은?

$7\frac{1}{2}+6\frac{4}{5}=14\frac{3}{10}$

답 $14\frac{3}{10}$

왼쪽 ❷번과 같이 문제에 색칠하고 밑줄을 그어 가며 문제를 풀어 보세요.

2-1 경표와 민지는 수 카드 3장을 각각 한 번씩만 사용하여 / 가장 큰 대분수를 만들었습니다. / 두 사람이 만든 대분수의 차를 구해 보세요.

경표 2 5 8　　민지 3 4 9

문제 돌보기

◆ 구해야 할 것은?

→ 예 두 사람이 만든 가장 큰 대분수의 차

✓ 가장 큰 대분수를 만들려면?

→ 자연수 부분에 가장 (큰, 작은) 수를 놓고, 남은 수로 진분수를 만듭니다.

풀이 과정

❶ 경표가 만든 가장 큰 대분수는?

수 카드의 수의 크기를 비교하면 8 > 5 > 2 이므로

경표가 만든 가장 큰 대분수는 $8\frac{2}{5}$ 입니다.

❷ 민지가 만든 가장 큰 대분수는?

수 카드의 수의 크기를 비교하면 9 > 4 > 3 이므로

민지가 만든 가장 큰 대분수는 $9\frac{3}{4}$ 입니다.

❸ 두 사람이 만든 대분수의 차는?

$9\frac{3}{4}-8\frac{2}{5}=1\frac{7}{20}$

답 $1\frac{7}{20}$

문제가 어려웠나요? 어려워요 적당해요 쉬워요

+ 남은 부분은 전체의 얼마인지 구하기
+ 분수를 만들어 합(차) 구하기

5. 분수의 덧셈과 뺄셈

정답과 해설 23쪽

96쪽 ~ 97쪽

문제를 읽고 '연습하기'에서 했던 것처럼 밑줄을 그어 가며 문제를 풀어 보세요.

1 정효는 용돈을 받아 전체 용돈의 $\frac{5}{8}$는 학용품을 사고, 전체 용돈의 $\frac{1}{6}$은 장난감을 사고, 나머지 돈은 저금했습니다. 저금한 돈은 전체 용돈의 얼마인지 분수로 나타내어 보세요.

❶ 학용품과 장난감을 산 돈은 전체 용돈의 얼마인지 분수로 나타내면?

예 $\frac{5}{8}+\frac{1}{6}=\frac{15}{24}+\frac{4}{24}=\frac{19}{24}$

❷ 저금한 돈은 전체 용돈의 얼마인지 분수로 나타내면?

예 $1-\frac{19}{24}=\frac{24}{24}-\frac{19}{24}=\frac{5}{24}$

답 $\frac{5}{24}$

2 혜주와 석우는 수 카드 3장을 각각 한 번씩만 사용하여 가장 큰 대분수를 만들었습니다. 두 사람이 만든 대분수의 합을 구해 보세요.

혜주 1 3 8

석우 5 6 7

❶ 혜주가 만든 가장 큰 대분수는?

예 수 카드의 수의 크기를 비교하면 8 > 3 > 1이므로

혜주가 만든 가장 큰 대분수는 $8\frac{1}{3}$입니다.

❷ 석우가 만든 가장 큰 대분수는?

예 수 카드의 수의 크기를 비교하면 7 > 6 > 5이므로

석우가 만든 가장 큰 대분수는 $7\frac{5}{6}$입니다.

❸ 두 사람이 만든 대분수의 합은?

예 $8\frac{1}{3}+7\frac{5}{6}=8\frac{2}{6}+7\frac{5}{6}=15\frac{7}{6}=16\frac{1}{6}$

답 $16\frac{1}{6}$

3 병에 들어 있는 사탕 중에서 전체 사탕의 $\frac{3}{5}$은 딸기 맛이고, 전체 사탕의 $\frac{2}{9}$는 포도 맛이고, 나머지 사탕은 사과 맛입니다. 사과 맛 사탕은 전체 사탕의 얼마인지 분수로 나타내어 보세요.

❶ 딸기 맛 사탕과 포도 맛 사탕은 전체 사탕의 얼마인지 분수로 나타내면?

예 $\frac{3}{5}+\frac{2}{9}=\frac{27}{45}+\frac{10}{45}=\frac{37}{45}$

❷ 사과 맛 사탕은 전체 사탕의 얼마인지 분수로 나타내면?

예 $1-\frac{37}{45}=\frac{45}{45}-\frac{37}{45}=\frac{8}{45}$

답 $\frac{8}{45}$

4 남준이와 하은이는 수 카드 3장을 각각 한 번씩만 사용하여 가장 큰 대분수를 만들었습니다. 두 사람이 만든 대분수의 차를 구해 보세요.

남준 2 3 4

하은 1 8 9

❶ 남준이가 만든 가장 큰 대분수는?

예 수 카드의 수의 크기를 비교하면 4 > 3 > 2이므로

남준이가 만든 가장 큰 대분수는 $4\frac{2}{3}$입니다.

❷ 하은이가 만든 가장 큰 대분수는?

예 수 카드의 수의 크기를 비교하면 9 > 8 > 1이므로

하은이가 만든 가장 큰 대분수는 $9\frac{1}{8}$입니다.

❸ 두 사람이 만든 대분수의 차는?

예 $9\frac{1}{8}-4\frac{2}{3}=9\frac{3}{24}-4\frac{16}{24}=8\frac{27}{24}-4\frac{16}{24}=4\frac{11}{24}$

답 $4\frac{11}{24}$

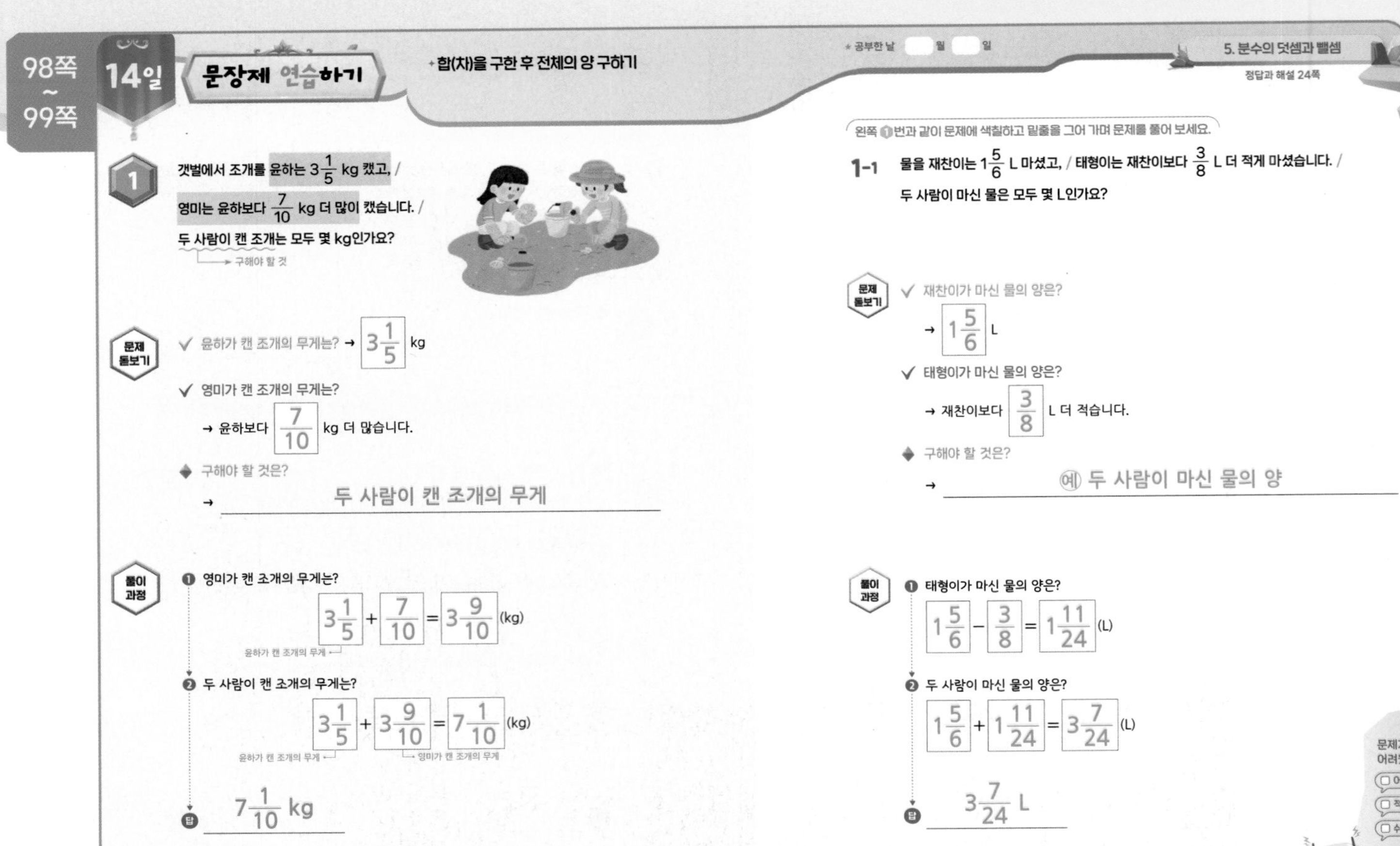

98쪽 ~ 99쪽

14일 **문장제 연습하기**

+합(차)을 구한 후 전체의 양 구하기

공부한 날 월 일

5. 분수의 덧셈과 뺄셈

정답과 해설 24쪽

1 갯벌에서 조개를 윤하는 $3\frac{1}{5}$ kg 캤고, / 영미는 윤하보다 $\frac{7}{10}$ kg 더 많이 캤습니다. / 두 사람이 캔 조개는 모두 몇 kg인가요?

구해야 할 것

문제 돋보기

✓ 윤하가 캔 조개의 무게는? → $3\frac{1}{5}$ kg

✓ 영미가 캔 조개의 무게는?

→ 윤하보다 $\frac{7}{10}$ kg 더 많습니다.

◆ 구해야 할 것은?

→ 두 사람이 캔 조개의 무게

풀이 과정

❶ 영미가 캔 조개의 무게는?

$3\frac{1}{5}+\frac{7}{10}=3\frac{9}{10}$ (kg)

윤하가 캔 조개의 무게

❷ 두 사람이 캔 조개의 무게는?

$3\frac{1}{5}+3\frac{9}{10}=7\frac{1}{10}$ (kg)

윤하가 캔 조개의 무게, 영미가 캔 조개의 무게

답 $7\frac{1}{10}$ kg

왼쪽 ❶번과 같이 문제에 색칠하고 밑줄을 그어 가며 문제를 풀어 보세요.

1-1 물을 재찬이는 $1\frac{5}{6}$ L 마셨고, / 태형이는 재찬이보다 $\frac{3}{8}$ L 더 적게 마셨습니다. / 두 사람이 마신 물은 모두 몇 L인가요?

문제 돋보기

✓ 재찬이가 마신 물의 양은?

→ $1\frac{5}{6}$ L

✓ 태형이가 마신 물의 양은?

→ 재찬이보다 $\frac{3}{8}$ L 더 적습니다.

◆ 구해야 할 것은?

→ 예 두 사람이 마신 물의 양

풀이 과정

❶ 태형이가 마신 물의 양은?

$1\frac{5}{6}-\frac{3}{8}=1\frac{11}{24}$ (L)

❷ 두 사람이 마신 물의 양은?

$1\frac{5}{6}+1\frac{11}{24}=3\frac{7}{24}$ (L)

답 $3\frac{7}{24}$ L

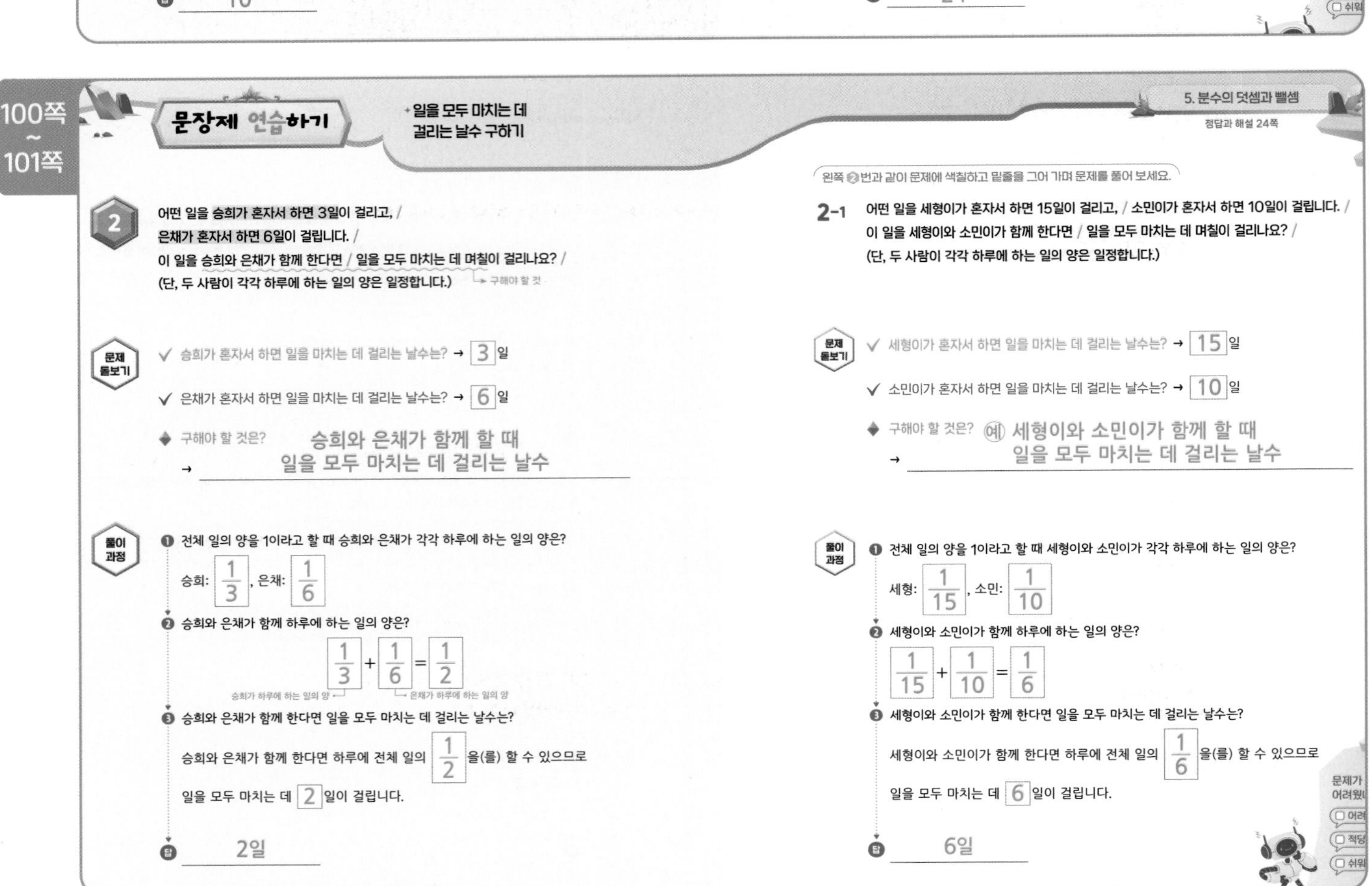

100쪽 ~ 101쪽

문장제 연습하기

+일을 모두 마치는 데 걸리는 날수 구하기

5. 분수의 덧셈과 뺄셈

정답과 해설 24쪽

2 어떤 일을 승희가 혼자서 하면 3일이 걸리고, / 은채가 혼자서 하면 6일이 걸립니다. / 이 일을 승희와 은채가 함께 한다면 / 일을 모두 마치는 데 며칠이 걸리나요? / (단, 두 사람이 각각 하루에 하는 일의 양은 일정합니다.)

구해야 할 것

문제 돋보기

✓ 승희가 혼자서 하면 일을 마치는 데 걸리는 날수는? → 3 일

✓ 은채가 혼자서 하면 일을 마치는 데 걸리는 날수는? → 6 일

◆ 구해야 할 것은?

→ 승희와 은채가 함께 할 때 일을 모두 마치는 데 걸리는 날수

풀이 과정

❶ 전체 일의 양을 1이라고 할 때 승희와 은채가 각각 하루에 하는 일의 양은?

승희: $\frac{1}{3}$, 은채: $\frac{1}{6}$

❷ 승희와 은채가 함께 하루에 하는 일의 양은?

$\frac{1}{3}+\frac{1}{6}=\frac{1}{2}$

승희가 하루에 하는 일의 양, 은채가 하루에 하는 일의 양

❸ 승희와 은채가 함께 한다면 일을 모두 마치는 데 걸리는 날수는?

승희와 은채가 함께 한다면 하루에 전체 일의 $\frac{1}{2}$ 을(를) 할 수 있으므로

일을 모두 마치는 데 2 일이 걸립니다.

답 2일

왼쪽 ❷번과 같이 문제에 색칠하고 밑줄을 그어 가며 문제를 풀어 보세요.

2-1 어떤 일을 세형이가 혼자서 하면 15일이 걸리고, / 소민이가 혼자서 하면 10일이 걸립니다. / 이 일을 세형이와 소민이가 함께 한다면 / 일을 모두 마치는 데 며칠이 걸리나요? / (단, 두 사람이 각각 하루에 하는 일의 양은 일정합니다.)

문제 돋보기

✓ 세형이가 혼자서 하면 일을 마치는 데 걸리는 날수는? → 15 일

✓ 소민이가 혼자서 하면 일을 마치는 데 걸리는 날수는? → 10 일

◆ 구해야 할 것은?

→ 예 세형이와 소민이가 함께 할 때 일을 모두 마치는 데 걸리는 날수

풀이 과정

❶ 전체 일의 양을 1이라고 할 때 세형이와 소민이가 각각 하루에 하는 일의 양은?

세형: $\frac{1}{15}$, 소민: $\frac{1}{10}$

❷ 세형이와 소민이가 함께 하루에 하는 일의 양은?

$\frac{1}{15}+\frac{1}{10}=\frac{1}{6}$

❸ 세형이와 소민이가 함께 한다면 일을 모두 마치는 데 걸리는 날수는?

세형이와 소민이가 함께 한다면 하루에 전체 일의 $\frac{1}{6}$ 을(를) 할 수 있으므로

일을 모두 마치는 데 6 일이 걸립니다.

답 6일

문장제 실력 쌓기

+ 합(차)을 구한 후 전체의 양 구하기
+ 일을 모두 마치는 데 걸리는 날수 구하기

문제를 읽고 '연습하기'에서 했던 것처럼 밑줄을 그어 가며 문제를 풀어 보세요.

1 과수원에서 앵두를 윤기는 $4\frac{1}{2}$ kg 땄고, 서우는 윤기보다 $\frac{3}{4}$ kg 더 많이 땄습니다. 두 사람이 딴 앵두는 모두 몇 kg인가요?

❶ 서우가 딴 앵두의 무게는?
예 (윤기가 딴 앵두의 무게)$+\frac{3}{4}=4\frac{1}{2}+\frac{3}{4}=4\frac{2}{4}+\frac{3}{4}=4\frac{5}{4}=5\frac{1}{4}$(kg)

❷ 두 사람이 딴 앵두의 무게는?
예 (윤기가 딴 앵두의 무게)+(서우가 딴 앵두의 무게)
$=4\frac{1}{2}+5\frac{1}{4}=4\frac{2}{4}+5\frac{1}{4}=9\frac{3}{4}$(kg)

답 $9\frac{3}{4}$ kg

2 원영이가 가지고 있는 빨간색 리본은 $3\frac{5}{14}$ m이고, 파란색 리본은 빨간색 리본보다 $\frac{2}{7}$ m 더 짧습니다. 원영이가 가지고 있는 리본은 모두 몇 m인가요?

❶ 원영이가 가지고 있는 파란색 리본의 길이는?
예 (빨간색 리본의 길이)$-\frac{2}{7}=3\frac{5}{14}-\frac{2}{7}=3\frac{5}{14}-\frac{4}{14}=3\frac{1}{14}$(m)

❷ 원영이가 가지고 있는 리본의 전체 길이는?
예 (빨간색 리본의 길이)+(파란색 리본의 길이)
$=3\frac{5}{14}+3\frac{1}{14}=6\frac{6}{14}=6\frac{3}{7}$(m)

답 $6\frac{3}{7}$ m

3 어떤 일을 민찬이가 혼자서 하면 8일이 걸리고, 예진이가 혼자서 하면 24일이 걸립니다. 이 일을 민찬이와 예진이가 함께 한다면 일을 모두 마치는 데 며칠이 걸리나요? (단, 두 사람이 각각 하루에 하는 일의 양은 일정합니다.)

❶ 전체 일의 양을 1이라고 할 때 민찬이와 예진이가 각각 하루에 하는 일의 양은?
예 민찬: $\frac{1}{8}$, 예진: $\frac{1}{24}$

❷ 민찬이와 예진이가 함께 하루에 하는 일의 양은?
예 $\frac{1}{8}+\frac{1}{24}=\frac{3}{24}+\frac{1}{24}=\frac{4}{24}=\frac{1}{6}$

❸ 민찬이와 예진이가 함께 한다면 일을 모두 마치는 데 걸리는 날수는?
예 민찬이와 예진이가 함께 한다면 하루에 전체 일의 $\frac{1}{6}$을 할 수 있으므로 일을 모두 마치는 데 6일이 걸립니다.

답 6일

4 어떤 일을 지현이가 혼자서 하면 30일이 걸리고, 도연이가 혼자서 하면 20일이 걸립니다. 이 일을 지현이와 도연이가 함께 한다면 일을 모두 마치는 데 며칠이 걸리나요? (단, 두 사람이 각각 하루에 하는 일의 양은 일정합니다.)

❶ 전체 일의 양을 1이라고 할 때 지현이와 도연이가 각각 하루에 하는 일의 양은?
예 지현: $\frac{1}{30}$, 도연: $\frac{1}{20}$

❷ 지현이와 도연이가 함께 하루에 하는 일의 양은?
예 $\frac{1}{30}+\frac{1}{20}=\frac{2}{60}+\frac{3}{60}=\frac{5}{60}=\frac{1}{12}$

❸ 지현이와 도연이가 함께 한다면 일을 모두 마치는 데 걸리는 날수는?
예 지현이와 도연이가 함께 한다면 하루에 전체 일의 $\frac{1}{12}$을 할 수 있으므로 일을 모두 마치는 데 12일이 걸립니다.

답 12일

15일 문장제 연습하기

+ 분수로 나타낸 시간 계산하기

재성이는 오전 9시부터 독서를 했습니다. / $\frac{1}{6}$시간 동안 동화책을 읽고, / $\frac{2}{3}$시간 동안 과학책을 읽었습니다. / 재성이가 독서를 마친 시각은 오전 몇 시 몇 분인가요?

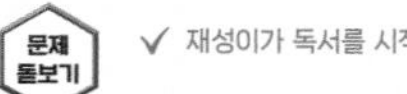

문제 돋보기
✓ 재성이가 독서를 시작한 시각은? → 오전 9 시
✓ 재성이가 동화책과 과학책을 각각 읽은 시간은?
→ 동화책: $\frac{1}{6}$ 시간, 과학책: $\frac{2}{3}$ 시간
◆ 구해야 할 것은?
→ 재성이가 독서를 마친 시각

풀이 과정
❶ 재성이가 독서를 한 시간은 몇 분?
$\frac{1}{6}+\frac{2}{3}=\frac{5}{6}$(시간)
(동화책을 읽은 시간, 과학책을 읽은 시간)
⇨ 1시간=60분이므로 $\frac{5}{6}$시간$=\frac{50}{60}$시간$=$ 50 분입니다.

❷ 재성이가 독서를 마친 시각은?
재성이가 독서를 마친 시각은
오전 9시+ 50 분=오전 9 시 50 분입니다.

답 오전 9시 50분

왼쪽 ❶번과 같이 문제에 색칠하고 밑줄을 그어 가며 문제를 풀어 보세요.

1-1 찬욱이는 오후 3시부터 수영을 했습니다. / $\frac{5}{12}$시간 동안 자유형을 하고, / $\frac{1}{4}$시간 동안 평영을 했습니다. / 찬욱이가 수영을 마친 시각은 오후 몇 시 몇 분인가요?

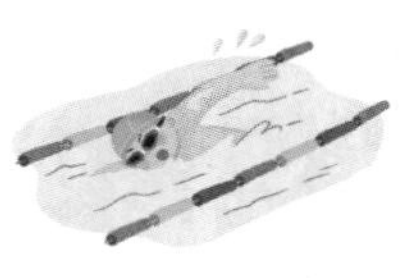

문제 돋보기
✓ 찬욱이가 수영을 시작한 시각은? → 오후 3 시
✓ 찬욱이가 자유형과 평영을 각각 한 시간은? → 자유형: $\frac{5}{12}$ 시간, 평영: $\frac{1}{4}$ 시간
◆ 구해야 할 것은?
→ 예 찬욱이가 수영을 마친 시각

풀이 과정
❶ 찬욱이가 수영을 한 시간은 몇 분?
$\frac{5}{12}+\frac{1}{4}=\frac{2}{3}$(시간)
⇨ 1시간=60분이므로 $\frac{2}{3}$시간$=\frac{40}{60}$시간$=$ 40 분입니다.

❷ 찬욱이가 수영을 마친 시각은?
찬욱이가 수영을 마친 시각은
오후 3시+ 40 분=오후 3 시 40 분입니다.

답 오후 3시 40분

문장제 연습하기

+길이 비교하기

2 집에서 서점을 거쳐 학교까지 가는 거리는 / 바로 학교까지 가는 거리보다 / 몇 km 더 먼가요?

구해야 할 것

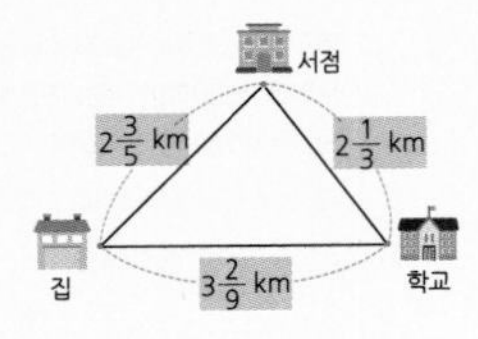

문제 돌보기

✓ 집~서점, 서점~학교, 집~학교의 거리는 각각 몇 km?

→ 집~서점: $2\frac{3}{5}$ km, 서점~학교: $2\frac{1}{3}$ km, 집~학교: $3\frac{2}{9}$ km

◆ 구해야 할 것은? 집에서 서점을 거쳐 학교까지 가는 거리와 → 바로 학교까지 가는 거리의 차

풀이 과정

❶ 집에서 서점을 거쳐 학교까지 가는 거리는?

$2\frac{3}{5}+2\frac{1}{3}=4\frac{14}{15}$ (km)

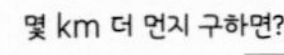

집~서점의 거리, 서점~학교의 거리

❷ 집에서 서점을 거쳐 학교까지 가는 거리는 바로 학교까지 가는 거리보다 몇 km 더 먼지 구하면?

$4\frac{14}{15}-3\frac{2}{9}=1\frac{32}{45}$ (km)

집~서점~학교의 거리, 집~학교의 거리

답 $1\frac{32}{45}$ km

왼쪽 ❷번과 같이 문제에 색칠하고 밑줄을 그어 가며 문제를 풀어 보세요.

2-1 은행에서 병원을 거쳐 시장까지 가는 거리는 / 바로 시장까지 가는 거리보다 / 몇 km 더 먼가요?

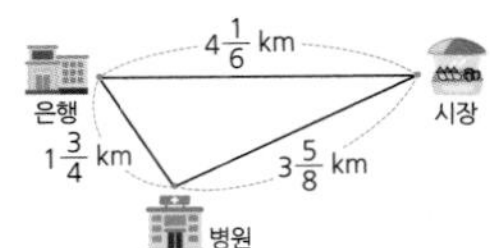

문제 돌보기

✓ 은행~병원, 병원~시장, 은행~시장의 거리는 각각 몇 km?

→ 은행~병원: $1\frac{3}{4}$ km, 병원~시장: $3\frac{5}{8}$ km, 은행~시장: $4\frac{1}{6}$ km

◆ 구해야 할 것은? 예 은행에서 병원을 거쳐 시장까지 → 가는 거리와 바로 시장까지 가는 거리의 차

풀이 과정

❶ 은행에서 병원을 거쳐 시장까지 가는 거리는?

$1\frac{3}{4}+3\frac{5}{8}=5\frac{3}{8}$ (km)

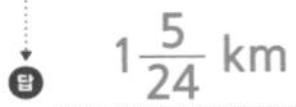

❷ 은행에서 병원을 거쳐 시장까지 가는 거리는 바로 시장까지 가는 거리보다 몇 km 더 먼지 구하면?

$5\frac{3}{8}-4\frac{1}{6}=1\frac{5}{24}$ (km)

답 $1\frac{5}{24}$ km

문장제 실력 쌓기

+분수로 나타낸 시간 계산하기
+길이 비교하기

문제를 읽고 '연습하기'에서 했던 것처럼 밑줄을 그어 가며 문제를 풀어 보세요.

1 명지는 오후 2시부터 청소를 했습니다. $\frac{3}{5}$시간 동안 방을 청소하고, $\frac{4}{15}$시간 동안 거실을 청소했습니다. 명지가 청소를 마친 시각은 오후 몇 시 몇 분인가요?

❶ 명지가 청소를 한 시간은 몇 분?

예 (방을 청소한 시간)+(거실을 청소한 시간)$=\frac{3}{5}+\frac{4}{15}=\frac{9}{15}+\frac{4}{15}=\frac{13}{15}$(시간)

⇨ 1시간=60분이므로 $\frac{13}{15}$시간$=\frac{52}{60}$시간=52분입니다.

❷ 명지가 청소를 마친 시각은?

예 명지가 청소를 마친 시각은 오후 2시+52분=오후 2시 52분입니다.

답 오후 2시 52분

2 혜영이는 오전 10시부터 컴퓨터를 사용했습니다. $\frac{7}{10}$시간 동안 타자 연습을 하고, $\frac{1}{3}$시간 동안 문서 작성을 했습니다. 혜영이가 컴퓨터 사용을 마친 시각은 오전 몇 시 몇 분인가요?

❶ 혜영이가 컴퓨터를 사용한 시간은 몇 시간 몇 분?

예 (타자 연습을 한 시간)+(문서 작성을 한 시간)$=\frac{7}{10}+\frac{1}{3}=\frac{21}{30}+\frac{10}{30}=\frac{31}{30}=1\frac{1}{30}$(시간)

⇨ 1시간=60분이므로 $1\frac{1}{30}$시간$=1\frac{2}{60}$시간=1시간 2분입니다.

❷ 혜영이가 컴퓨터 사용을 마친 시각은?

예 혜영이가 컴퓨터 사용을 마친 시각은 오전 10시+1시간 2분=오전 11시 2분입니다.

답 오전 11시 2분

3 집에서 경찰서를 거쳐 소방서까지 가는 거리는 바로 소방서까지 가는 거리보다 몇 km 더 먼가요?

❶ 집에서 경찰서를 거쳐 소방서까지 가는 거리는?

예 (집~경찰서)+(경찰서~소방서)
$=2\frac{3}{7}+3\frac{11}{14}=2\frac{6}{14}+3\frac{11}{14}=5\frac{17}{14}=6\frac{3}{14}$(km)

❷ 집에서 경찰서를 거쳐 소방서까지 가는 거리는 바로 소방서까지 가는 거리보다 몇 km 더 먼지 구하면?

예 (집~경찰서~소방서)−(집~소방서)
$=6\frac{3}{14}-5\frac{4}{21}=6\frac{9}{42}-5\frac{8}{42}=1\frac{1}{42}$(km)

답 $1\frac{1}{42}$ km

4 우체국에서 도서관을 거쳐 시청까지 가는 거리는 바로 시청까지 가는 거리보다 몇 km 더 먼가요?

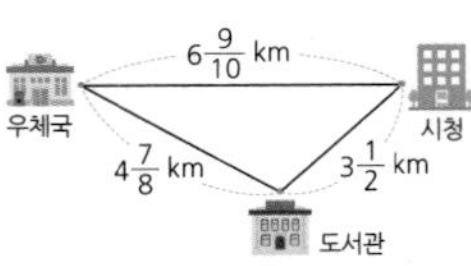

❶ 우체국에서 도서관을 거쳐 시청까지 가는 거리는?

예 (우체국~도서관)+(도서관~시청)
$=4\frac{7}{8}+3\frac{1}{2}=4\frac{7}{8}+3\frac{4}{8}=7\frac{11}{8}=8\frac{3}{8}$(km)

❷ 우체국에서 도서관을 거쳐 시청까지 가는 거리는 바로 시청까지 가는 거리보다 몇 km 더 먼지 구하면?

예 (우체국~도서관~시청)−(우체국~시청)
$=8\frac{3}{8}-6\frac{9}{10}=8\frac{15}{40}-6\frac{36}{40}=7\frac{55}{40}-6\frac{36}{40}=1\frac{19}{40}$(km)

답 $1\frac{19}{40}$ km

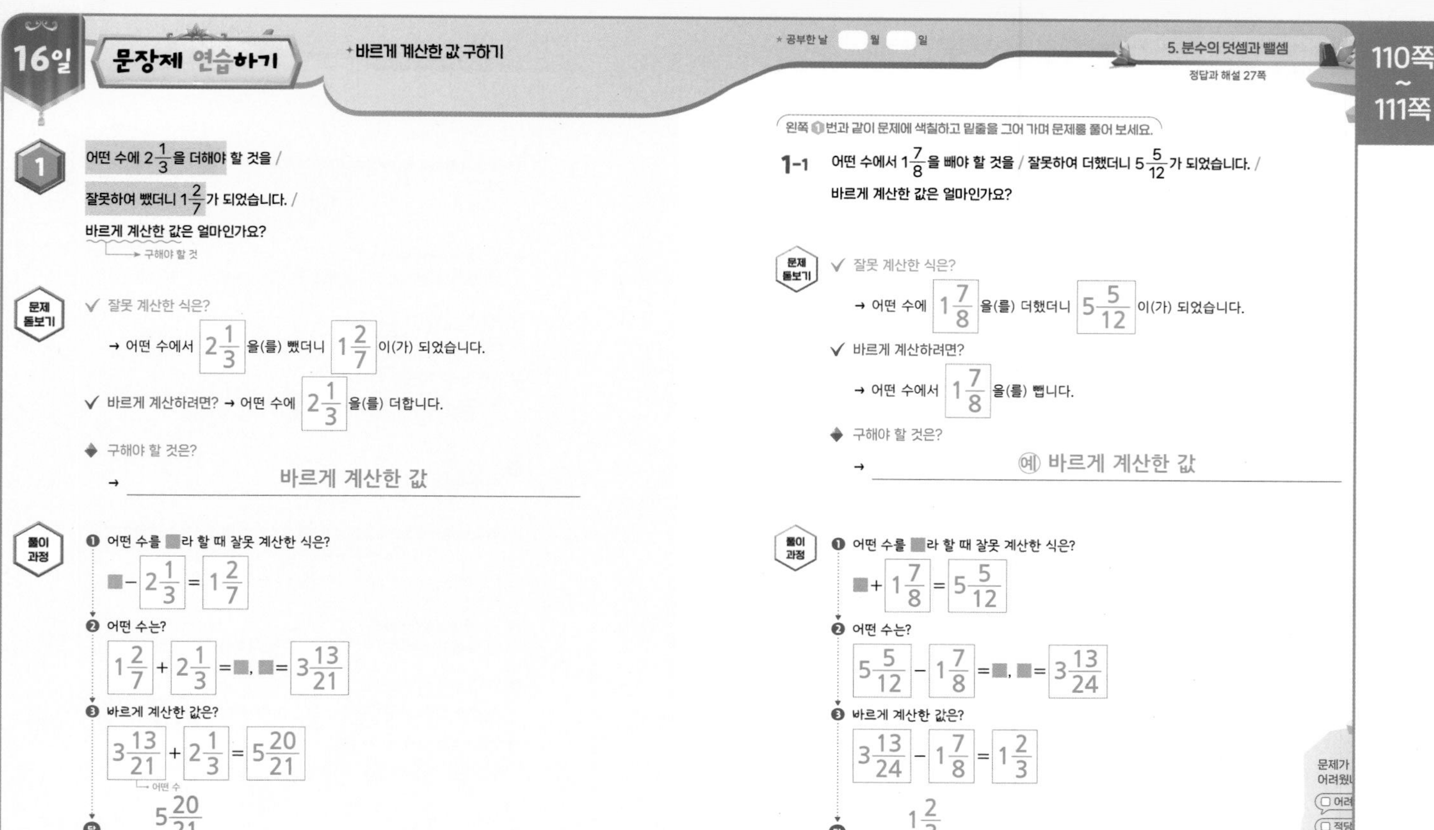

16일 문장제 연습하기

+바르게 계산한 값 구하기

공부한 날 월 일

5. 분수의 덧셈과 뺄셈

정답과 해설 27쪽

110쪽 ~ 111쪽

1 어떤 수에 $2\frac{1}{3}$을 더해야 할 것을 / 잘못하여 뺐더니 $1\frac{2}{7}$가 되었습니다. / 바르게 계산한 값은 얼마인가요?

→ 구해야 할 것

문제 돌보기

✓ 잘못 계산한 식은?

→ 어떤 수에서 $2\frac{1}{3}$을(를) 뺐더니 $1\frac{2}{7}$이(가) 되었습니다.

✓ 바르게 계산하려면? → 어떤 수에 $2\frac{1}{3}$을(를) 더합니다.

◆ 구해야 할 것은?

→ 바르게 계산한 값

풀이 과정

❶ 어떤 수를 ■라 할 때 잘못 계산한 식은?

$■-2\frac{1}{3}=1\frac{2}{7}$

❷ 어떤 수는?

$1\frac{2}{7}+2\frac{1}{3}=■$, $■=3\frac{13}{21}$

❸ 바르게 계산한 값은?

$3\frac{13}{21}+2\frac{1}{3}=5\frac{20}{21}$

└ 어떤 수

답 $5\frac{20}{21}$

왼쪽 ❶번과 같이 문제에 색칠하고 밑줄을 그어 가며 문제를 풀어 보세요.

1-1 어떤 수에서 $1\frac{7}{8}$을 빼야 할 것을 / 잘못하여 더했더니 $5\frac{5}{12}$가 되었습니다. / 바르게 계산한 값은 얼마인가요?

문제 돌보기

✓ 잘못 계산한 식은?

→ 어떤 수에 $1\frac{7}{8}$을(를) 더했더니 $5\frac{5}{12}$이(가) 되었습니다.

✓ 바르게 계산하려면?

→ 어떤 수에서 $1\frac{7}{8}$을(를) 뺍니다.

◆ 구해야 할 것은?

→ 예 바르게 계산한 값

풀이 과정

❶ 어떤 수를 ■라 할 때 잘못 계산한 식은?

$■+1\frac{7}{8}=5\frac{5}{12}$

❷ 어떤 수는?

$5\frac{5}{12}-1\frac{7}{8}=■$, $■=3\frac{13}{24}$

❸ 바르게 계산한 값은?

$3\frac{13}{24}-1\frac{7}{8}=1\frac{2}{3}$

답 $1\frac{2}{3}$

문제가 어려웠나요? 어려워요 적당해요 쉬워요

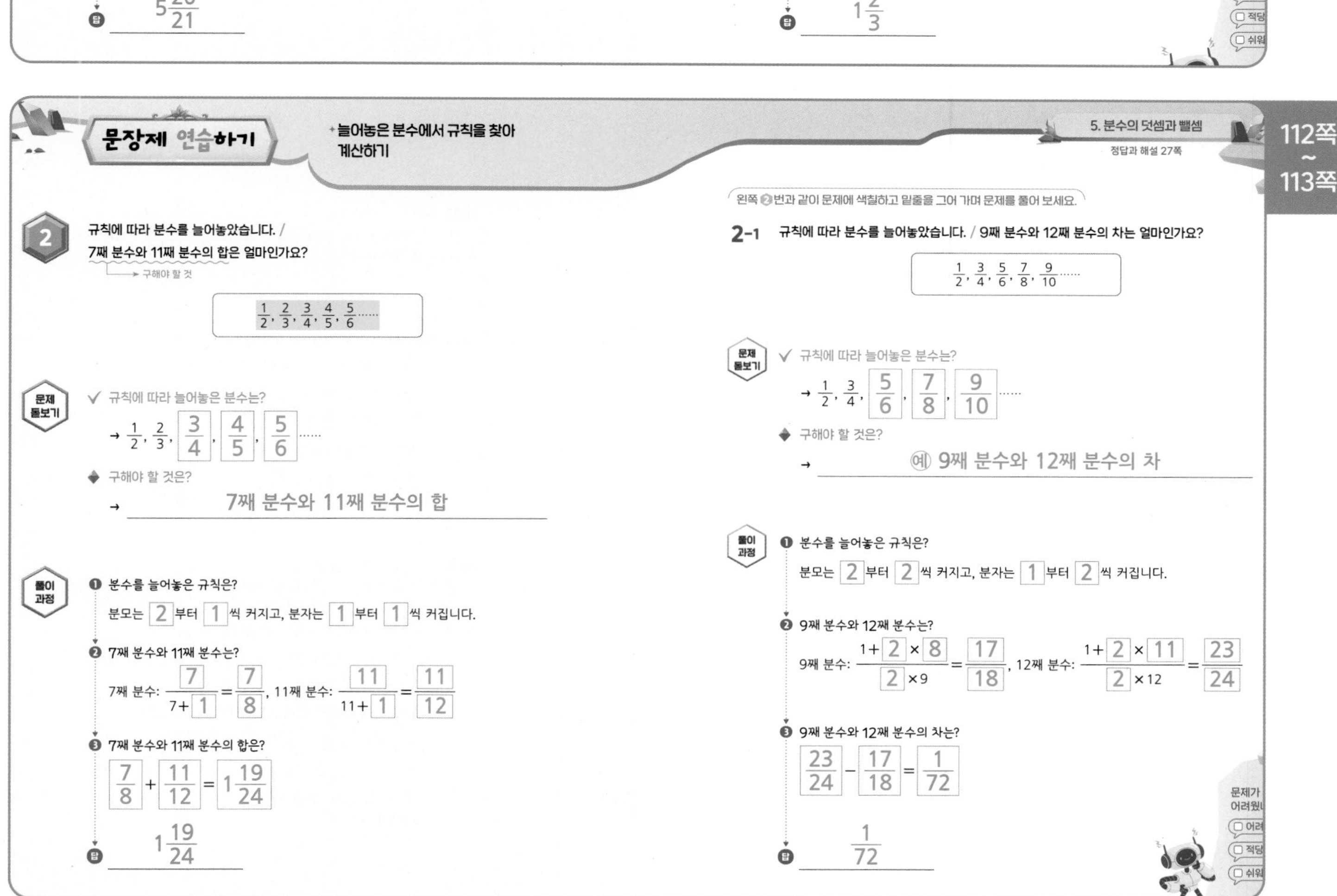

문장제 연습하기

+늘어놓은 분수에서 규칙을 찾아 계산하기

5. 분수의 덧셈과 뺄셈

정답과 해설 27쪽

112쪽 ~ 113쪽

2 규칙에 따라 분수를 늘어놓았습니다. / 7째 분수와 11째 분수의 합은 얼마인가요?

→ 구해야 할 것

$\frac{1}{2}, \frac{2}{3}, \frac{3}{4}, \frac{4}{5}, \frac{5}{6}$……

문제 돌보기

✓ 규칙에 따라 늘어놓은 분수는?

→ $\frac{1}{2}, \frac{2}{3}, \frac{3}{4}, \frac{4}{5}, \frac{5}{6}$……

◆ 구해야 할 것은?

→ 7째 분수와 11째 분수의 합

풀이 과정

❶ 분수를 늘어놓은 규칙은?

분모는 2부터 1씩 커지고, 분자는 1부터 1씩 커집니다.

❷ 7째 분수와 11째 분수는?

7째 분수: $\frac{7}{7+1}=\frac{7}{8}$, 11째 분수: $\frac{11}{11+1}=\frac{11}{12}$

❸ 7째 분수와 11째 분수의 합은?

$\frac{7}{8}+\frac{11}{12}=1\frac{19}{24}$

답 $1\frac{19}{24}$

왼쪽 ❷번과 같이 문제에 색칠하고 밑줄을 그어 가며 문제를 풀어 보세요.

2-1 규칙에 따라 분수를 늘어놓았습니다. / 9째 분수와 12째 분수의 차는 얼마인가요?

$\frac{1}{2}, \frac{3}{4}, \frac{5}{6}, \frac{7}{8}, \frac{9}{10}$……

문제 돌보기

✓ 규칙에 따라 늘어놓은 분수는?

→ $\frac{1}{2}, \frac{3}{4}, \frac{5}{6}, \frac{7}{8}, \frac{9}{10}$……

◆ 구해야 할 것은?

→ 예 9째 분수와 12째 분수의 차

풀이 과정

❶ 분수를 늘어놓은 규칙은?

분모는 2부터 2씩 커지고, 분자는 1부터 2씩 커집니다.

❷ 9째 분수와 12째 분수는?

9째 분수: $\frac{1+2\times8}{2\times9}=\frac{17}{18}$, 12째 분수: $\frac{1+2\times11}{2\times12}=\frac{23}{24}$

❸ 9째 분수와 12째 분수의 차는?

$\frac{23}{24}-\frac{17}{18}=\frac{1}{72}$

답 $\frac{1}{72}$

문제가 어려웠나요? 어려워요 적당해요 쉬워요

* 바르게 계산한 값 구하기
* 늘어놓은 분수에서 규칙을 찾아 계산하기

문제를 읽고 '연습하기'에서 했던 것처럼 밑줄을 그어 가며 문제를 풀어 보세요.

1 어떤 수에 $1\frac{4}{9}$를 더해야 할 것을 잘못하여 뺐더니 $2\frac{5}{6}$가 되었습니다. 바르게 계산한 값은 얼마인가요?

❶ 어떤 수를 ■라 할 때 잘못 계산한 식은?
예) $■-1\frac{4}{9}=2\frac{5}{6}$

❷ 어떤 수는?
예) $2\frac{5}{6}+1\frac{4}{9}=■$, $■=2\frac{15}{18}+1\frac{8}{18}=3\frac{23}{18}=4\frac{5}{18}$

❸ 바르게 계산한 값은?
예) $4\frac{5}{18}+1\frac{4}{9}=4\frac{5}{18}+1\frac{8}{18}=5\frac{13}{18}$

답 $5\frac{13}{18}$

2 어떤 수에서 $2\frac{3}{5}$을 빼야 할 것을 잘못하여 더했더니 $6\frac{9}{10}$가 되었습니다. 바르게 계산한 값은 얼마인가요?

❶ 어떤 수를 ■라 할 때 잘못 계산한 식은?
예) $■+2\frac{3}{5}=6\frac{9}{10}$

❷ 어떤 수는?
예) $6\frac{9}{10}-2\frac{3}{5}=■$, $■=6\frac{9}{10}-2\frac{6}{10}=4\frac{3}{10}$

❸ 바르게 계산한 값은?
예) $4\frac{3}{10}-2\frac{3}{5}=4\frac{3}{10}-2\frac{6}{10}=3\frac{13}{10}-2\frac{6}{10}=1\frac{7}{10}$

답 $1\frac{7}{10}$

3 규칙에 따라 분수를 늘어놓았습니다. 6째 분수와 10째 분수의 합은 얼마인가요?

$\frac{2}{3}, \frac{3}{6}, \frac{4}{9}, \frac{5}{12}, \frac{6}{15}$......

❶ 분수를 늘어놓은 규칙은?
예) 분모는 3부터 3씩 커지고, 분자는 2부터 1씩 커집니다.

❷ 6째 분수와 10째 분수는?
예) 6째 분수: $\frac{6+1}{3\times6}=\frac{7}{18}$, 10째 분수: $\frac{10+1}{3\times10}=\frac{11}{30}$

❸ 6째 분수와 10째 분수의 합은?
예) $\frac{7}{18}+\frac{11}{30}=\frac{35}{90}+\frac{33}{90}=\frac{68}{90}=\frac{34}{45}$

답 $\frac{34}{45}$

4 규칙에 따라 분수를 늘어놓았습니다. 7째 분수와 14째 분수의 차는 얼마인가요?

$\frac{1}{5}, \frac{4}{10}, \frac{7}{15}, \frac{10}{20}, \frac{13}{25}$......

❶ 분수를 늘어놓은 규칙은?
예) 분모는 5부터 5씩 커지고, 분자는 1부터 3씩 커집니다.

❷ 7째 분수와 14째 분수는?
예) 7째 분수: $\frac{1+3\times6}{5\times7}=\frac{19}{35}$, 14째 분수: $\frac{1+3\times13}{5\times14}=\frac{40}{70}$

❸ 7째 분수와 14째 분수의 차는?
예) $\frac{40}{70}-\frac{19}{35}=\frac{40}{70}-\frac{38}{70}=\frac{2}{70}=\frac{1}{35}$

답 $\frac{1}{35}$

17일 단원 마무리

공부한 날 월 일

92쪽 남은 부분은 전체의 얼마인지 구하기

1 세정이는 전체 철사의 $\frac{3}{4}$으로는 별 모양을 만들고, 전체 철사의 $\frac{1}{8}$로는 달 모양을 만들고, 나머지 철사로는 해 모양을 만들었습니다. 해 모양을 만든 철사는 전체 철사의 얼마인지 분수로 나타내어 보세요.

풀이 예) 별 모양과 달 모양을 만든 철사는 전체 철사의 $\frac{3}{4}+\frac{1}{8}=\frac{6}{8}+\frac{1}{8}=\frac{7}{8}$입니다.
따라서 해 모양을 만든 철사는 전체 철사의 $1-\frac{7}{8}=\frac{8}{8}-\frac{7}{8}=\frac{1}{8}$입니다.

답 $\frac{1}{8}$

98쪽 합(차)을 구한 후 전체의 양 구하기

2 냉장고에 식혜는 $5\frac{1}{3}$ L 있고, 수정과는 식혜보다 $\frac{5}{12}$ L 더 많이 있습니다. 냉장고에 있는 식혜와 수정과는 모두 몇 L인가요?

풀이 예) (수정과의 양)=(식혜의 양)$+\frac{5}{12}=5\frac{1}{3}+\frac{5}{12}=5\frac{4}{12}+\frac{5}{12}=5\frac{9}{12}=5\frac{3}{4}$(L)
⇨ (식혜의 양)+(수정과의 양)$=5\frac{1}{3}+5\frac{3}{4}=5\frac{4}{12}+5\frac{9}{12}=10\frac{13}{12}=11\frac{1}{12}$(L)

답 $11\frac{1}{12}$ L

98쪽 합(차)을 구한 후 전체의 양 구하기

3 헌 종이를 경서네 모둠은 $4\frac{3}{10}$ kg 모았고, 태주네 모둠은 경서네 모둠보다 $\frac{11}{15}$ kg 더 적게 모았습니다. 두 모둠이 모은 헌 종이는 모두 몇 kg인가요?

풀이 예) (태주네 모둠이 모은 헌 종이의 무게)=(경서네 모둠이 모은 헌 종이의 무게)$-\frac{11}{15}$
$=4\frac{3}{10}-\frac{11}{15}=4\frac{9}{30}-\frac{22}{30}=3\frac{39}{30}-\frac{22}{30}=3\frac{17}{30}$(kg)
⇨ (경서네 모둠이 모은 헌 종이의 무게)
+(태주네 모둠이 모은 헌 종이의 무게)
$=4\frac{3}{10}+3\frac{17}{30}=4\frac{9}{30}+3\frac{17}{30}=7\frac{26}{30}=7\frac{13}{15}$(kg)

답 $7\frac{13}{15}$ kg

94쪽 분수를 만들어 합(차) 구하기

4 지안이와 한별이는 수 카드 3장을 각각 한 번씩만 사용하여 가장 큰 대분수를 만들었습니다. 두 사람이 만든 대분수의 합을 구해 보세요.

지안 1 2 6 　 한별 5 7 9

풀이 예) 지안: 수 카드의 수의 크기를 비교하면 6>2>1이므로 만든 가장 큰 대분수는 $6\frac{1}{2}$입니다.
한별: 수 카드의 수의 크기를 비교하면 9>7>5이므로 만든 가장 큰 대분수는 $9\frac{5}{7}$입니다.
따라서 두 사람이 만든 대분수의 합은
$6\frac{1}{2}+9\frac{5}{7}=6\frac{7}{14}+9\frac{10}{14}=15\frac{17}{14}=16\frac{3}{14}$입니다.

답 $16\frac{3}{14}$

100쪽 일을 모두 마치는 데 걸리는 날수 구하기

5 어떤 일을 나연이가 혼자서 하면 20일이 걸리고, 강재가 혼자서 하면 5일이 걸립니다. 이 일을 나연이와 강재가 함께 한다면 일을 모두 마치는 데 며칠이 걸리나요? (단, 두 사람이 각각 하루에 하는 일의 양은 일정합니다.)

풀이 예) 전체 일의 양을 1이라고 할 때 하루에 하는 일의 양은 나연이가 $\frac{1}{20}$, 강재가 $\frac{1}{5}$입니다.
나연이와 강재가 함께 하루에 하는 일의 양은 $\frac{1}{20}+\frac{1}{5}=\frac{1}{20}+\frac{4}{20}=\frac{5}{20}=\frac{1}{4}$입니다.
따라서 나연이와 강재가 함께 한다면 하루에 전체 일의 $\frac{1}{4}$을 할 수 있으므로 일을 모두 마치는 데 4일이 걸립니다.

답 4일

104쪽 분수로 나타낸 시간 계산하기

6 혜나는 오전 8시부터 종이접기를 했습니다. $\frac{7}{30}$시간 동안 개구리를 접고, $\frac{2}{5}$시간 동안 학을 접었습니다. 혜나가 종이접기를 마친 시각은 오전 몇 시 몇 분인가요?

풀이 예 (개구리를 접은 시간)+(학을 접은 시간)$=\frac{7}{30}+\frac{2}{5}=\frac{7}{30}+\frac{12}{30}=\frac{19}{30}$(시간)

⇨ 1시간=60분이므로 $\frac{19}{30}$시간$=\frac{38}{60}$시간=38분입니다.

따라서 혜나가 종이접기를 마친 시각은 오전 8시+38분=오전 8시 38분입니다.

답 오전 8시 38분

106쪽 길이 비교하기

7 집에서 박물관을 거쳐 미술관까지 가는 거리는 바로 미술관까지 가는 거리보다 몇 km 더 먼가요?

박물관
$3\frac{5}{6}$ km
$3\frac{7}{18}$ km
집
$5\frac{4}{9}$ km
미술관

풀이 예 집에서 박물관을 거쳐 미술관까지 가는 거리는
$3\frac{5}{6}+3\frac{7}{18}=3\frac{15}{18}+3\frac{7}{18}=6\frac{22}{18}=7\frac{4}{18}=7\frac{2}{9}$(km)입니다.
따라서 집에서 박물관을 거쳐 미술관까지 가는 거리는 바로 미술관까지 가는 거리보다
$7\frac{2}{9}-5\frac{4}{9}=6\frac{11}{9}-5\frac{4}{9}=1\frac{7}{9}$(km) 더 멉니다.

답 $1\frac{7}{9}$ km

110쪽 바르게 계산한 값 구하기

8 어떤 수에 $1\frac{3}{14}$을 더해야 할 것을 잘못하여 뺐더니 $3\frac{16}{21}$이 되었습니다. 바르게 계산한 값은 얼마인가요?

풀이 예 어떤 수를 ■라 할 때 잘못 계산한 식은 ■$-1\frac{3}{14}=3\frac{16}{21}$입니다.

$3\frac{16}{21}+1\frac{3}{14}=$■, ■$=3\frac{32}{42}+1\frac{9}{42}=4\frac{41}{42}$

따라서 바르게 계산한 값은

$4\frac{41}{42}+1\frac{3}{14}=4\frac{41}{42}+1\frac{9}{42}=5\frac{50}{42}$
$=6\frac{8}{42}=6\frac{4}{21}$입니다.

답 $6\frac{4}{21}$

112쪽 늘어놓은 분수에서 규칙을 찾아 계산하기

9 규칙에 따라 분수를 늘어놓았습니다. 10째 분수와 15째 분수의 합은 얼마인가요?

$\frac{3}{4}, \frac{4}{8}, \frac{5}{12}, \frac{6}{16}, \frac{7}{20}$……

풀이 예 분모는 4부터 4씩 커지고, 분자는 3부터 1씩 커집니다.

10째 분수: $\frac{3+1\times9}{4\times10}=\frac{12}{40}$, 15째 분수: $\frac{3+1\times14}{4\times15}=\frac{17}{60}$

따라서 10째 분수와 15째 분수의 합은
$\frac{12}{40}+\frac{17}{60}=\frac{36}{120}+\frac{34}{120}=\frac{70}{120}=\frac{7}{12}$입니다.

답 $\frac{7}{12}$

104쪽 분수로 나타낸 시간 계산하기

10 도전 문제

형주는 오후 1시부터 등산을 시작했습니다. $1\frac{1}{2}$시간 동안 산을 오른 다음, 정상에서 25분 동안 쉬고, $\frac{9}{10}$시간 동안 산을 내려왔습니다. 형주가 등산을 마친 시각은 오후 몇 시 몇 분인가요?

❶ 25분은 몇 시간인지 분수로 나타내면?

예 1분$=\frac{1}{60}$시간이므로 25분$=\frac{25}{60}$시간$=\frac{5}{12}$시간입니다.

❷ 형주가 등산을 하는 데 걸린 시간은 몇 시간 몇 분?

예 (산을 오른 시간)+(쉰 시간)+(산을 내려 온 시간)
$=1\frac{1}{2}+\frac{5}{12}+\frac{9}{10}=1\frac{30}{60}+\frac{25}{60}+\frac{54}{60}=1\frac{109}{60}=2\frac{49}{60}$(시간)
⇨ 2시간 49분

❸ 형주가 등산을 마친 시각은?

예 형주가 등산을 마친 시각은
오후 1시+2시간 49분=오후 3시 49분입니다.

답 오후 3시 49분

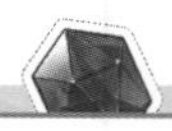

6. 다각형의 둘레와 넓이

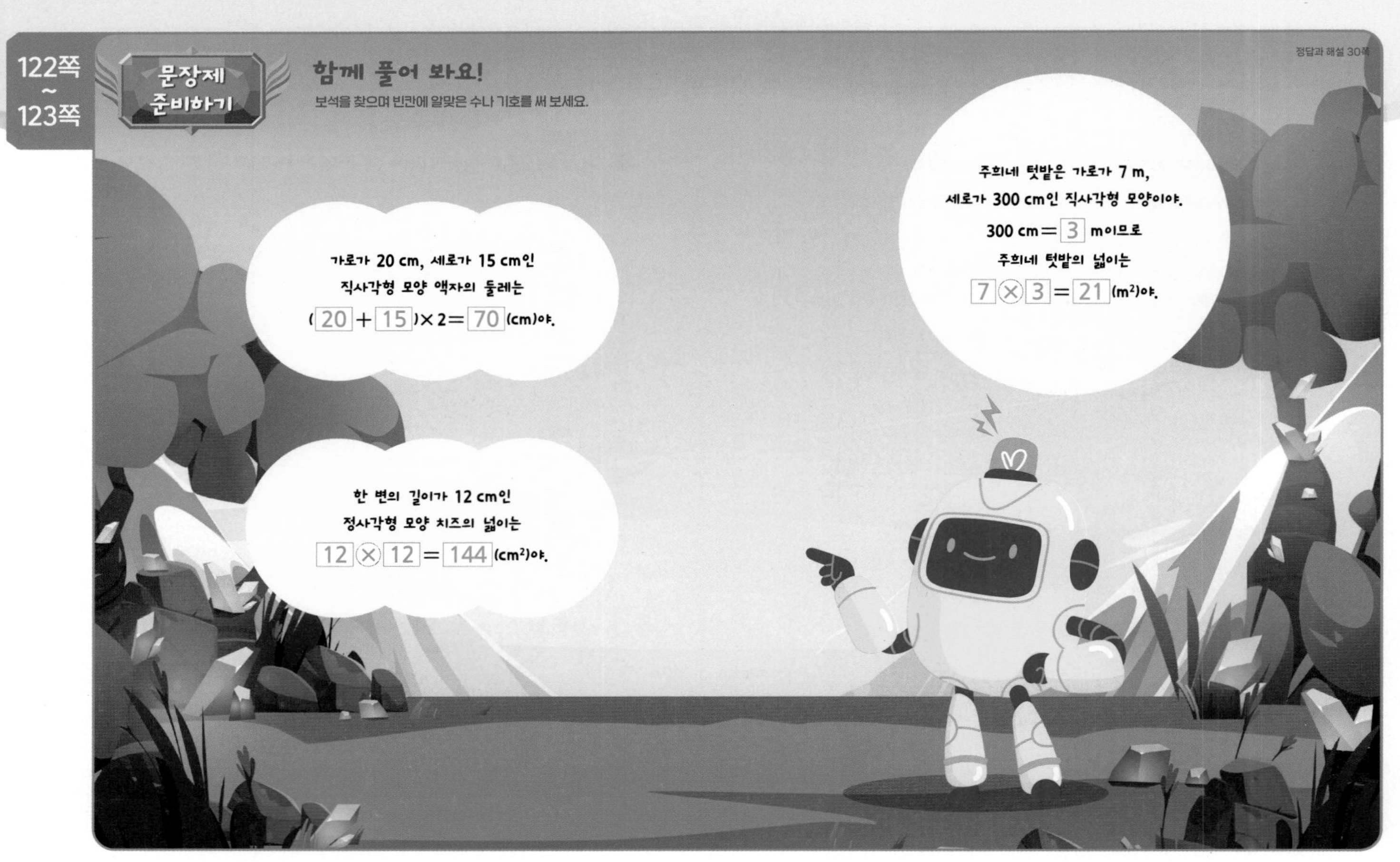

122쪽 ~ 123쪽

문장제 준비하기

함께 풀어 봐요!

보석을 찾으며 빈칸에 알맞은 수나 기호를 써 보세요.

정답과 해설 30쪽

가로가 20 cm, 세로가 15 cm인 직사각형 모양 액자의 둘레는 (20 + 15)×2=70 (cm)야.

주희네 텃밭은 가로가 7 m, 세로가 300 cm인 직사각형 모양이야. 300 cm=3 m이므로 주희네 텃밭의 넓이는 7 × 3 = 21 (m²)야.

한 변의 길이가 12 cm인 정사각형 모양 치즈의 넓이는 12 × 12 = 144 (cm²)야.

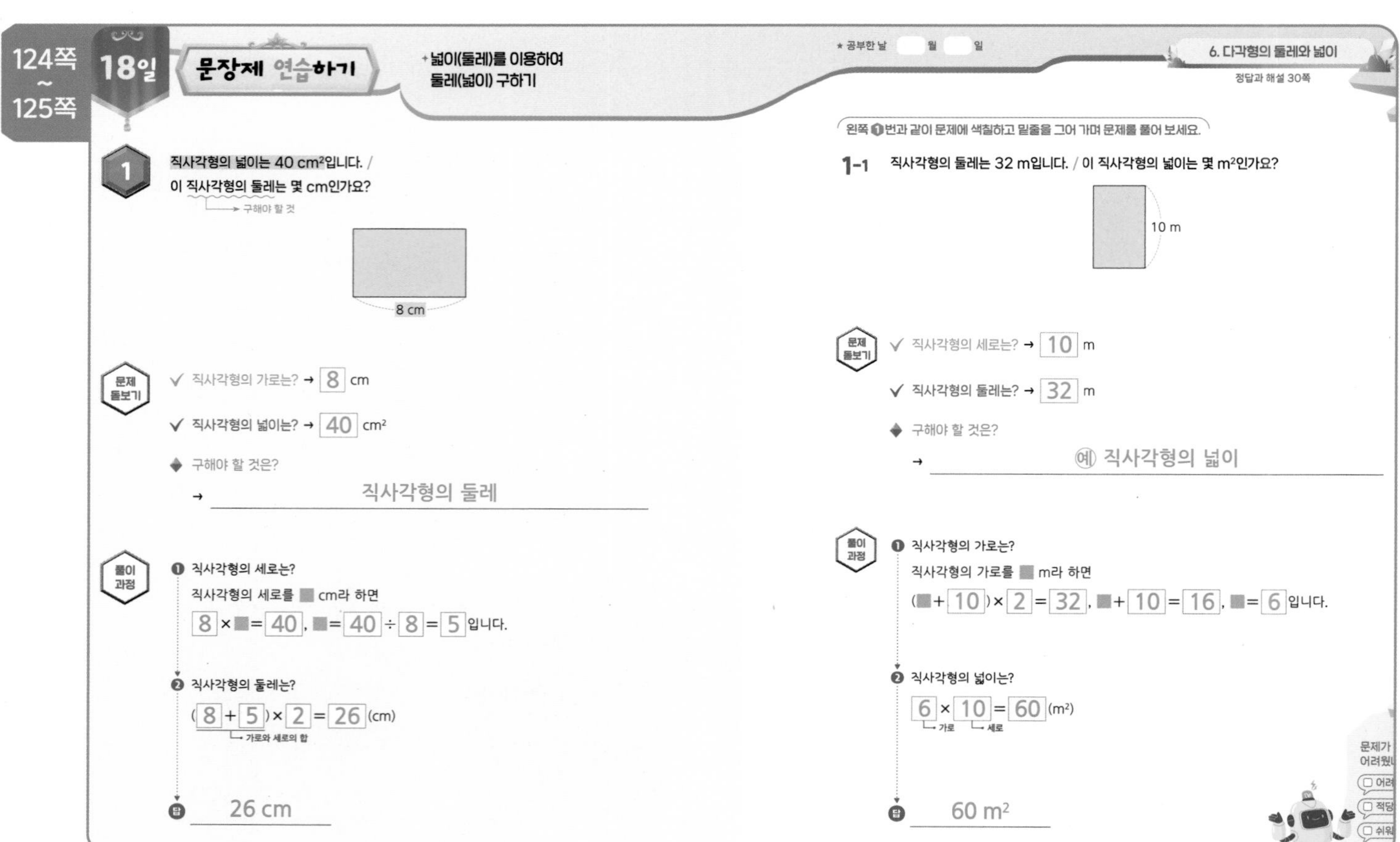

124쪽 ~ 125쪽

18일 **문장제 연습하기**

+넓이(둘레)를 이용하여 둘레(넓이) 구하기

공부한 날 월 일

6. 다각형의 둘레와 넓이

정답과 해설 30쪽

1 직사각형의 넓이는 40 cm²입니다. / 이 직사각형의 둘레는 몇 cm인가요?

(구해야 할 것)

8 cm

문제 돌보기

✓ 직사각형의 가로는? → 8 cm

✓ 직사각형의 넓이는? → 40 cm²

◆ 구해야 할 것은?

→ 직사각형의 둘레

풀이 과정

❶ 직사각형의 세로는?

직사각형의 세로를 ■ cm라 하면

8 × ■ = 40, ■ = 40 ÷ 8 = 5입니다.

❷ 직사각형의 둘레는?

(8 + 5) × 2 = 26 (cm)

(가로와 세로의 합)

답 26 cm

왼쪽 ❶번과 같이 문제에 색칠하고 밑줄을 그어 가며 문제를 풀어 보세요.

1-1 직사각형의 둘레는 32 m입니다. / 이 직사각형의 넓이는 몇 m²인가요?

10 m

문제 돌보기

✓ 직사각형의 세로는? → 10 m

✓ 직사각형의 둘레는? → 32 m

◆ 구해야 할 것은?

→ 예 직사각형의 넓이

풀이 과정

❶ 직사각형의 가로는?

직사각형의 가로를 ■ m라 하면

(■ + 10) × 2 = 32, ■ + 10 = 16, ■ = 6입니다.

❷ 직사각형의 넓이는?

6 × 10 = 60 (m²)

(가로) (세로)

답 60 m²

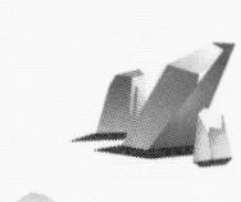

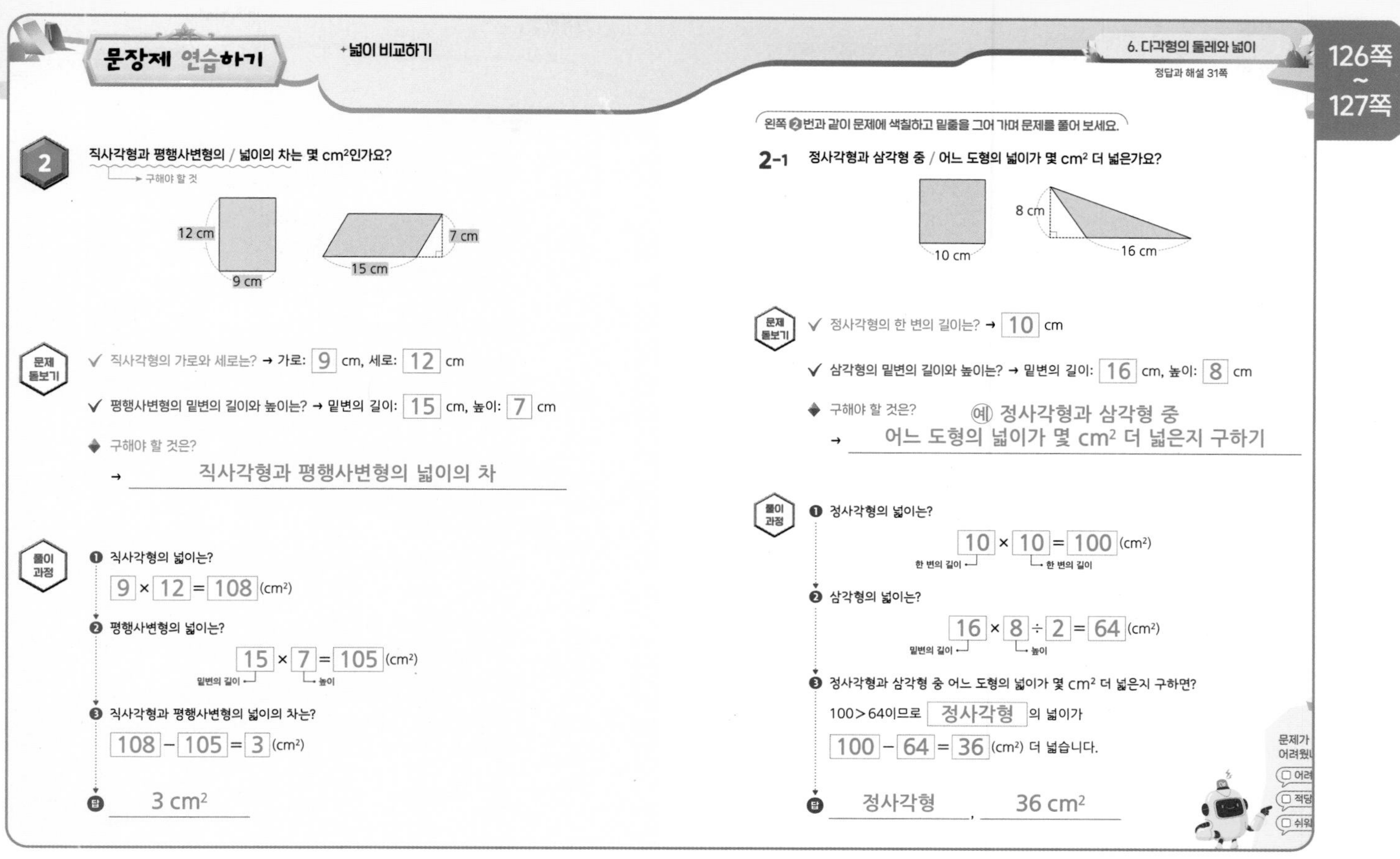

문장제 연습하기

+ 넓이 비교하기

2 직사각형과 평행사변형의 / 넓이의 차는 몇 cm^2인가요?

→ 구해야 할 것

문제 돋보기

✓ 직사각형의 가로와 세로는? → 가로: 9 cm, 세로: 12 cm

✓ 평행사변형의 밑변의 길이와 높이는? → 밑변의 길이: 15 cm, 높이: 7 cm

◆ 구해야 할 것은?

→ 직사각형과 평행사변형의 넓이의 차

풀이 과정

❶ 직사각형의 넓이는?

9 × 12 = 108 (cm^2)

❷ 평행사변형의 넓이는?

15 × 7 = 105 (cm^2)

밑변의 길이, 높이

❸ 직사각형과 평행사변형의 넓이의 차는?

108 − 105 = 3 (cm^2)

답 3 cm^2

왼쪽 ❷번과 같이 문제에 색칠하고 밑줄을 그어 가며 문제를 풀어 보세요.

2-1 정사각형과 삼각형 중 / 어느 도형의 넓이가 몇 cm^2 더 넓은가요?

문제 돋보기

✓ 정사각형의 한 변의 길이는? → 10 cm

✓ 삼각형의 밑변의 길이와 높이는? → 밑변의 길이: 16 cm, 높이: 8 cm

◆ 구해야 할 것은? 예 정사각형과 삼각형 중

→ 어느 도형의 넓이가 몇 cm^2 더 넓은지 구하기

풀이 과정

❶ 정사각형의 넓이는?

10 × 10 = 100 (cm^2)

한 변의 길이, 한 변의 길이

❷ 삼각형의 넓이는?

16 × 8 ÷ 2 = 64 (cm^2)

밑변의 길이, 높이

❸ 정사각형과 삼각형 중 어느 도형의 넓이가 몇 cm^2 더 넓은지 구하면?

100 > 64이므로 정사각형 의 넓이가

100 − 64 = 36 (cm^2) 더 넓습니다.

답 정사각형, 36 cm^2

문제가 어려웠나요? □ 어려워요 □ 적당해요 □ 쉬워요

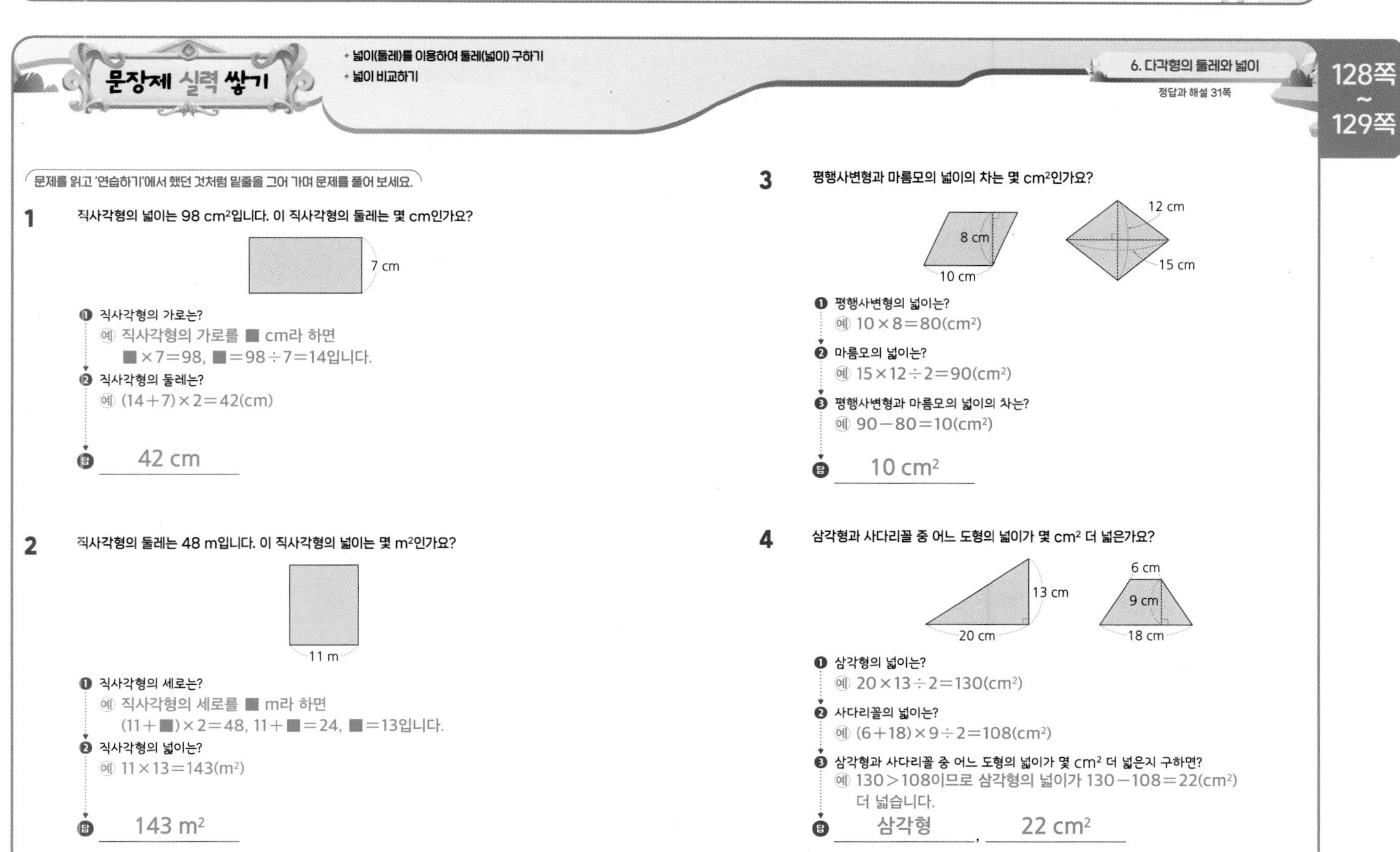

문장제 실력 쌓기

+ 넓이(둘레)를 이용하여 둘레(넓이) 구하기
+ 넓이 비교하기

문제를 읽고 '연습하기'에서 했던 것처럼 밑줄을 그어 가며 문제를 풀어 보세요.

1 직사각형의 넓이는 98 cm^2입니다. 이 직사각형의 둘레는 몇 cm인가요?

❶ 직사각형의 가로는?

예 직사각형의 가로를 ■ cm라 하면 ■ × 7 = 98, ■ = 98 ÷ 7 = 14입니다.

❷ 직사각형의 둘레는?

예 (14 + 7) × 2 = 42(cm)

답 42 cm

2 직사각형의 둘레는 48 m입니다. 이 직사각형의 넓이는 몇 m^2인가요?

❶ 직사각형의 세로는?

예 직사각형의 세로를 ■ m라 하면 (11 + ■) × 2 = 48, 11 + ■ = 24, ■ = 13입니다.

❷ 직사각형의 넓이는?

예 11 × 13 = 143(m^2)

답 143 m^2

3 평행사변형과 마름모의 넓이의 차는 몇 cm^2인가요?

❶ 평행사변형의 넓이는?

예 10 × 8 = 80(cm^2)

❷ 마름모의 넓이는?

예 15 × 12 ÷ 2 = 90(cm^2)

❸ 평행사변형과 마름모의 넓이의 차는?

예 90 − 80 = 10(cm^2)

답 10 cm^2

4 삼각형과 사다리꼴 중 어느 도형의 넓이가 몇 cm^2 더 넓은가요?

❶ 삼각형의 넓이는?

예 20 × 13 ÷ 2 = 130(cm^2)

❷ 사다리꼴의 넓이는?

예 (6 + 18) × 9 ÷ 2 = 108(cm^2)

❸ 삼각형과 사다리꼴 중 어느 도형의 넓이가 몇 cm^2 더 넓은지 구하면?

예 130 > 108이므로 삼각형의 넓이가 130 − 108 = 22(cm^2) 더 넓습니다.

답 삼각형, 22 cm^2

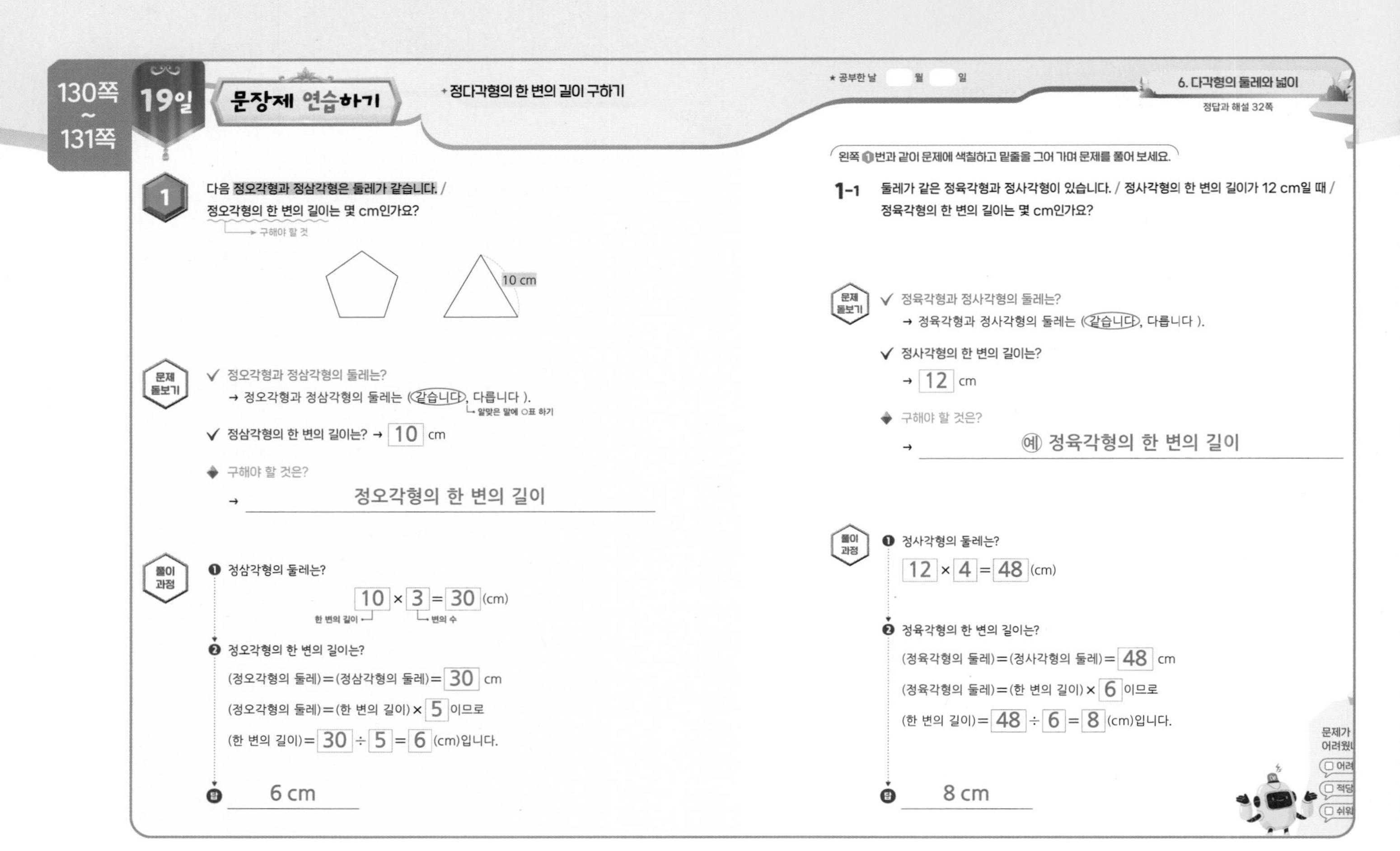

130쪽 ~ 131쪽

19일 문장제 연습하기

+ 정다각형의 한 변의 길이 구하기

★ 공부한 날 월 일

6. 다각형의 둘레와 넓이

정답과 해설 32쪽

1 다음 정오각형과 정삼각형은 둘레가 같습니다. / 정오각형의 한 변의 길이는 몇 cm인가요?

구해야 할 것

10 cm

문제 돌보기

✓ 정오각형과 정삼각형의 둘레는?

→ 정오각형과 정삼각형의 둘레는 (같습니다, 다릅니다).

알맞은 말에 ○표 하기

✓ 정삼각형의 한 변의 길이는? → 10 cm

◆ 구해야 할 것은?

→ 정오각형의 한 변의 길이

풀이 과정

❶ 정삼각형의 둘레는?

10 × 3 = 30 (cm)

한 변의 길이, 변의 수

❷ 정오각형의 한 변의 길이는?

(정오각형의 둘레)=(정삼각형의 둘레)= 30 cm

(정오각형의 둘레)=(한 변의 길이)× 5 이므로

(한 변의 길이)= 30 ÷ 5 = 6 (cm)입니다.

답 6 cm

왼쪽 ❶번과 같이 문제에 색칠하고 밑줄을 그어 가며 문제를 풀어 보세요.

1-1 둘레가 같은 정육각형과 정사각형이 있습니다. / 정사각형의 한 변의 길이가 12 cm일 때 / 정육각형의 한 변의 길이는 몇 cm인가요?

문제 돌보기

✓ 정육각형과 정사각형의 둘레는?

→ 정육각형과 정사각형의 둘레는 (같습니다, 다릅니다).

✓ 정사각형의 한 변의 길이는?

→ 12 cm

◆ 구해야 할 것은?

→ 예 정육각형의 한 변의 길이

풀이 과정

❶ 정사각형의 둘레는?

12 × 4 = 48 (cm)

❷ 정육각형의 한 변의 길이는?

(정육각형의 둘레)=(정사각형의 둘레)= 48 cm

(정육각형의 둘레)=(한 변의 길이)× 6 이므로

(한 변의 길이)= 48 ÷ 6 = 8 (cm)입니다.

답 8 cm

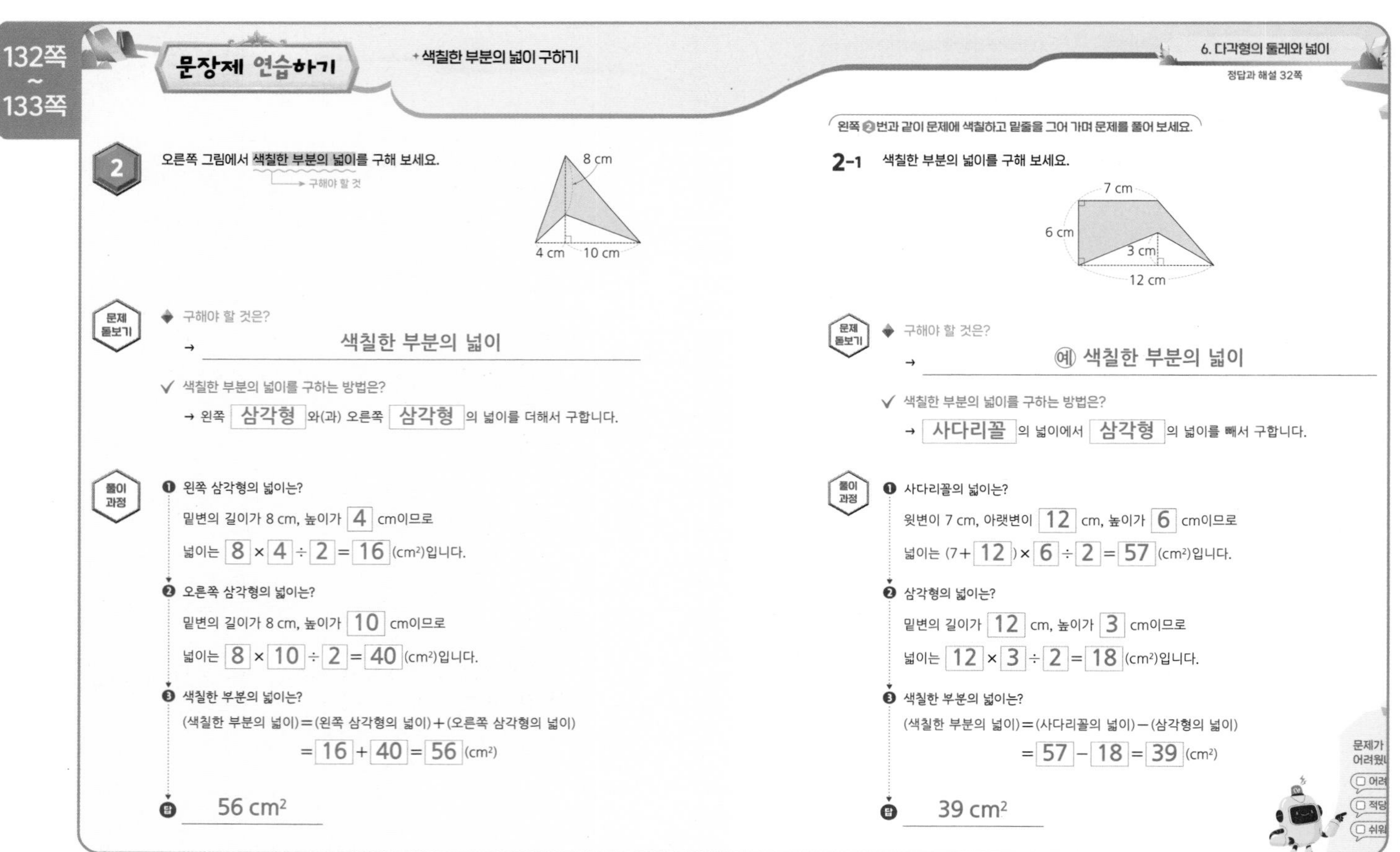

132쪽 ~ 133쪽

문장제 연습하기

+ 색칠한 부분의 넓이 구하기

6. 다각형의 둘레와 넓이

정답과 해설 32쪽

2 오른쪽 그림에서 색칠한 부분의 넓이를 구해 보세요.

구해야 할 것

8 cm, 4 cm, 10 cm

문제 돌보기

◆ 구해야 할 것은?

→ 색칠한 부분의 넓이

✓ 색칠한 부분의 넓이를 구하는 방법은?

→ 왼쪽 삼각형 와(과) 오른쪽 삼각형 의 넓이를 더해서 구합니다.

풀이 과정

❶ 왼쪽 삼각형의 넓이는?

밑변의 길이가 8 cm, 높이가 4 cm이므로

넓이는 8 × 4 ÷ 2 = 16 (cm²)입니다.

❷ 오른쪽 삼각형의 넓이는?

밑변의 길이가 8 cm, 높이가 10 cm이므로

넓이는 8 × 10 ÷ 2 = 40 (cm²)입니다.

❸ 색칠한 부분의 넓이는?

(색칠한 부분의 넓이)=(왼쪽 삼각형의 넓이)+(오른쪽 삼각형의 넓이)

= 16 + 40 = 56 (cm²)

답 56 cm²

왼쪽 ❷번과 같이 문제에 색칠하고 밑줄을 그어 가며 문제를 풀어 보세요.

2-1 색칠한 부분의 넓이를 구해 보세요.

7 cm, 6 cm, 3 cm, 12 cm

문제 돌보기

◆ 구해야 할 것은?

→ 예 색칠한 부분의 넓이

✓ 색칠한 부분의 넓이를 구하는 방법은?

→ 사다리꼴 의 넓이에서 삼각형 의 넓이를 빼서 구합니다.

풀이 과정

❶ 사다리꼴의 넓이는?

윗변이 7 cm, 아랫변이 12 cm, 높이가 6 cm이므로

넓이는 (7+ 12)× 6 ÷ 2 = 57 (cm²)입니다.

❷ 삼각형의 넓이는?

밑변의 길이가 12 cm, 높이가 3 cm이므로

넓이는 12 × 3 ÷ 2 = 18 (cm²)입니다.

❸ 색칠한 부분의 넓이는?

(색칠한 부분의 넓이)=(사다리꼴의 넓이)−(삼각형의 넓이)

= 57 − 18 = 39 (cm²)

답 39 cm²

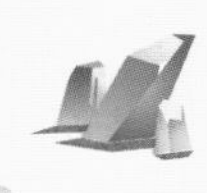

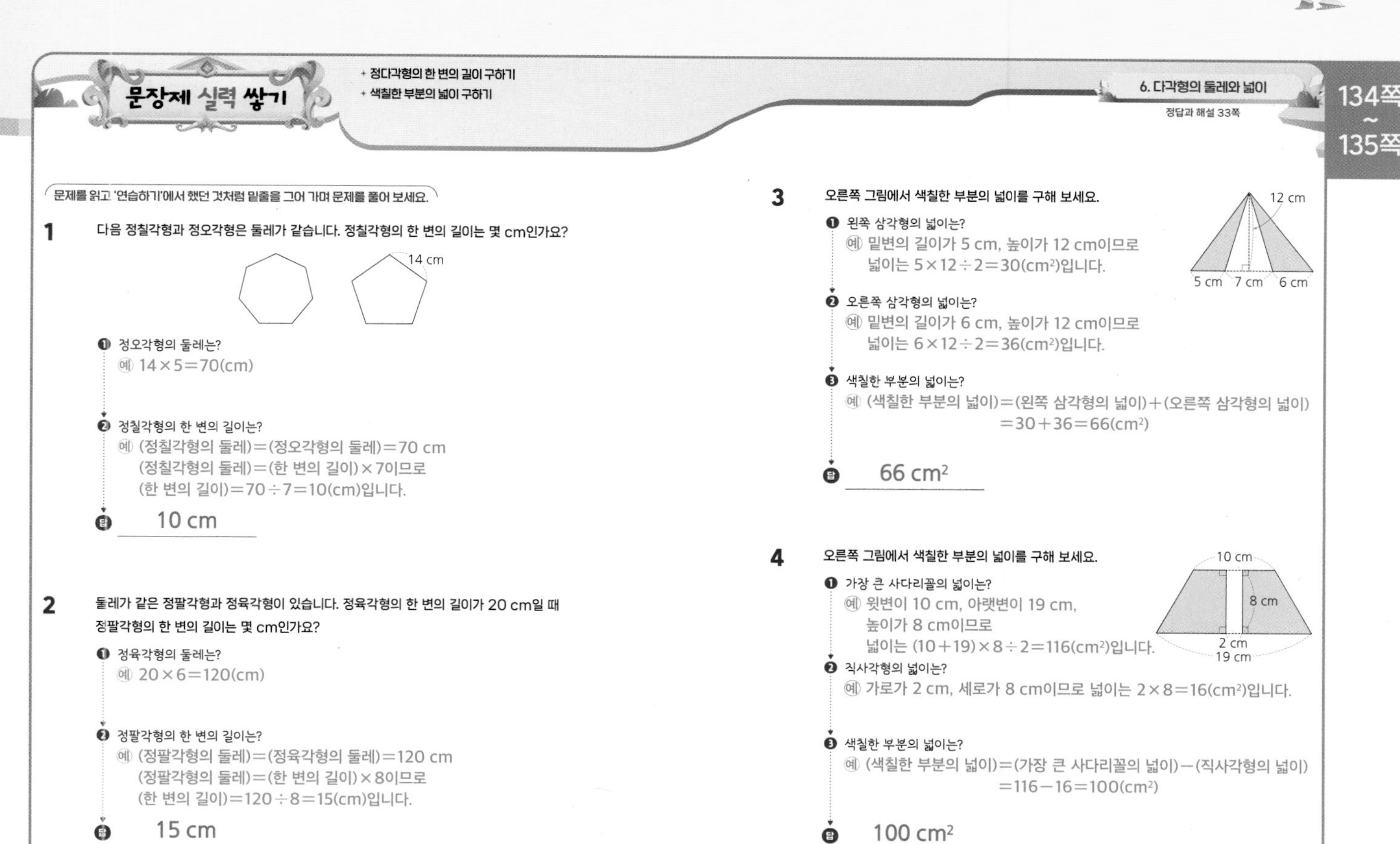

문장제 실력 쌓기

+ 정다각형의 한 변의 길이 구하기
+ 색칠한 부분의 넓이 구하기

6. 다각형의 둘레와 넓이

정답과 해설 33쪽

134쪽 ~ 135쪽

문제를 읽고 '연습하기'에서 했던 것처럼 밑줄을 그어 가며 문제를 풀어 보세요.

1 다음 정칠각형과 정오각형은 둘레가 같습니다. 정칠각형의 한 변의 길이는 몇 cm인가요?

14 cm

❶ 정오각형의 둘레는?

예 $14\times5=70$(cm)

❷ 정칠각형의 한 변의 길이는?

예 (정칠각형의 둘레)=(정오각형의 둘레)=70 cm
(정칠각형의 둘레)=(한 변의 길이)×7이므로
(한 변의 길이)=$70\div7=10$(cm)입니다.

답 10 cm

2 둘레가 같은 정팔각형과 정육각형이 있습니다. 정육각형의 한 변의 길이가 20 cm일 때 정팔각형의 한 변의 길이는 몇 cm인가요?

❶ 정육각형의 둘레는?

예 $20\times6=120$(cm)

❷ 정팔각형의 한 변의 길이는?

예 (정팔각형의 둘레)=(정육각형의 둘레)=120 cm
(정팔각형의 둘레)=(한 변의 길이)×8이므로
(한 변의 길이)=$120\div8=15$(cm)입니다.

답 15 cm

3 오른쪽 그림에서 색칠한 부분의 넓이를 구해 보세요.

12 cm
5 cm 7 cm 6 cm

❶ 왼쪽 삼각형의 넓이는?

예 밑변의 길이가 5 cm, 높이가 12 cm이므로
넓이는 $5\times12\div2=30$(cm²)입니다.

❷ 오른쪽 삼각형의 넓이는?

예 밑변의 길이가 6 cm, 높이가 12 cm이므로
넓이는 $6\times12\div2=36$(cm²)입니다.

❸ 색칠한 부분의 넓이는?

예 (색칠한 부분의 넓이)=(왼쪽 삼각형의 넓이)+(오른쪽 삼각형의 넓이)
$=30+36=66$(cm²)

답 66 cm²

4 오른쪽 그림에서 색칠한 부분의 넓이를 구해 보세요.

10 cm
8 cm
2 cm
19 cm

❶ 가장 큰 사다리꼴의 넓이는?

예 윗변이 10 cm, 아랫변이 19 cm,
높이가 8 cm이므로
넓이는 $(10+19)\times8\div2=116$(cm²)입니다.

❷ 직사각형의 넓이는?

예 가로가 2 cm, 세로가 8 cm이므로 넓이는 $2\times8=16$(cm²)입니다.

❸ 색칠한 부분의 넓이는?

예 (색칠한 부분의 넓이)=(가장 큰 사다리꼴의 넓이)−(직사각형의 넓이)
$=116-16=100$(cm²)

답 100 cm²

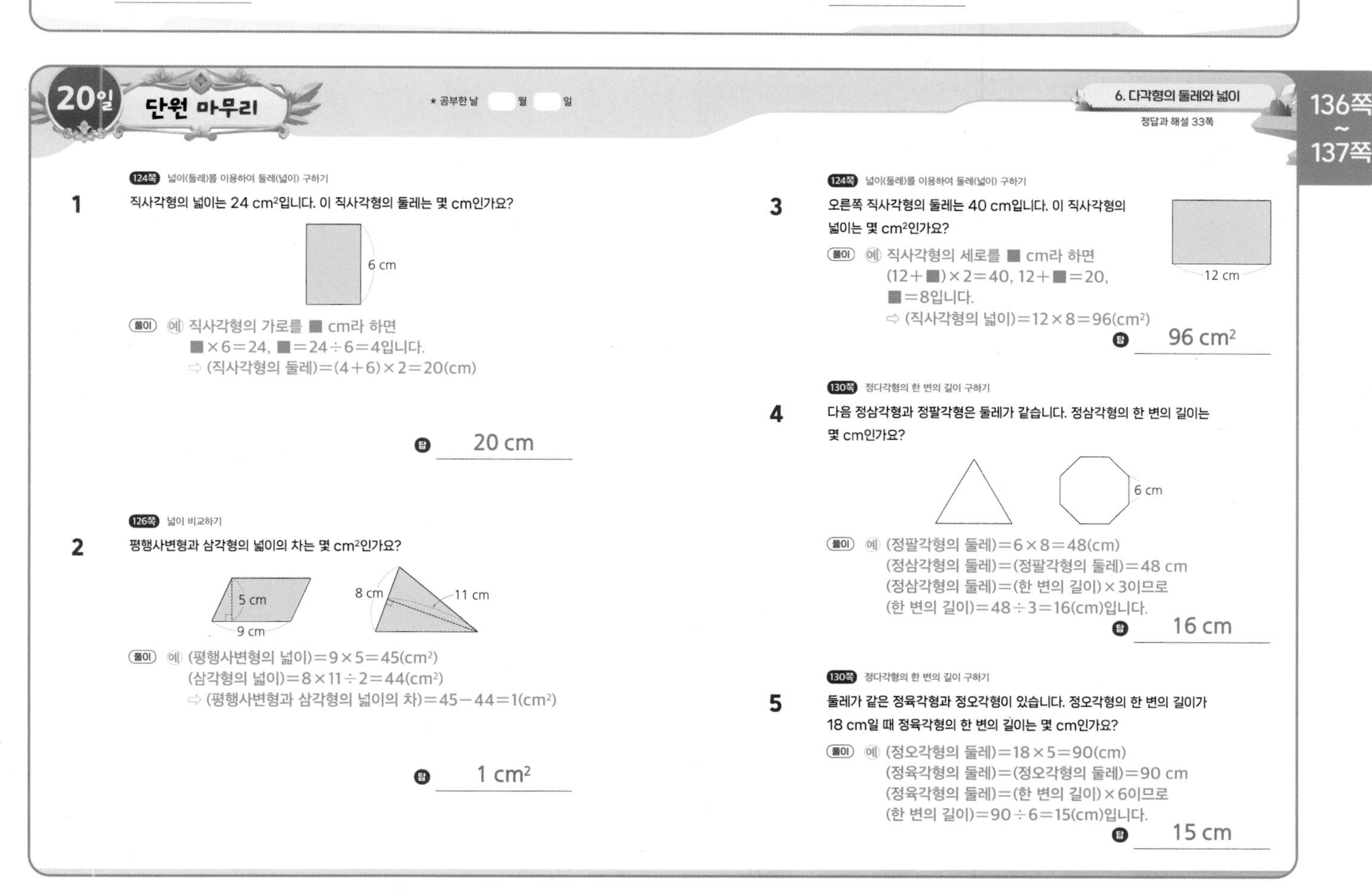

20일 단원 마무리

★ 공부한 날 월 일

6. 다각형의 둘레와 넓이

정답과 해설 33쪽

136쪽 ~ 137쪽

124쪽 넓이(둘레)를 이용하여 둘레(넓이) 구하기

1 직사각형의 넓이는 24 cm²입니다. 이 직사각형의 둘레는 몇 cm인가요?

6 cm

풀이 예 직사각형의 가로를 ■ cm라 하면
■×6=24, ■=24÷6=4입니다.
⇨ (직사각형의 둘레)=$(4+6)\times2=20$(cm)

답 20 cm

126쪽 넓이 비교하기

2 평행사변형과 삼각형의 넓이의 차는 몇 cm²인가요?

5 cm
9 cm
8 cm
11 cm

풀이 예 (평행사변형의 넓이)=$9\times5=45$(cm²)
(삼각형의 넓이)=$8\times11\div2=44$(cm²)
⇨ (평행사변형과 삼각형의 넓이의 차)=$45-44=1$(cm²)

답 1 cm²

124쪽 넓이(둘레)를 이용하여 둘레(넓이) 구하기

3 오른쪽 직사각형의 둘레는 40 cm입니다. 이 직사각형의 넓이는 몇 cm²인가요?

12 cm

풀이 예 직사각형의 세로를 ■ cm라 하면
(12+■)×2=40, 12+■=20,
■=8입니다.
⇨ (직사각형의 넓이)=$12\times8=96$(cm²)

답 96 cm²

130쪽 정다각형의 한 변의 길이 구하기

4 다음 정삼각형과 정팔각형은 둘레가 같습니다. 정삼각형의 한 변의 길이는 몇 cm인가요?

6 cm

풀이 예 (정팔각형의 둘레)=$6\times8=48$(cm)
(정삼각형의 둘레)=(정팔각형의 둘레)=48 cm
(정삼각형의 둘레)=(한 변의 길이)×3이므로
(한 변의 길이)=$48\div3=16$(cm)입니다.

답 16 cm

130쪽 정다각형의 한 변의 길이 구하기

5 둘레가 같은 정육각형과 정오각형이 있습니다. 정오각형의 한 변의 길이가 18 cm일 때 정육각형의 한 변의 길이는 몇 cm인가요?

풀이 예 (정오각형의 둘레)=$18\times5=90$(cm)
(정육각형의 둘레)=(정오각형의 둘레)=90 cm
(정육각형의 둘레)=(한 변의 길이)×6이므로
(한 변의 길이)=$90\div6=15$(cm)입니다.

답 15 cm

단원 마무리

* 맞은 개수 /10개 * 걸린 시간 /40분

124쪽 넓이(둘레)를 이용하여 둘레(넓이) 구하기

6 둘레가 52 m인 정사각형이 있습니다. 이 정사각형의 넓이는 몇 m^2인가요?

풀이 예 정사각형의 한 변의 길이를 ■ m라 하면
■×4=52, ■=52÷4=13입니다.
⇨ (정사각형의 넓이)
=13×13=169(m^2)

답 169 m^2

126쪽 넓이 비교하기

7 사다리꼴과 마름모 중 어느 도형의 넓이가 몇 cm^2 더 넓은가요?

9 cm, 10 cm, 14 cm / 11 cm, 16 cm

풀이 예 (사다리꼴의 넓이)=(9+14)×10÷2=115(cm^2)
(마름모의 넓이)=16×11÷2=88(cm^2)
따라서 115>88이므로 사다리꼴의 넓이가 115−88=27(cm^2) 더 넓습니다.

답 사다리꼴, 27 cm^2

132쪽 색칠한 부분의 넓이 구하기

8 색칠한 부분의 넓이를 구해 보세요.

7 cm, 4 cm, 18 cm

풀이 예 밑변의 길이가 18 cm, 높이가 7 cm인 삼각형의 넓이는 18×7÷2=63(cm^2)입니다.
밑변의 길이가 4 cm, 높이가 7 cm인 삼각형의 넓이는 4×7÷2=14(cm^2)입니다.
⇨ (색칠한 부분의 넓이)=(밑변의 길이가 18 cm, 높이가 7 cm인 삼각형의 넓이)
−(밑변의 길이가 4 cm, 높이가 7 cm인 삼각형의 넓이)
=63−14=49(cm^2)

답 49 cm^2

132쪽 색칠한 부분의 넓이 구하기

9 색칠한 부분의 넓이를 구해 보세요.

11 cm, 6 cm, 3 cm, 3 cm

풀이 예 사다리꼴은 윗변이 11 cm, 아랫변이 3+11+3=17(cm), 높이가 6 cm이므로 넓이는 (11+17)×6÷2=84(cm^2)입니다.
마름모는 한 대각선이 11 cm, 다른 대각선이 6 cm이므로 넓이는 11×6÷2=33(cm^2)입니다.
⇨ (색칠한 부분의 넓이)
=(사다리꼴의 넓이)−(마름모의 넓이)
=84−33=51(cm^2)

답 51 cm^2

132쪽 색칠한 부분의 넓이 구하기

10 도전 문제

크기가 다른 정사각형 3개를 이어 붙여 다음과 같은 도형을 만들었습니다. 색칠한 부분의 넓이를 구해 보세요.

6 cm, 7 cm, 8 cm

❶ 정사각형 3개의 넓이의 합은?
예 (한 변이 6 cm인 정사각형의 넓이)
+(한 변이 7 cm인 정사각형의 넓이)
+(한 변이 8 cm인 정사각형의 넓이)
=6×6+7×7+8×8
=36+49+64=149(cm^2)

❷ 색칠하지 않은 부분의 넓이는?
예 색칠하지 않은 부분은 밑변의 길이가 6+7+8=21(cm), 높이가 8 cm인 삼각형이므로 넓이는 21×8÷2=84(cm^2)입니다.

❸ 색칠한 부분의 넓이는?
예 (색칠한 부분의 넓이)
=(정사각형 3개의 넓이의 합)−(색칠하지 않은 부분의 넓이)
=149−84=65(cm^2)

답 65 cm^2

실력 평가

❗계산 결과를 기약분수나 대분수로 나타내지 않아도 정답으로 인정합니다.

실력 평가 1회 · 공부한 날 월 일

정답과 해설 35쪽

1 무게가 같은 치약 6개가 들어 있는 상자의 무게를 재어 보니 2300 g입니다. 치약 한 개의 무게가 280 g이라면 상자만의 무게는 몇 g인지 하나의 식으로 나타내어 구해 보세요.

풀이 예 치약 6개의 무게를 구하는 식: 280×6
⇨ (상자만의 무게)$=2300-280\times6$
$=2300-1680=620$(g)

식 $2300-280\times6=620$ 답 620 g

2 $\frac{2}{5}$와 크기가 같은 분수 중에서 분모와 분자의 합이 35인 분수를 구해 보세요.

풀이 예 $\frac{2}{5}$와 크기가 같은 분수는 $\frac{2}{5}=\frac{4}{10}=\frac{6}{15}=\frac{8}{20}=\frac{10}{25}=$……입니다.
위에서 구한 분수의 분모와 분자의 합을 차례대로 쓰면 7, 14, 21, 28, 35……입니다.
따라서 구하려는 분수는 $\frac{10}{25}$입니다.

답 $\frac{10}{25}$

3 오른쪽 직사각형의 넓이는 54 cm²입니다. 이 직사각형의 둘레는 몇 cm인가요?

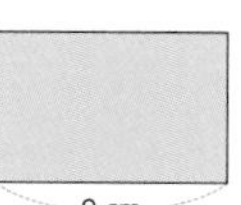

풀이 예 직사각형의 세로를 ■ cm라 하면
$9\times$■$=54$, ■$=54\div9=6$입니다.
⇨ (직사각형의 둘레)$=(9+6)\times2=30$(cm)

답 30 cm

4 지상이는 500원짜리 동전과 100원짜리 동전을 모두 16개 가지고 있고, 이 동전들의 금액의 합은 모두 3200원입니다. 지상가 가지고 있는 500원짜리 동전과 100원짜리 동전은 각각 몇 개인지 차례대로 써 보세요.

풀이 예

500원짜리 동전의 수(개)	1	2	3	4	5	……
100원짜리 동전의 수(개)	15	14	13	12	11	……
금액의 합(원)	2000	2400	2800	3200	3600	……

위의 표에서 금액의 합이 3200원일 때 500원짜리 동전은 4개, 100원짜리 동전은 12개입니다.

답 4개, 12개

5 두 개의 톱니바퀴 ㉠, ㉡이 맞물려 돌아가고 있습니다. ㉠의 톱니는 24개이고, ㉡의 톱니는 18개입니다. 처음에 맞물렸던 두 톱니가 다시 맞물리려면 ㉠은 적어도 몇 바퀴 돌아야 하나요?

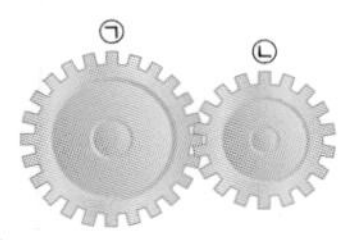

풀이 예 처음에 맞물렸던 두 톱니가 다시 맞물릴 때까지 움직이는 톱니 수를 구하려면 24와 18의 최소공배수를 구합니다.

2) 24 18
3) 12 9
　　4 3

⇨ 24와 18의 최소공배수
$2\times3\times4\times3=72$

두 톱니가 각각 72개 움직였을 때 다시 맞물립니다.
따라서 톱니바퀴 ㉠은 적어도 $72\div24=3$(바퀴) 돌아야 합니다.

답 3바퀴

실력 평가 · 맞은 개수 /10개 · 걸린 시간 /40분

정답과 해설 35쪽

6 어떤 분수의 분모에서 8을 빼고 분자에 3을 더한 다음 5로 약분하였더니 $\frac{4}{7}$가 되었습니다. 처음 분수를 구해 보세요.

풀이 예 5로 약분하기 전의 분수는 $\frac{4\times5}{7\times5}=\frac{20}{35}$입니다.
따라서 처음 분수는 $\frac{20}{35}$의 분자에서 3을 빼고 분모에 8을 더한 수이므로 $\frac{20-3}{35+8}=\frac{17}{43}$입니다.

답 $\frac{17}{43}$

7 밭에서 고구마를 서연이는 $2\frac{3}{10}$ kg 캤고, 다빈이는 서연이보다 $\frac{5}{8}$ kg 더 많이 캤습니다. 두 사람이 캔 고구마는 모두 몇 kg인가요?

풀이 예 (다빈이가 캔 고구마의 무게)$=$(서연이가 캔 고구마의 무게)$+\frac{5}{8}$
$=2\frac{3}{10}+\frac{5}{8}=2\frac{12}{40}+\frac{25}{40}=2\frac{37}{40}$(kg)
⇨ (서연이가 캔 고구마의 무게)
+(다빈이가 캔 고구마의 무게)
$=2\frac{3}{10}+2\frac{37}{40}=2\frac{12}{40}+2\frac{37}{40}$
$=4\frac{49}{40}=5\frac{9}{40}$(kg)

답 $5\frac{9}{40}$ kg

8 3장의 수 카드 2, 6, 9를 각각 한 번씩만 사용하여 다음과 같은 식을 만들려고 합니다. 계산 결과가 가장 클 때의 값은 얼마인가요?

108÷□×(□+□)

풀이 예 계산 결과가 가장 크려면 나누는 수는 작게, 곱하는 수는 크게 해야 합니다.
수 카드의 수의 크기를 비교하면 $2<6<9$이므로 나누는 수에는 2를 놓고, ( ) 안에는 6, 9를 각각 놓습니다.
⇨ $108\div2\times(6+9)$
$=108\div2\times15=54\times15=810$

답 810

9 어떤 일을 아린이가 혼자서 하면 12일이 걸리고, 영주가 혼자서 하면 6일이 걸립니다. 이 일을 아린이와 영주가 함께 한다면 일을 모두 마치는 데 며칠이 걸리나요? (단, 두 사람이 각각 하루에 하는 일의 양은 일정합니다.)

풀이 예 전체 일의 양을 1이라고 할 때 하루에 하는 일의 양은 아린이가 $\frac{1}{12}$, 영주가 $\frac{1}{6}$입니다.
아린이와 영주가 함께 하루에 하는 일의 양은
$\frac{1}{12}+\frac{1}{6}=\frac{1}{12}+\frac{2}{12}=\frac{3}{12}=\frac{1}{4}$입니다.
따라서 아린이와 영주가 함께 한다면 하루에 전체 일의 $\frac{1}{4}$을 할 수 있으므로 일을 모두 마치는 데 4일이 걸립니다.

답 4일

10 규칙에 따라 분수를 늘어놓았습니다. 7째 분수와 12째 분수의 차는 얼마인가요?

$\frac{2}{3}, \frac{4}{5}, \frac{6}{7}, \frac{8}{9}, \frac{10}{11}$……

풀이 예 분모는 3부터 2씩 커지고, 분자는 2부터 2씩 커집니다.
7째 분수: $\frac{2\times7}{3+2\times6}=\frac{14}{15}$, 12째 분수: $\frac{2\times12}{3+2\times11}=\frac{24}{25}$
따라서 7째 분수와 12째 분수의 차는
$\frac{24}{25}-\frac{14}{15}=\frac{72}{75}-\frac{70}{75}=\frac{2}{75}$입니다.

답 $\frac{2}{75}$

1 오른쪽 직사각형의 둘레는 44 cm입니다. 이 직사각형의 넓이는 몇 cm^2인가요?

(14 cm)

풀이 예 직사각형의 가로를 ■ cm라 하면
(■+14)×2=44, ■+14=22,
■=8입니다.
⇨ (직사각형의 넓이)=8×14=112(cm^2)

답 112 cm^2

2 허리띠의 길이는 $\frac{17}{20}$ m, 야구 방망이의 길이는 0.81 m입니다.
허리띠와 야구 방망이 중 어느 것이 더 긴가요?

풀이 예 야구 방망이의 길이를 분수로 나타내면 $0.81=\frac{81}{100}$이므로 $\frac{81}{100}$ m입니다.
$\frac{17}{20}=\frac{85}{100}$이므로 $\frac{85}{100}>\frac{81}{100}$입니다.
따라서 허리띠가 더 깁니다.

답 허리띠

3 둘레가 같은 정육각형과 정삼각형이 있습니다. 정삼각형의 한 변의 길이가 20 cm일 때 정육각형의 한 변의 길이는 몇 cm인가요?

풀이 예 (정삼각형의 둘레)=20×3=60(cm)
(정육각형의 둘레)=(정삼각형의 둘레)=60 cm
(정육각형의 둘레)=(한 변의 길이)×6이므로
(한 변의 길이)=60÷6=10(cm)입니다.

답 10 cm

4 그림과 같이 성냥개비로 정사각형을 만들고 있습니다. 정사각형을 13개 만들 때 필요한 성냥개비는 몇 개인가요?

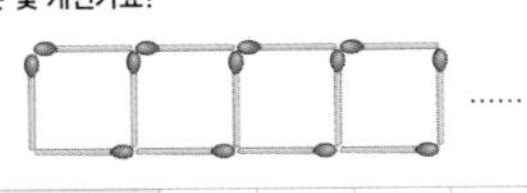

풀이 예

정사각형의 수(개)	1	2	3	4	5	……
성냥개비의 수(개)	4	7	10	13	16	……

⇨ (정사각형의 수)×3+1=(성냥개비의 수)
따라서 정사각형을 13개 만들 때 필요한 성냥개비는
13×3+1=40(개)입니다.

답 40개

5 한석이는 오전 11시부터 음악을 들었습니다. $\frac{1}{5}$시간 동안 가요를 듣고, $\frac{3}{10}$시간 동안 동요를 들었습니다. 한석이가 음악 듣기를 마친 시각은 오전 몇 시 몇 분인가요?

풀이 예 (가요를 들은 시간)+(동요를 들은 시간)
$=\frac{1}{5}+\frac{3}{10}=\frac{2}{10}+\frac{3}{10}=\frac{5}{10}=\frac{1}{2}$(시간)
⇨ 1시간=60분이므로 $\frac{1}{2}$시간$=\frac{30}{60}$시간=30분입니다.
따라서 한석이가 음악 듣기를 마친 시각은
오전 11시+30분=오전 11시 30분입니다.

답 오전 11시 30분

6 52에서 어떤 수를 빼고 7을 곱해야 할 것을 잘못하여 52에 어떤 수를 더하고 7로 나누었더니 11이 되었습니다. 바르게 계산한 값은 얼마인가요?

풀이 예 어떤 수를 ■라 할 때 잘못 계산한 식은 (52+■)÷7=11입니다.
52+■=11×7=77, ■=77−52=25이므로 어떤 수는 25입니다.
따라서 바르게 계산한 값은 (52−25)×7=27×7=189입니다.

답 189

7 9로도 나누어떨어지고, 12로도 나누어떨어지는 어떤 수가 있습니다.
어떤 수 중에서 가장 작은 세 자리 수를 구해 보세요.

풀이 예 9로도 나누어떨어지고, 12로도 나누어떨어지는 수는 9와 12의 공배수입니다.
어떤 수는 9와 12의 공배수이므로 9와 12의 최소공배수의 배수를 구합니다.
3) 9 12 ⇨ 9와 12의 최소공배수
3 4 3×3×4=36
9와 12의 최소공배수의 배수를 작은 수부터 차례대로 쓰면
36, 72, 108, 144……이므로
어떤 수 중에서 가장 작은 세 자리 수는 108입니다.

답 108

8 재희와 찬우는 수 카드 3장을 각각 한 번씩만 사용하여 가장 큰 대분수를 만들었습니다. 두 사람이 만든 대분수의 합을 구해 보세요.

풀이
예 재희: 수 카드의 수의 크기를 비교하면 9>4>1이므로 만든 가장 큰 대분수는 $9\frac{1}{4}$입니다.
찬우: 수 카드의 수의 크기를 비교하면 7>5>2이므로 만든 가장 큰 대분수는 $7\frac{2}{5}$입니다.
따라서 두 사람이 만든 대분수의 합은
$9\frac{1}{4}+7\frac{2}{5}=9\frac{5}{20}+7\frac{8}{20}=16\frac{13}{20}$입니다.

답 $16\frac{13}{20}$

9 다음 조건을 만족하는 분수는 모두 몇 개인가요?

• $\frac{7}{10}$보다 크고 $\frac{21}{25}$보다 작습니다.
• 분모가 50입니다.

풀이 예 $\frac{7}{10}$과 $\frac{21}{25}$을 각각 분모가 50인 분수로 나타내면
$\frac{7}{10}=\frac{7\times5}{10\times5}=\frac{35}{50}$, $\frac{21}{25}=\frac{21\times2}{25\times2}=\frac{42}{50}$입니다.
따라서 $\frac{35}{50}$보다 크고 $\frac{42}{50}$보다 작은 분수 중에서 분모가 50인
분수는 $\frac{36}{50}$, $\frac{37}{50}$, $\frac{38}{50}$, $\frac{39}{50}$, $\frac{40}{50}$, $\frac{41}{50}$로 모두 6개입니다.

답 6개

10 색칠한 부분의 넓이를 구해 보세요.

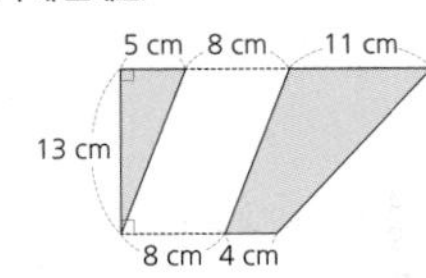

풀이 예 가장 큰 사다리꼴은 윗변이 5+8+11=24(cm),
아랫변이 8+4=12(cm), 높이가 13 cm이므로
넓이는 (24+12)×13÷2=234(cm^2)입니다.
평행사변형은 밑변의 길이가 8 cm, 높이가 13 cm이므로
넓이는 8×13=104(cm^2)입니다.
⇨ (색칠한 부분의 넓이)
=(가장 큰 사다리꼴의 넓이)−(평행사변형의 넓이)
=234−104=130(cm^2)

답 130 cm^2

실력 평가 3회

공부한 날 월 일

정답과 해설 37쪽

148쪽 ~ 149쪽

1 분모와 분자의 차가 25이고, 기약분수로 나타내면 $\frac{3}{8}$인 분수를 구해 보세요.

풀이 예 $\frac{3}{8}$과 크기가 같은 분수는 $\frac{3}{8}=\frac{6}{16}=\frac{9}{24}=\frac{12}{32}=\frac{15}{40}=$……입니다.
위에서 구한 분수의 분모와 분자의 차를 차례대로 쓰면
5, 10, 15, 20, 25……입니다.
따라서 구하려는 분수는 $\frac{15}{40}$입니다.

답 $\frac{15}{40}$

2 제준이가 가지고 있는 전체 단추의 $\frac{2}{9}$는 빨간색이고, 전체 단추의 $\frac{1}{3}$은 파란색이고, 나머지 단추는 노란색입니다. 노란색 단추는 전체 단추의 얼마인지 분수로 나타내어 보세요.

풀이 예 빨간색 단추와 파란색 단추는 전체 단추의 $\frac{2}{9}+\frac{1}{3}=\frac{2}{9}+\frac{3}{9}=\frac{5}{9}$입니다.
따라서 노란색 단추는 전체 단추의 $1-\frac{5}{9}=\frac{9}{9}-\frac{5}{9}=\frac{4}{9}$입니다.

답 $\frac{4}{9}$

3 용주는 과일 가게에서 900원짜리 사과 7개와 1300원짜리 배 1개를 샀습니다. 용주가 8000원을 냈다면 거스름돈은 얼마인지 ( )가 있는 하나의 식으로 나타내어 구해 보세요.

풀이 예 사과 7개와 배 1개의 가격을 구하는 식: $900\times7+1300$
⇨ (거스름돈)$=8000-(900\times7+1300)$
$=8000-(6300+1300)$
$=8000-7600=400$(원)

식 $8000-(900\times7+1300)=400$ 답 400원

4 삼각형과 마름모의 넓이의 차는 몇 cm²인가요?

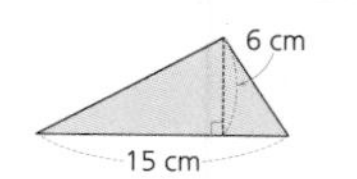

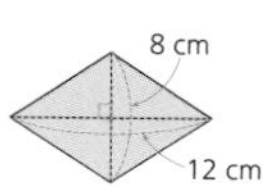

풀이 예 (삼각형의 넓이)$=15\times6\div2=45$(cm²)
(마름모의 넓이)$=12\times8\div2=48$(cm²)
따라서 삼각형과 마름모의 넓이의 차는
$48-45=3$(cm²)입니다.

답 3 cm²

5 그림과 같이 끈을 잘라 여러 도막으로 나누려고 합니다. 끈을 9번 자르면 몇 도막이 되나요?

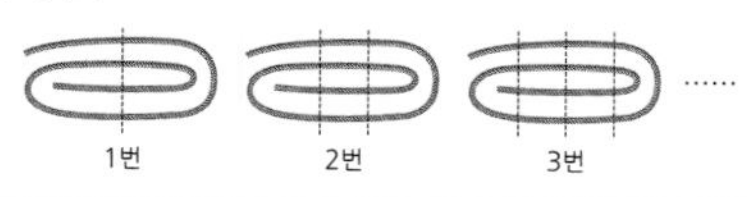

풀이 예

자른 횟수(번)	1	2	3	4	5	……
도막의 수(도막)	5	9	13	17	21	……

⇨ (자른 횟수)×4+1=(도막의 수)
따라서 끈을 9번 자르면 $9\times4+1=37$(도막)이 됩니다.

답 37도막

실력 평가

맞은 개수 /10개 걸린 시간 /40분

정답과 해설 37쪽

150쪽 ~ 151쪽

6 집에서 수영장을 거쳐 영화관까지 가는 거리는 바로 영화관까지 가는 거리보다 몇 km 더 먼가요?

($6\frac{3}{4}$ km, $5\frac{1}{10}$ km, $2\frac{7}{8}$ km, 집, 영화관, 수영장)

풀이
예 집에서 수영장을 거쳐 영화관까지 가는 거리는
$5\frac{1}{10}+2\frac{7}{8}=5\frac{4}{40}+2\frac{35}{40}=7\frac{39}{40}$(km)입니다.
따라서 집에서 수영장을 거쳐 영화관까지 가는 거리는 바로 영화관까지 가는 거리보다
$7\frac{39}{40}-6\frac{3}{4}=7\frac{39}{40}-6\frac{30}{40}=1\frac{9}{40}$(km) 더 멉니다.

답 $1\frac{9}{40}$ km

7 두 자연수 48과 ㉠의 최대공약수는 16이고, 최소공배수는 240입니다. 자연수 ㉠을 구해 보세요.

풀이 예 16) 48 ㉠
3 ■
48과 ㉠의 최소공배수가 240이므로 $16\times3\times$■$=240$,
$48\times$■$=240$, ■$=5$입니다.
⇨ ㉠$=16\times$■$=16\times5=80$

답 80

8 어떤 수에 $2\frac{4}{9}$를 더해야 할 것을 잘못하여 뺐더니 $3\frac{7}{12}$이 되었습니다. 바르게 계산한 값은 얼마인가요?

풀이 예 어떤 수를 ■라 할 때 잘못 계산한 식은 ■$-2\frac{4}{9}=3\frac{7}{12}$입니다.
$3\frac{7}{12}+2\frac{4}{9}=$■, ■$=3\frac{7}{12}+2\frac{4}{9}=3\frac{21}{36}+2\frac{16}{36}=5\frac{37}{36}=6\frac{1}{36}$
따라서 바르게 계산한 값은
$6\frac{1}{36}+2\frac{4}{9}=6\frac{1}{36}+2\frac{16}{36}=8\frac{17}{36}$입니다.

답 $8\frac{17}{36}$

9 ㉠ 수도꼭지에서는 1분에 13 L씩 물이 나오고, ㉡ 수도꼭지에서는 1분에 8 L씩 물이 나옵니다. 두 수도꼭지를 동시에 틀어서 25분 동안 받을 수 있는 물은 모두 몇 L인가요?

풀이 예 두 수도꼭지를 동시에 틀어서 1분 동안 받을 수 있는 물은
$13+8=21$(L)입니다.

물을 받는 시간(분)	1	2	3	4	5	……
받을 수 있는 물의 양(L)	21	42	63	84	105	……

⇨ (물을 받는 시간)×21=(받을 수 있는 물의 양)
따라서 두 수도꼭지를 동시에 틀어서 25분 동안 받을 수 있는 물은
모두 $25\times21=525$(L)입니다.

답 525 L

10 두 변의 길이가 각각 98 m, 70 m인 직사각형 모양 놀이터의 가장자리를 따라 일정한 간격으로 나무를 심으려고 합니다. 네 모퉁이에는 반드시 나무를 심어야 하고, 나무는 가장 적게 사용하려고 합니다. 필요한 나무는 모두 몇 그루인가요?
(단, 나무의 두께는 생각하지 않습니다.)

풀이 예 나무 사이의 간격을 구하려면 98과 70의 최대공약수를 구합니다.
2) 98 70
7) 49 35
7 5
⇨ 98과 70의 최대공약수 $2\times7=14$
나무는 14 m 간격으로 심어야 합니다.
긴 변에 심어야 하는 나무는 $98\div14=7$에서 $7+1=8$(그루),
짧은 변에 심어야 하는 나무는
$70\div14=5$에서 $5+1=6$(그루)입니다.
⇨ (필요한 나무의 수)
$=(8+6)\times2-4=24$(그루)

답 24그루

memo

왕관을 만들어요!

4단원

2단원

3단원

6단원

5단원

1단원

단원 마무리에서 오린
보석을 붙이고
왕관을 완성해 보세요!